地図投影法
——地理空間情報の技法

政春尋志 [著]

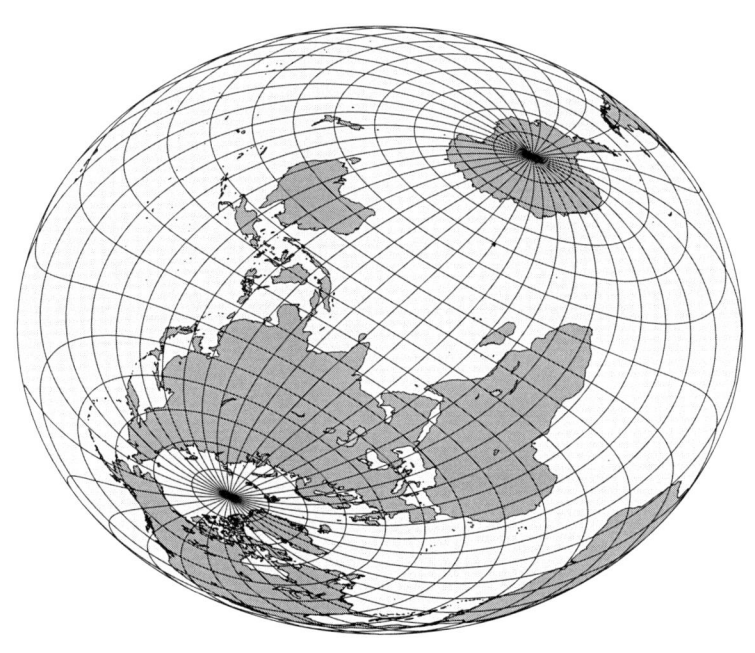

朝倉書店

PREFACE ◆
まえがき

　コンピューターで扱える地図データを中心とした地理空間情報が行政や市民の日常生活をはじめ社会の各方面で広く使われるようになってきている．

　これらの正確な位置情報をもった地図データは何らかの座標系に従って記述されている．球面上の座標である緯度経度も広く使われているが，これを図に表すには何らかの地図投影が必要である．また，あらかじめ定義された平面上の地図投影座標系によるデータも使われている．位置をキーにして複数のデータを重ね合わせるなど，多種多様な地理空間情報を活用するには，実は地図投影法についての基本的な知識が不可欠である．

　ところが，地図投影法について書かれた専門書は，1983 年の野村正七『地図投影法』(財団法人日本地図センター) 以降，日本では長らく刊行されておらず，ここ 30 年近いこの分野の発展を反映した本がないのが現状である．コンピューターで地図データを処理することが普通のことになった今日では，地図投影法について定規とコンパスによる経緯線の作図法の記述は不要であり，それぞれの地図投影法の特質に応じて解析的に数式を導出することのほうがわかりやすく有用である．

　本書は，地理情報を扱ううえで必要となる地図投影法の内容をカバーすることを意図し，特に地球を回転楕円体として扱う場合の投影法についても章を設けて詳しく記述した．本書の特徴は以下のとおりである．

(1) 地理情報や地図にかかわる分野の技術者，学生，教員向けに，地図投影法を使いこなすために必要な事項を体系的に記述し，できるだけ見通しよく理解できるようにした．投影の数式の導出は丁寧に行ってあるので，高校までで学ぶ微積分の知識で十分理解できるであろう．ただし，第 6 章以降の一部では理工系の大学初年級で学ぶ線形代数や複素解析の知識も用いている．

(2) 地図投影法の用語や概念を明確に定義するように心掛けた．学界において必ずしも統一が図られていない用語についてはそのことを論じている．また，地図投影法の指導に関連して，一般向け解説書の図解による説明に正しくないものがある点を指摘し，誤解を解くように努めた．

(3) 実用上重要な回転楕円体の横メルカトル図法 (ガウス–クリューゲル図法) については，第 1 章で平面直角座標系と UTM 図法の座標系を定義するための適用規約に関する事項を解説するとともに，第 8 章で 2 種類の投影式についてその導出を含め詳しく解説した．

(4) 第 5 章の各論で取り上げた地図投影法の選択に際しては，体系的な記述に必要なものと，広く用いられているなど実用的観点から重要なものを中心に選んだ．後者の例として，古い地形図に用いられていた多面体図法についても詳しく取り上げた．これまでに世界中で発明された地図投影法はおそらく膨大な数に上るが，基本的なものとしては第 5 章で項を設けて解説した 36 の投影法で十分であろう．

　本書の全体の構成は，第 1 章～第 4 章が，基礎的部分である．第 1 章は，地図投影に関連する基礎的事項を広く扱っている．ここで，投影式を使って経緯線や海岸線を描くプログラムの作りかたについても扱った．第 2 章は，投影法の分類であるが，用語の定義を多く含む重要な章である．第 3 章と第 4 章はそれぞれ正積図法と正角図法についての説明を行って第 5 章で各投影法について説明する際に

必要な予備知識を与えるものとした．第5章は投影法の各論である．この章は5.1節の後は，必ずしも順番通りに通して読む必要はなく，必要な投影法の項を読めばよい．しかし，通読することによって主要な地図投影法についてそれぞれの特徴などを知ることができ，投影法を選択するための知識を得ることができる．第5章までマスターすれば，正軸法の地図投影については，基礎概念を理解し，主要な地図投影法について投影式の導出とその特徴を理解したことになる．

第6章は投影ひずみの分析の道具であるティソーの指示楕円を扱った．ここでは，投影式を微分したヤコビ行列から指示楕円の要素を計算する方法を示した．これからひずみの計算がプログラムで容易に行える．第7章は横軸法と斜軸法を扱っている．これによって地球上の任意の点を中心としてその周辺でひずみを小さくして投影することができ，地図投影の応用範囲が大きく広がる．そして第8章では，回転楕円体の投影についてまとめた．これは，回転楕円体の幾何学の解説を含め数学的扱いの都合上分けて扱ったものであるが，中・大縮尺に相当する地理情報の投影は楕円体としての扱いが必要であり，実用上重要なものである．最後の第9章で投影法選択基準をまとめた．

本書を執筆するに際して多くの文献を参照したが，最も役立ったのは J. P. Snyder が地図投影法の歴史をまとめた *Flattening the Earth — Two thousand years of map projections* である．多数の投影法について紹介されており，地図投影に関する百科事典的な使い方もできる．しかし，地図投影法の教科書ではないので基礎的な事項の解説はない．本書を読んでさらに学ぶためには，同じ Snyder による *Map Projections — A Working Manual* が信頼度が高く薦められる．ただし，文献の性格から米国で用いられている地図投影法について特に詳しく解説されている．Snyder と P. M. Voxland による *An Album of Map Projections* も，解説はごく簡潔に統一した様式によっているが多くの投影法をタイトル通り図で一覧できる本として便利であり薦められる．後の二つの文献は，米国地質調査所のウェブサイトで公開されている．

本書の原型は，著者の学位論文の一部として，現代の地理空間情報を扱う技術者のニーズに応えた地図投影法教育の現代化に資するための教科書案としてまとめたものである．論文をまとめるに当たり審査員を務められた諸先生には種々ご指導いただいたが，とりわけ主査の清水英範東京大学大学院教授のご指導のおかげで本書が生まれたといえる．記して厚く感謝したい．出版に当たり，内容を大幅に拡充し，特に扱う投影法の数を増強した．伊理正夫東京大学名誉教授には初稿を見ていただき，多くの懇切なご指摘を頂くとともに，出版を励ましていただいたことに，心から謝意を表したい．朝倉書店の編集部には原稿の細部にわたってコメントを頂き，原稿を改善するうえで大変役立った．さらに，図の作成にご協力いただき，一部の図は編集部のアイデアと制作によりわかりやすく美しい図になった．厚くお礼申し上げる．本書ができるうえでは多くの方のお世話になったが，内容に不備があるとしたらすべて著者の責任であることは申し上げるまでもない．

本書が，地図投影法について正確な知識を普及し，地理空間情報の活用にいささかなりとも貢献できることを期待している．

2011 年 7 月

政春尋志

CONTENTS
目　次

記号表 vii

CHAPTER ◆ 1
地図投影法の基礎   1

1.1　地図投影法とは何か 1
column 1　地図投影は「投影」ではない !? 4
1.2　地図投影法の歴史 4
1.3　地球の形と大きさおよび地球上での位置の表し方──緯度・経度・標高 9
column 2　なぜ小縮尺図では地球を球として扱い大縮尺図では回転楕円体として扱うのか? ... 16
1.4　さまざまな地図投影法と投影ひずみ 17
1.5　測量や中・大縮尺地図に用いられている地図投影法──平面直角座標系とUTM図法 ... 19
column 3　世界測地系への移行 25
1.6　地図投影プログラミング 26
第1章の注 38

CHAPTER ◆ 2
地図投影法の分類   39

2.1　投影に際して保存される幾何的性質に基づく分類 39
2.2　幾何的構成方法による分類 40
    2.2.1　円筒図法・円錐図法・方位図法 40
    2.2.2　正軸法・横軸法・斜軸法 42
    2.2.3　投射図法と非投射図法 42
    2.2.4　標　準　緯　線 43
column 4　地図投影法についてよくある間違い 45
第2章の注 46

CHAPTER ◆ 3
正積図法の原理   47

第3章の注 49

CHAPTER ◆ 4
正角図法
50

4.1 正角図法の導出原理 ... 50
4.2 正角図法の性質と用途 ... 51
4.3 主要な正角図法の投影式の導出 ... 52
4.3.1 メルカトル図法 ... 52
4.3.2 平射図法 ... 53
4.3.3 ランベルト正角円錐図法 ... 55
4.4 その他の正角図法 ... 56
第 4 章の注 ... 57

CHAPTER ◆ 5
地図投影法各論
58

5.1 円筒図法・円錐図法・方位図法についての概論 ... 58
5.2 円筒図法に属する各種投影法 ... 61
5.2.1 正距円筒図法 (equidistant cylindrical projection) ... 61
5.2.2 メルカトル図法 (Mercator projection) ... 62
5.2.3 ミラー図法 (Miller cylindrical projection) ... 66
5.2.4 ランベルト正積円筒図法 (Lambert cylindrical equal-area projection) ... 67
5.2.5 ゴール図法 (Gall projection, ガル図法) ... 69
5.2.6 心射円筒図法 (central cylindrical projection) ... 71
5.3 擬円筒図法に属する各種投影法 ... 72
5.3.1 サンソン図法 (sinusoidal projection または Sanson–Flamsteed projection) ... 72
5.3.2 モルワイデ図法 (Mollweide projection) ... 73
5.3.3 グード図法 (Goode homolosine projection) ... 75
5.3.4 台形図法 (trapezoidal projection) ... 77
5.3.5 エッケルト図法 (Eckert projection) ... 78
5.3.6 放物線図法 (parabolic projection, クラスター図法 Craster parabolic projection) ... 84
5.3.7 ロビンソン図法 (Robinson projection) ... 86
5.3.8 超楕円図法 (hyperelliptical projection) ... 88
5.4 円錐図法に属する各種投影法 ... 89
5.4.1 正距円錐図法 (equidistant conic projection) ... 89
5.4.2 ランベルト正角円錐図法 (Lambert conformal conic projection) ... 91
5.4.3 アルベルス正積円錐図法 (Albers equal-area conic projection) ... 92
5.4.4 ランベルト正積円錐図法 (Lambert equal-area conic projection) ... 94
5.4.5 円錐図法の標準緯線が南半球にある場合の投影式 ... 96

- 5.5 方位図法に属する各種投影法 ·· 98
  - 5.5.1 正距方位図法 (azimuthal equidistant projection) ··· 98
  - 5.5.2 心射図法 (gnomonic projection) ·· 99
  - 5.5.3 平射図法 (stereographic projection) ··· 100
  - 5.5.4 正射図法 (orthographic projection) ·· 102
  - 5.5.5 外射図法 (external perspective projection) ·· 103
  - 5.5.6 ランベルト正積方位図法 (Lambert azimuthal equal-area projection) ············· 105
- 5.6 その他の投影法 ·· 107
  - 5.6.1 ボンヌ図法 (Bonne projection) とヴェルネル図法 (Werner projection) ·········· 107
  - 5.6.2 ラグランジュ図法 (Lagrange projection) ·· 110
  - 5.6.3 エイトフ図法 (Aitoff projection) とエイトフ変換 ··· 112
  - 5.6.4 ハンメル図法 (Hammer projection) ·· 113
  - 5.6.5 ヴィンケル図法 (Winkel projection, Winkel Tripel projection) ······················ 115
  - 5.6.6 ファン・デル・グリンテン図法 (van der Grinten projection) ························ 116
  - 5.6.7 多面体図法 (polyhedric projection) ·· 118
  - 5.6.8 正規多円錐図法 (ordinary polyconic projection) ·· 120
  - 5.6.9 直交多円錐図法 (rectangular polyconic projection) ·· 122
  - 5.6.10 2点正距図法 (two-point equidistant projection) ·· 126
  - 5.6.11 2点方位図法 (two-point azimuthal projection) ·· 130
- 5.7 地図投影法の変形による新しい投影法の開発 ·· 135
  - 5.7.1 緯度の変更 ··· 135
  - 5.7.2 経度の変更 ··· 136
  - 5.7.3 混合図法 ·· 137
- 5.8 地図投影の逆変換 ··· 137
  - 5.8.1 地図投影の逆変換式の導出 ··· 137
  - 5.8.2 地図投影逆変換を行う際の問題 ·· 139
  - 5.8.3 地図投影の逆変換を数値的に行うプログラム ·· 140
- 第5章の注 ·· 142

CHAPTER ◆ 6
ティソーの指示楕円による投影ひずみの分析　　143

- 6.1 ティソーの指示楕円とは ·· 143
- 6.2 地図投影式からのティソーの指示楕円のパラメーターの算出 ························ 144
- 6.3 指示楕円を用いた角ひずみの最大値の計算 ··· 148
- 第6章の注 ·· 150

CHAPTER 7

横軸法と斜軸法への変換　151

- 7.1 球面三角法の基礎知識　151
- 7.2 横軸法への変換　153
  - 7.2.1 横軸法への変換——横軸方位図法を例として　153
  - 7.2.2 応用例——横軸平射図法の投影式の導出　154
  - 7.2.3 横軸円筒図法への変換　154
- 7.3 斜軸変換　156

CHAPTER 8

地球を回転楕円体として扱う場合の投影法　160

- 8.1 回転楕円体の幾何学　160
- 8.2 回転楕円体を対象とした主要投影法の正軸法の投影式　164
  - 8.2.1 メルカトル図法　165
  - 8.2.2 平射図法　165
  - 8.2.3 ランベルト正角円錐図法　166
  - 8.2.4 アルベルス正積円錐図法　166
- 8.3 球面への投影を介した楕円体の斜軸・横軸投影　168
  - 8.3.1 正積緯度　169
  - 8.3.2 正角緯度　169
  - 8.3.3 Gauss (1844) による楕円体から球へのひずみの少ない正角投影　169
  - 8.3.4 Gauss (1844) による球面への正角投影を用いた二重投影の具体例　172
- 8.4 ガウス–クリューゲル図法投影式の導出　177
  - 8.4.1 クリューゲルの1912年論文第1公式によるガウス–クリューゲル図法の投影式　178
  - 8.4.2 中央子午線からの経度差のべき級数展開による投影式　183
- 第8章の注　187
- *column 5* ガウス–クリューゲル図法の歴史とこれを巡る誤解　187

CHAPTER 9

地図投影法の選択　189

地図の概形による投影法検索　195
参考文献　203
索引　209

LEGEND ◆

記号表

- a 回転楕円体の半長径 (地球楕円体の赤道半径)
- b 回転楕円体の半短径 (地球楕円体の極半径)
- B 回転楕円体で赤道からある緯度までの子午線弧長
- e 回転楕円体の離心率：$e = \dfrac{\sqrt{a^2 - b^2}}{a}$
- e 自然対数の底
- f 回転楕円体の扁平率：$f = \dfrac{a - b}{a}$
- i 虚数単位：$\sqrt{-1}$
- k 円錐図法の係数
- $\log x$ x の自然対数
- M 回転楕円体の子午線曲率半径：$M = \dfrac{a(1 - e^2)}{(1 - e^2 \sin^2 \phi)^{3/2}}$
- N 回転楕円体の卯酉線曲率半径：$N = \dfrac{a}{\sqrt{1 - e^2 \sin^2 \phi}}$
- p (1) 余緯度：$p = \dfrac{\pi}{2} - \phi$.
  (2) 一般に球面上で基準となる点と対象とする点が球の中心に対して張る角 (基準となる点からの角距離).
- q (1) 回転楕円体の赤道からある緯度までの帯状部分の表面積を πa^2 で割った量：
$$q = (1 - e^2)\left(\frac{\sin\phi}{1 - e^2 \sin^2\phi} - \frac{1}{2e} \log \frac{1 - e\sin\phi}{1 + e\sin\phi}\right).$$
  (2) 等長緯度：$q = \tanh^{-1}(\sin\phi) - e \tanh^{-1}(e\sin\phi)$.
- r 方位図法あるいは円錐図法において，地図上の緯線円 (弧) の半径
- R 地球の半径 (地球を球として扱う場合の半径)
- $S(\phi)$ 地球上で赤道と緯度 ϕ の緯線に挟まれた帯状部分の面積．南半球ではその絶対値が帯状部分の面積となる負の量．球では $S(\phi) = 2\pi R^2 \sin\phi$. 回転楕円体では $S(\phi) = \pi a^2 (1 - e^2)\{\sin\phi/(1 - e^2 \sin^2\phi) - (1/2e)\log[(1 - e\sin\phi)/(1 + e\sin\phi)]\}$.
- x (1) 投影された地図平面上の横座標．
  (2) 地球重心に原点を置いた 3 次元直交座標系で赤道とグリニジ子午線の交点方向に向かう座標軸．
- y (1) 投影された地図平面上の縦座標．
  (2) 地球重心に原点を置いた 3 次元直交座標系で赤道上で東経 90° 方向に向かう座標軸．
- z 地球重心に原点を置いた 3 次元直交座標系で北極方向に向かう座標軸．
- β 正積緯度
- θ (1) 円錐図法で円錐の半頂角．

	(2) 計算に用いるパラメーター.
λ	(1) 経度.
	(2) 中央子午線からの経度差.
π	円周率
ϕ	緯度
ϕ_0, ϕ_1, ϕ_2	(1) 標準緯線の緯度.
	(2) ϕ_1：垂足緯度.
χ	正角緯度

注. 同一の記号を複数の意味で用いている場合には (1) (2) で区別して記した. この表に記した記号でも，一部別の意味で用いられている場合がある (例えば a をエッケルト図法の数式を導く際には地図上の赤道の長さの 1/2 を表すものとして用いた) ので，それぞれの箇所で記号の意味を確認されたい.

CHAPTER 1
地図投影法の基礎

1.1 地図投影法とは何か

　地図投影法は苦手である，よくわからないという人が地図作成や測量の専門家にも残念ながら多いようだ．しかし，そういった人々も，メルカトル図法，サンソン図法，ランベルト正角円錐図法などという種々の地図投影法の名称やその性質についてはだいたいのことは知っていることが多い．それでもあまりよくわかっている気がしないということのようである．この原因の一つは，これまでの教科書では地図投影の基本的な事項についての説明が不十分なことではないだろうか？　各種の図法の羅列の暗記科目のような教えられ方をしたのでは投影法に興味をもつようになる可能性は少ないだろうし，基本的な内容について漠とした疑問を感じていればわかった気がしないというのももっともである．そこで，最初に地図投影法とは何かについて説明する．ここでの説明は，これまであまり議論されていない視点からのものかもしれないが，重要なポイントである．

　地図投影法 (map projection，以下「投影法」または「投影」と略記することもある) とは何かという問いに応えるには，なぜ地図投影法が必要かを考えるのが早道である．もし仮に，球面 (より厳密には回転楕円面) である地球表面上にある図形を，長さ，角度，面積などといった幾何的性質を保ったまま平面上に表すことができるとするならば，地図投影法の選択というようなことは考える必要がない．そのようにできる方法でもって平面上に表せば，幾何的な観点だけからいえば完全な地図ができるので，この方法ですべての地図を表せばよいのである．ところが，このようなことは不可能である．つまり球面 (あるいは回転楕円面) を一切のひずみなく平面に表す方法は存在しない．必ず何らかのひずみ (distortion) が生じるのである．このことは，ミカンの皮をむいてそれを裂け目なく平面に拡げることができないことなどから直観的に明らかである．だから，古代からよく知られていたと思われるが，その数学的な証明となると18～19世紀のオイラーやガウスを待たねばならなかった．

　球面上の図形を平面上に表すに際し，どの幾何的性質を優先し，どの性質を犠牲にするかはその地図が表したい内容によって選択することになる．ただし，投影法には何らかの性質を厳密に保存するものだけではなく，どれについてもひずみはあるが，それらが大きくならないように妥協を図ったものもある．もっと極論すれば，わざと大きな図形的ひずみをもたせるように表現することも地図作成の目的によってはあってもよい．ともあれ，完全な方法が存在しないからこそ，多種多様な地図投影法が存在し，それぞれの性質に応じて使い分けないといけないというのが，地

図投影法というものの存在理由である．

では地図投影法はどのように定義できるだろうか．簡単にいうならば，地球上の各点に対して，地図平面上の点 (または線) を対応させる規則を定めれば，一つの地図投影法が定義される．地図投影法とは，これら無数にありうる対応規則の総称である．個々の投影法に対しては，その開発者の名前や投影法の性質に由来する固有名称が与えられ，○○図法のように呼ばれる．「図法」は地図投影法の同義語であるが，このようにそれぞれの投影法の名称として用いられることが多い．なお，地球上の点に対して地図上の線が対応するというのは，たとえば北極や南極が正距円筒図法 (5.2.1 項) などでは赤道と同じ長さの線として表されることなどを指している．

この対応関係を数式で表すならば，地球上の位置はふつう緯度 ϕ と経度 λ で表されるので，(ϕ, λ) から平面上の直交座標 (x, y) への 2 変数関数の組

$$\begin{cases} x = f(\phi, \lambda) \\ y = g(\phi, \lambda) \end{cases}$$

により地図投影を表すことができる．関数 f, g が決まれば投影法は決まる．これらの関数は特定の幾何的性質をもたせるために場合によっては複雑な表現になるものもあるが，球に対する正距円筒図法のように $x = R\lambda, y = R\phi$ (R は球の半径) というようなごく簡単な式で表されるものもある．

投影法によっては直接に直交座標を与える関数で書くよりも，地図平面上での極座標表示により

$$\begin{cases} r = f(\phi, \lambda) \\ \theta = g(\phi, \lambda) \end{cases} \qquad \begin{cases} x = r\sin\theta \\ y = -r\cos\theta \end{cases}$$

のように表したほうが便利な場合もある．ただし，ここで r は原点からの距離であり，θ は y 軸の負の方向から左回りに測った角である．座標値が負の値になることを避けるため，上式の y の値に定数を加える場合もある．あとに述べる正軸法の円錐図法や方位図法では，r は経度によらず，また θ は緯度によらずに経度に正比例する (方位図法ではこの比例定数が 1，すなわち $\theta = \lambda$ となる) ので，極座標表示が便利なのである．このときはより単純に以下のように書ける．

$$\begin{cases} r = f(\phi) \\ \theta = k\lambda \end{cases} \qquad \begin{cases} x = r\sin\theta \\ y = -r\cos\theta \end{cases}$$

ここで k は方位図法では 1，円錐図法では $0 < k < 1$ の定数で円錐図法の係数と呼ばれる．

上では，簡単に地図投影法とは地球上の点から地図上の点 (または線) への対応関係であるとした．しかし任意の対応関係が，一般に地図投影法といわれるものに該当するかというとそうではない．投影法はどういう性質をもっているのかを考察してみよう．いわば，地図投影法の内包的定義を試みる．

第 1 に，投影法においては，地球上の異なる 2 点が地図上で同一点に対応することはない．逆に地球上のある 1 点が地図上では (無数に多くの点からなる) 線として

表される場合があることは上に見たとおりである．このことは，(地球から地図へのではなく) 地図から地球への対応関係—これを (投影の) 逆変換と呼ぶことにする—が，数学的な写像 (mapping) であることを意味している．

第 2 に，地図の外周や断裂法の場合の断裂線 (ふつうは少数の子午線の一部を使う) を除いては，投影およびその逆変換は連続写像である．ただし，投影において，地球上の 1 点が地図上の 1 点に対応しない点 (線として表現される点あるいは平面上に表現できない点) を除く．また，逆変換においてその定義域は平面のうち地図として表されている範囲内とする．

これら二つの性質によって投影法は定義できる．つまり，これら二つの性質のどちらかでも満たさなければそれは投影法として用いることができず，逆にこれら二つの性質さえ満たせばそれは地図投影法となりうる．

ここで，「投影」という用語に関する注意を述べておく．地図投影法の導入的説明として，光源からの光を透明な球上に描かれた経緯線網に当てて，この影を平面スクリーンに投影するという説明が行われることがよくある．これまで述べてきた一般的な説明から明らかなように，このようにして得られる地図投影法は数多くの種類がある地図投影法のうちのごく一部にすぎない．これらは地図投影法の分野では投射図法と呼ばれる特定の分類に属すものである．しかし，「投影」という言葉の本来の意味はこのような投射図法を指すのであるから，地図投影法の分野での「投影」という語の使用はかなり本来の意味を拡張したものになっているので，誤解のないようにする必要がある．投射図法は物理的な実験をイメージして地図投影に使用できるいくつかの方法を示すことができる点は便利かもしれないが，これだけが地図投影ではない．投射図法だけで地図投影の導入的説明を行って，すぐに各種の地図投影法の例として投射図法ではないサンソン図法やメルカトル図法を挙げると教えられる側は混乱するだけであろう．このようなことも地図投影法がなんとなくわかりにくいということの背景にあるのではないかと思われる．

もう一点注意すると，従来は，経緯線網 (graticule) の作図法が地図投影法の大きな要素であった．コンパスと定規で作図する方法あるいはその可能性に対する考慮が，地図投影法という技術において大きな位置を占めていた．そして経緯線網を図に表してから，地図の表現事項である地物 (たとえば世界地図に海岸線を表示するような場合を考えるとわかりやすいであろう) を内挿補間して描入していた．今日ではコンピューターグラフィックスにより，経緯線網はもとより地物についてもそれらの経緯度のデータがあれば地図投影を表す関数を与えるだけで特定の地図投影に従った地図の作図が容易に行える．このため，従来の多くの教科書にあった定規とコンパスによる経緯線の作図法に関する記述は今日実用のために地図投影法を学ぶには不要である．一方，投影の数式の使い方をマスターするには，簡単なコンピュータープログラムを作成して地図投影による図の表示を体験することが望ましい (1.6 節参照)．

なお，本書では「地球の半径を R とする」として投影の数式を記述している．一般に地図は地表をある一定の縮尺で縮小して表現したものであるが，地図投影に伴うひずみのために地図上で縮尺は一定にはなりえない．そこで，まず地球を立体のまま一定の縮尺で縮小した地球儀を考える．この地球儀は回転楕円体として扱う場合であれ，球として扱う場合であれ厳密に地球と相似形であると考えることができる．この地球儀を平面に地図投影すると考える．この地球儀の，実際の地球に対する縮尺を基準縮尺 (nominal scale) という．地図投影された地図上では，場所により，また一つの点でも方向により長さが基準縮尺とは相違することになる．地図上の場所および方向により異なる縮尺の，基準縮尺に対する比を縮尺係数 (scale factor) という．縮尺係数がどの方向でも 1 であればその場所では投影ひずみがないことになる．地図投影法自体にとっては地図の基準縮尺は本質的ではないので，以下の投影式の記述では基準縮尺に対する考慮は無視して「地球の半径を R とする」と書いている．これは「基準縮尺倍された地球儀の半径を R とする」と読み替えてもよいし，地球の大きさのまま投影面に表してしかる後に基準縮尺を掛けて縮小された地図を得ると考えてもよい．

---

column 1 ◆◆◆ **地図投影は「投影」ではない！？**

「地図投影」という言葉のせいで，地図投影を文字通りの「投影」と結び付けて理解しようとする傾向が非常に強いようだ．しかし，地図投影法にさまざまな種類があることを知るとそれらのほとんどは「投影」では作れないことがわかる．地球に円筒を巻きつけて地球の中心と地球表面上の点を直線で結んで円筒面と交わる点に投射するとメルカトル図法が得られるという間違った説明をしている本が多くあるが，これなども「投影」という考え方に引きずられたことがその一つの原因かもしれない．それでは，はじめて地図投影を考えた人は丸い地球を平面に表す方法として「投影」を考えたのだろうか．確かに幾何学の問題としては，球の中心から平面に投影する心射図法や，球面上の点から中心を挟んで反対側の点で球に接する平面に投射する平射図法などがすでに紀元前から古代ギリシャで知られていたが，これらを地図を表すために用いたという証拠はない．丸い地球をできるだけひずみなく平面に表そうと努力して地図投影法を案出したプトレマイオス (紀元 2 世紀) の地図投影法は「投影」によるものではなかった．このように歴史的起源について見ても，地図投影は「投影」ではないのである．地図投影は一つの専門用語として「(地図) 投影」というのだと理解すべきである．これを文字通りの「投影」と連関させて理解することからは早く脱却したほうがよい．

1.2 地図投影法の歴史

地図投影法を問題とする前提として，地球が丸いという認識がある．地球が丸いことは古代ギリシャにおいてすでに知られていた．アリストテレス (Aristotelēs,

384–322 BC) はその根拠に，月蝕の際の地球の影が円形であることと，ある星がエジプトでは見えるがギリシャでは水平線に没して見えないように場所によって見える天体が異なることを挙げている．さらに，エラトステネス (Eratosthenēs, 276 頃–196 頃 BC) は，地球の大きさをはじめて計測した．夏至の日の南中時にシエネ (現在のアスワン) では太陽が天頂に来る．このときに (厳密には異なるが) 同一子午線上にあるアレクサンドリアでは太陽が天頂よりも 7.2°南に位置したことから，地球の周囲をアレクサンドリア–シエネ間の距離 5000 スタディアの 50 倍，すなわち 25 万スタディアと見積もった．1 スタディオン (スタディアの単数形) が 178 m とすれば，地球の全周を 44,500 km と計測したことになり，今日知られている値より約 1 割過大なだけである (織田，1974)．

　地図投影法を考えるためには，何らかの方法で球面上の位置を表し，その上でこれを平面上の位置に対応させねばならない．球面上の位置を表す方法として，ヒッパルコス (Hipparchos, 190 頃–125 頃 BC) は赤道と子午線円の全周をそれぞれ 360 等分する今日の緯度経度のシステムを考案した．

　地図投影法の歴史の上でその始祖とされる重要な人物がプトレマイオス (Claudius Ptolemaeus 生没年不詳．英語読みでトレミー Ptolemy とも呼ばれる) である．プトレマイオスは，紀元 2 世紀にアレクサンドリアで活躍した古代の傑出した学者で，天動説に基づく天文学書 (『アルマゲスト』の名で知られる) 13 巻と，『地理学』8 巻を著した．『地理学』は彼の時代に知られていた人間の居住する世界全体を地図化する方法について記した書であり，そのために球体の地球を平面に表す地図投影法と各地点の経緯度を記述している．『地理学』は，第 1 巻第 24 章で平面上に地図を作成するための方法を 2 種類解説している．第 1 のものは，赤道で経線が屈曲す

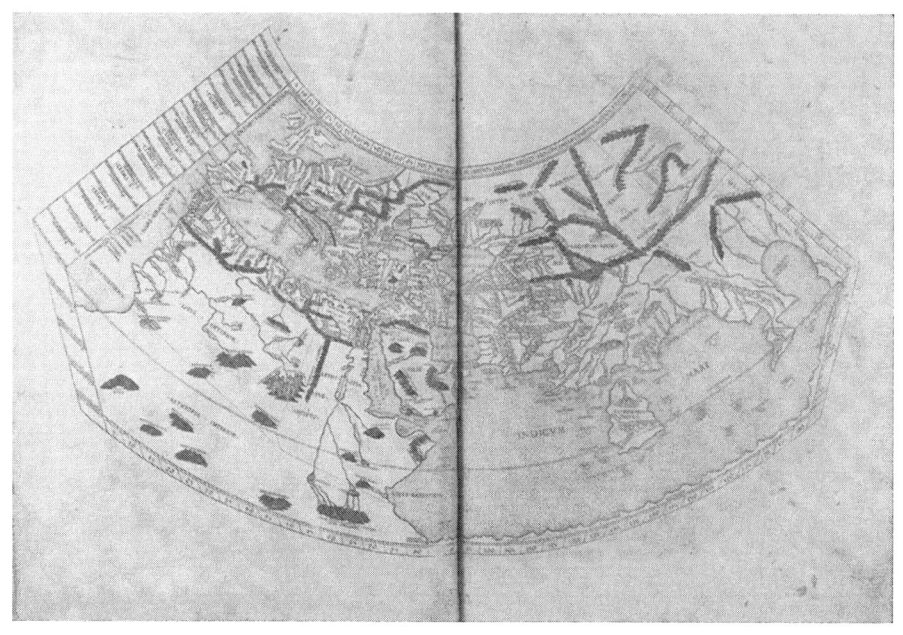

図 1.1 プトレマイオスの世界図 (第 1 図法)

表 1.1 地図投影法の歴史 関連年表

年	事 項
紀元前 4 世紀	アリストテレスによる月蝕時の地球の影の形などの観測事実の解釈に基づく地球球体説
紀元前 3 世紀	エラトステネスが地球の大きさを測定
紀元前 2 世紀	ヒッパルコスが経緯度により地球上の位置を示す仕組みを考案
2 世紀	プトレマイオスが『地理学』全 8 巻で,各地点の経緯度と地図投影法に基づく地図作製法を記す.地球を平面上に表す方法として地図投影法を発明.
13～17 世紀	ポルトラノ海図が用いられた.
15 世紀	プトレマイオスの書がヨーロッパに紹介される.
1492	マルチン・ベハイムが直径約 50 cm の地球儀を製作.現存する世界最古の地球儀.
1507	ヴァルトゼーミュラーが世界地図を刊行.「アメリカ」の地名がはじめて記された世界地図として著名.投影法は,プトレマイオス第 2 法からボンヌ図法に至る過渡的な形態を示す.
1569	メルカトルがメルカトル図法による世界地図を刊行
1570	コッシンが正弦曲線図法 (サンソン図法) による世界地図を発表
1570	オルテリウスによる地図帳『世界の舞台』の刊行
1602	マテオ・リッチ (利瑪竇) による「坤輿万国全図」.オルテリウス図法による世界地図.17～18 世紀の中国や日本の世界地理の知識に大きな影響を与えた.
1735～1744	フランス科学アカデミーが赤道地方と極地に測量隊を派遣し,その観測結果から地球が扁平な楕円体であることを実証
1772	ランベルトが著書『数学の用い方とその応用論集 第 3 部』の中で,ランベルト正角円錐図法,ランベルト正積方位図法,ランベルト正積円錐図法,ランベルト正積円筒図法,横メルカトル図法を含む 7 種類の投影法を発表
1777	オイラーが球面上の図形をひずみなく平面に表すことが不可能であることを数学的に証明
1779	長久保赤水『改正日本輿地路程全図』の刊行.経緯線が入った日本地図としてはじめてのもの.緯線は等間隔の平行直線で表され,緯度が記されている.経線とされるものは正方形の方眼をなすように緯線に直交して描かれており,経線ではなく方角線と記す文献もある.
17 世紀～1789	カッシーニ一族 4 代によるフランスの地形図作成.近代的な三角測量に基づくはじめての全国規模の地形図.縮尺 86400 分の 1.投影はカッシーニ図法 (横軸正距円筒図法).
1792～1799	メートルの長さを決定するための,ドゥランブルとメシェンによるダンケルク～バルセロナ間の子午線弧長測量
1801	伊能忠敬が千葉から青森の本州東海岸を測量した第 2 次測量により,緯度差 1 度の子午線長を 28.2 里と求めた.
1805	モルワイデがモルワイデ図法を発表
1805	アルベルスがアルベルス正積円錐図法を発表
1810	高橋景保による「新訂万国全図」.東西半球をそれぞれ横軸平射図法で表す.
1820 年代	ガウスがハノーファー王国の三角測量に従事し,「ガウスの等角投影法」を開発,測量データの処理に用いた.この投影法は論文として発表されなかった.
1822	ガウスが曲面間の等角投影を論じた論文「与えられた面の部分が他の与えられた面上に,微小部分が相似形となるように写像する課題の一般解」を発表
1827	ガウスが「曲面論」を発表
1841	ベッセルが地球楕円体としてベッセル楕円体を発表
1843	ガウスが「高等測地学研究第 1 論文」を発表
1855	ゴールが 3 種類の円筒図法を発表
1856	チェビシェフが,正角図法においてある領域が一定の縮尺の線で囲まれているとき,その領域内での縮尺係数の変動が最小に抑えられることを発表
1859	ティソーが投影ひずみを解析するための指示楕円を発表
1884	ワシントンで万国子午線会議が開かれイギリスのグリニジを本初子午線とすることが国際的に合意された.
1889	エイトフがエイトフ図法を発表
1892	ハンメルがハンメル図法を発表
1903	クリューゲルの編集になる『ガウス全集第 9 巻』刊行.ガウスがハノーファー測量に用いた投影法 (ガウスの等角投影法) について記した断片的遺稿の全容が明らかにされた.
1906	エッケルトが 6 種類の擬円筒図法 (エッケルト第 1～第 6 図法) を発表
1912	クリューゲルがガウス–クリューゲル図法 (ガウスの等角投影法) に関する包括的な論文「地球楕円体の平面への等角投影」を発表
1921	ヴィンケルがヴィンケル図法 (トリペル図法) を含む 3 種類の投影法を発表
1925	グードがグード図法 (断裂ホモロサイン図法) を発表
1940	ミラーがミラー図法を発表
1952	日本の国土調査法施行令においてガウスの等角投影法により全国を 13 の座標系で表した平面直角座標系を定義 (現在は測量法の規定を実施するための国土交通大臣告示でこれを拡張した 19 の座標系が定められている)
1963	ロビンソンがロビンソン図法を開発
1973	トブラーが超楕円図法を発表
1978	スナイダーが宇宙斜軸メルカトル (SOM) 図法を発表

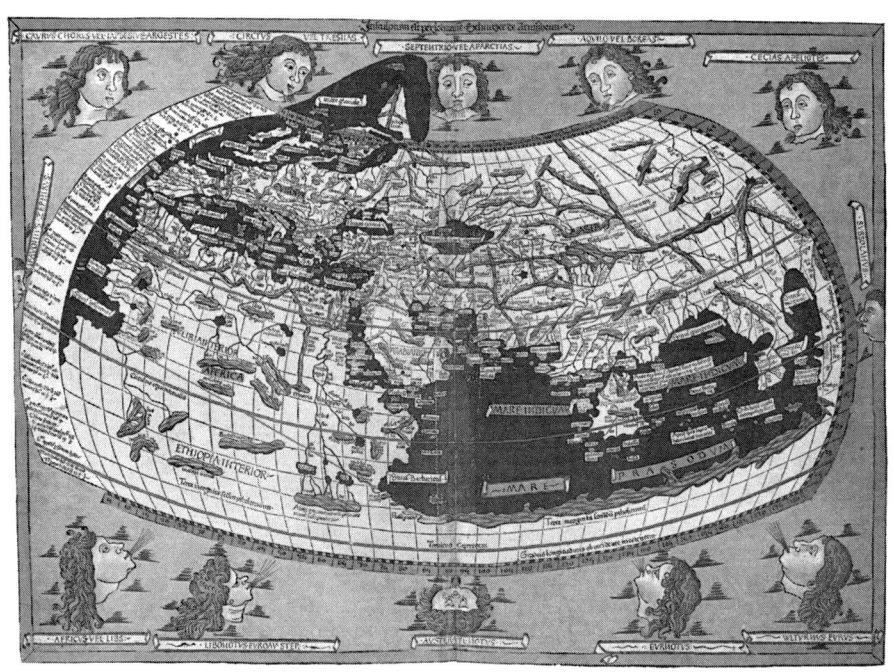

図 1.2 プトレマイオスの世界図 (第 2 図法)

ることを除いてはロドスの緯度である北緯約 36° を標準緯線とする 1 標準緯線の正距円錐図法である．ただし，プトレマイオスにおいてはこの図法を円錐に連関させる考えはない．第 2 のものは，緯線は第 1 のものと同様に同心円弧 (ただし同じ緯度に対して第 1 図法と半径は異なる) である．一方，経線については，図の中央に位置する経線を直線で描き，これ以外の経線は，地図に表された範囲の北限である北緯 63°，南限である南緯 16°25′，およびほぼその中間でシエネの緯度である北緯 23°50′ の 3 本の緯線に沿って中央の経線からの距離が正しくなるようにとった三つの点を通る円弧で表される．これは今日では擬円錐図法に分類される図法である．プトレマイオスがこの書の中で批判しているテュロスのマリノスの用いた投影法は標準緯線を北緯約 36° とする正距円筒図法 (長方形図法) であった．これは長さの縦横比は緯度 36° で実距離に合うように調整しているが，経度緯度をそのまま平面上の座標として表したものと考えることができ，経緯度システムの発明の自然な発展であった．地図投影法の原初の形はこのように正距円筒図法であったと考えられている．そして，丸い地球上での距離や方位の関係を平面の地図にできるだけ正確に表そうと意識的に努力して地図投影法という学問を開拓したのがプトレマイオスであるといえよう．

　ヨーロッパではプトレマイオスの書の存在は長く忘れられていた．中世ヨーロッパではキリスト教世界観に基づいて世界を丸い海で囲まれた三つの大陸 (ヨーロッパ，アフリカ，アジア) として表した TO 図が多く作られた．地球球体説自体が否定されていたので地図投影法が問題になることはなかったのである．15 世紀になってプトレマイオスの『地理学』がビザンティン帝国からイタリアにもたらされてラテ

ン語訳が作成され，ヨーロッパ社会に大きな影響を与えた．時あたかも地理的発見の時代ともいわれる大航海時代の幕開けにもあたり，15世紀半ばの印刷術の発明ともあいまって15～16世紀にプトレマイオスの地図や地理書が新たな地理的知識による改訂も加えつつ多数出版された．そして，16世紀には多数の新しい投影法が発明された．中でも著名で画期的なのが，メルカトル (Gerardus Mercator, 1512–94) が1569年に発表した世界図に用いたメルカトル図法である．このほか，円の中に半球を表す図法や長円に世界を表す数多くの投影法が発明され用いられた．これらの中でも，有名なオルテリウス (Abraham Ortelius, 1527–98) の地図帳『世界の舞台』(*Theatrum Orbis Terrarum*, 1570) の世界地図 *Typus Orbis Terrarum* に用いられた投影法【注1】は，マテオ・リッチの「坤輿万国全図」にも用いられるなど影響を与えた．サンソン図法として知られる正弦曲線図法も16世紀に発明されている (サンソンは17世紀の地理学者，5.3.1項参照)．

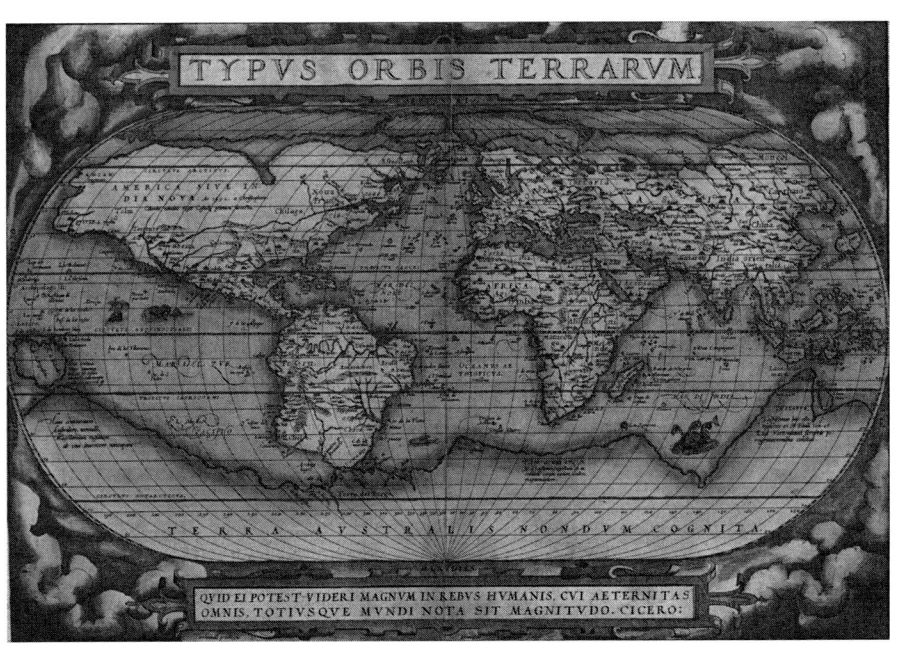

図 1.3 オルテリウス『世界の舞台』の世界地図

図 1.4 ランベルトが7種類の投影法を発表した著書の扉

近代的な地図投影法の発展においてもっとも重要な貢献をしたのがランベルト (Johann Heinrich Lambert, 1728–77) である．数学・天文学・物理学の分野でも業績があるが，地図投影法については1772年に刊行した著書の中で七つの新しい投影法を発表した．17世紀に発見された微積分を地図投影法の開発に活用したことが重要な発展とされている．これらの投影法のいくつかは今日も広く利用されている重要な投影法である．ランベルト自身はそれらの投影法に名前を与えていないが，今日の用語では①ランベルト正角円錐図法，②ラグランジュ図法，③横メルカトル図法，④ランベルト正積円筒図法，⑤横軸正積円筒図法，⑥ランベルト正積方位図法，⑦ランベルト正積円錐図法である．なお，①のランベルト正角円錐図法については，

ランベルトは回転楕円体に対する数式も導いている．一方，③の横メルカトル図法についてはランベルトは地球を球として扱う場合の数式を導いているが，楕円体として扱う場合の式は導いていない．回転楕円体に対する横メルカトル図法はガウス (Carl Friedrich Gauss, 1777–1855) が自ら実施した三角測量の計算のために開発した．このガウスの等角投影法は，今日ガウス–クリューゲル図法として知られており，その計算式は，多くの国の地形図に用いられている UTM 図法や，また各国で定義されている測量用の平面直角座標系に応用されている．

18 世紀における理論的貢献としては，数学者オイラー (Leonhard Euler, 1707–83) が 1777 年に発表した論文で，球面上の図形を一切のひずみなく平面上に表すことは不可能であることをはじめて数学的に証明したことがある．これは地図投影には必ずひずみが伴うことを意味する．

19 世紀にはガウスが曲面間の等角写像を一般的に論じた論文を 1822 年に発表し，その中で各種の正角図法を論じている．また，1827 年には「曲面論」を発表し曲面を数学的に扱う手法を確立した．このような数学的手法の発展もあり，19 世紀には数多くの地図投影法が開発された．この流れは 20 世紀にも引き継がれている．ティソー (Nicolas Auguste Tissot, 1824–97) が 19 世紀後半に発表した (ティソーの) 指示楕円 (Tissot indicatrix) は地図投影に伴うひずみの分布を解析し図示する手段として有効であり広く用いられている．

地図投影法に関わる最近の動向としては，数式をプログラムで与えておけばパソコンで即座に地図投影による平面座標を計算してグラフィック出力することが可能になったことがある．異なる種類の投影法に基づく地図データであっても，ユーザーが選択した投影法に即座に変換して画面上で重ね合わせ表示できる地理情報システム (geographic information system, GIS) ソフトウェアもある．従来は経緯線の作図が投影法の適用にあたっての大きな課題であり，あらかじめ計算した表を用意してこれをプロットすることなどが行われたが，現在では経緯線のみならず地図に描画される対象の画線も，経緯度座標から直接に投影変換した座標を計算して描画できるようになった．これは従来は地図作成に従事する専門家しか地図投影に携わる機会がなかったのに対し，地図データを扱う多くの人にとって地図投影について正確に知ることが必要になってきているということでもある．

1.3 地球の形と大きさおよび地球上での位置の表し方——緯度・経度・標高

地図投影は曲面である地球表面を平面上に表すことであるから，まず地球の形と大きさについて知る必要がある．地球の形は扁平な回転楕円体 (ellipsoid of revolution) として近似できる．ここで近似としたのは，本当の地球の形を何でもって定義するかという問題があるからである．たとえば，地表面の形態が地球の形そのものであるという考え方もありうる．つまり，陸地では地表面，海では平均海面を

もって地球の形状とするのである．これはまさに地球の形というときにふつう考えられるイメージに合っているが，これでは高さの基準が得られない．また，地形改変があるたびに地球の形が変化したことになってしまう．

そこで高さの基準となると考えられる水平面(水準面)を地球の形の基本として考える．すなわち，波も海流もなく静止した仮想的な平均海面を考え，陸地部分にもこれを延長した水準面を考えると地球を取り囲んだ曲面ができる．これをジオイド(geoid)という．ジオイドは地球内部の物質分布の不均一を反映して緩やかに起伏する不規則な曲面である．物理用語を使えば，ジオイドとは地球重力の等ポテンシャル面のうち，平均海面と一致するものということができる．なお，ジオイドのより厳密な定義については，測地学に関する文献(たとえば，日本測地学会(2004))を参照されたい．

ジオイドは地球の形として基本になるものであるが，このままでは位置の基準として扱いにくい．そこで，これを単純な数式で表せる幾何的な形で近似することにする．そして，地球の形は実際扁平な回転楕円体でよく近似できるのである．ここで，ジオイドにもっともよく適合する回転楕円体の形と大きさを定めることが課題になるが，後に述べるようにこれまでにさまざまな回転楕円体が地球を表すものとして提案されてきている．

回転楕円体とその地球への当てはめ方(楕円体の中心を地球の重心に一致させ，楕円体の短軸を地球の自転軸に一致させる)を決めれば，緩やかな凹凸のある曲面であるジオイドを楕円面からの高さとして表すことができる．すなわち，回転楕円面上のある点で法線を立て，ジオイドと交わる点までの距離を求める．これをその点におけるジオイド高(geoidal height)という．コンピューター上で地形が格子点での標高データの集まりで表現できるように，回転楕円面上に密にとった経緯度格子点でのジオイド高でジオイドが表されることになる．なお，ジオイドが回転楕円面よりも外側にあるときジオイド高は正であり，内側にあるときジオイド高は負であるとする．ジオイドは，ジオイド高で表して地球全体で±100 m程度の凹凸をもっている．全球のジオイドモデルは，Earth Gravitational Model 2008 (EGM2008)が米国国立地理情報庁(National Geospatial-Intelligence Agency, NGA)から公開されている．また，日本国内の実用的ジオイドモデルは「日本のジオイド2000」が国土地理院から公開されている．

なお，ジオイド上では，重力ポテンシャルは等しいが，重力値そのものは等しいわけではない．このことは高緯度地域と低緯度地域とでそれぞれ海面上で測ったとしても重力値が大きく異なる(高緯度のほうが重力が大きい)ことからも知られる．重力ポテンシャルの空間微分が重力を与えるのであるから，ポテンシャル値が等しい場所でも，重力値が異なるのは当然である．ときに，「ジオイド上では重力が等しい」という誤った記述が見られるので注意しておく．

地球の形について以上に記した．次にこれを基礎として地球上での3次元的位置を緯度・経度・標高で表すことについて述べる．

まず，標高について説明する．地球上のある地点の標高 (elevation) とは，ジオイドに垂線を下ろし，これに沿って測ったジオイドまでの距離として定義される．すなわち，標高の基準は回転楕円面ではなくジオイドである．これに対して，回転楕円面から垂直に測った距離をその点の楕円体高 (ellipsoidal height) という．

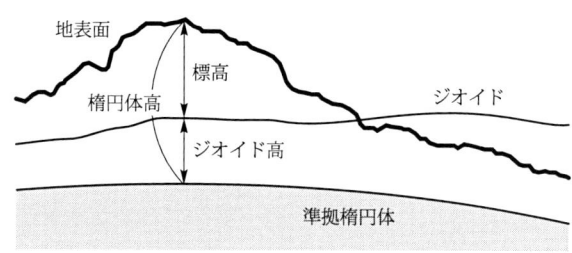

図 1.5　標高・ジオイド高・楕円体高の関係

標高を楕円面からの距離ではなくジオイドからの距離とすることが適切である理由は，次のような状況を考えると納得されるであろう．図 1.6 に示したように，点 A がジオイド上にあり水平方向に離れた別の点 B がジオイドより少し高い位置にあるとする．この 2 点を含む近傍でジオイドが楕円面に対して傾いているため楕円体高では A のほうが B より高いとしよう．このような状況で，A と B の間に樋を掛けて水を流すと水は B から A に向かって流れる．ところが，楕円体高では A のほうが B より高いのだから，仮に楕円体高でもって標高に代えるとすると水は高いところから低いところに向かって流れるという常識にそぐわないことになる．

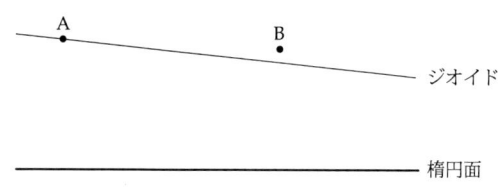

図 1.6　水は標高の高い点から低い点に向かって流れる

各地点の標高は，水準測量によって定められるが，水準測量は局所的な水準面を基準にして測られた高低差を積算していくものなので，水準測量で求められる高さはジオイドからの距離である標高の定義に合致しているのである．(ただし厳密には重力値による補正が必要である．)

以上で 3 種類の「高さ」に関する用語を定義した．ある地点のジオイドからの垂直距離である「標高」，楕円面からの垂直距離である「楕円体高」，およびジオイドの楕円面からの垂直距離である「ジオイド高」である．これらは図 1.5 に示した関係にある．当該地点からジオイドに下ろした垂線と楕円面に下ろした垂線とは一般に一致しないが，これらのなす角は一般にごくわずかであるので，方向の違いを無視して (楕円体高) = (標高) + (ジオイド高) の関係があると考えてよい．

高さの基準がジオイド面であるのに対して，水平位置の基準は回転楕円体を用い

る．ある地点の緯度経度は，その地点から楕円面に垂線を下ろしてそれが楕円面と交わる点の緯度経度で表される．地図投影の課題は，この2次元曲面である回転楕円面上のある緯度経度で表される位置を2次元の地図平面上のどこに対応させるかである．地図投影には標高は関係しない．

扁平な回転楕円体は，楕円をその短軸のまわりに回転してできる立体である．この短軸が地球の自転軸である地軸と一致し，地軸と楕円体との交点が北極と南極になる．地軸に垂直な平面が楕円体と交わってできる曲線は円であるがこれを平行圏 (parallel) という．地軸に垂直な平面のうち楕円体の中心を通るものが楕円体と交わってできる円が赤道 (equator) で，この平面を赤道面 (equatorial plane) という．赤道も平行圏の一つであり，平行圏のうち半径が最大のものである．地軸を含む平面が楕円体と交わってできる曲線は楕円になり，この楕円の半分である北極から南極までの楕円弧を子午線 (meridian) という．また，地軸を境界とし子午線を含む半平面を子午面 (meridian plane) という．

回転楕円体上のある地点において楕円面に法線を立て，これが赤道面と交わる角をその地点の緯度 (latitude) または地理緯度 (geographic latitude) という．以上は空間図形での説明だが，当該点を含む子午面の平面で考えるとわかりやすいだろう．楕円面の法線はこの点を通る子午面内に含まれるから，緯度はこの平面内で楕円の接線に垂直な線が楕円の長軸となす角である．地球上で緯度が一定の値の点からなる線が平行圏であるといえる．緯度は北半球では北緯○度，南半球では南緯○度のようにいう．また，○°N，○°S のように度分秒を表す数値と記号の後ろに北緯を表す N あるいは南緯を表す S を付けて表記する．GIS などコンピューター上で数値として扱うときは，赤道より北では緯度は正の数で表し，南側では負の数とす

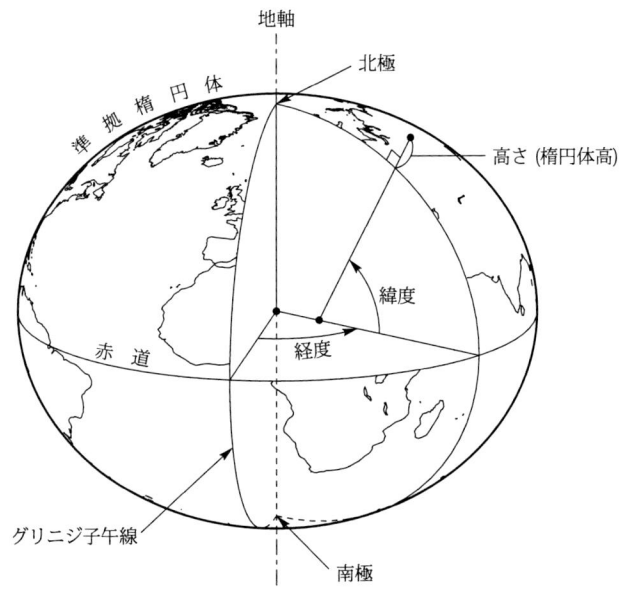

図 1.7　緯度，経度，高さ (楕円体高)

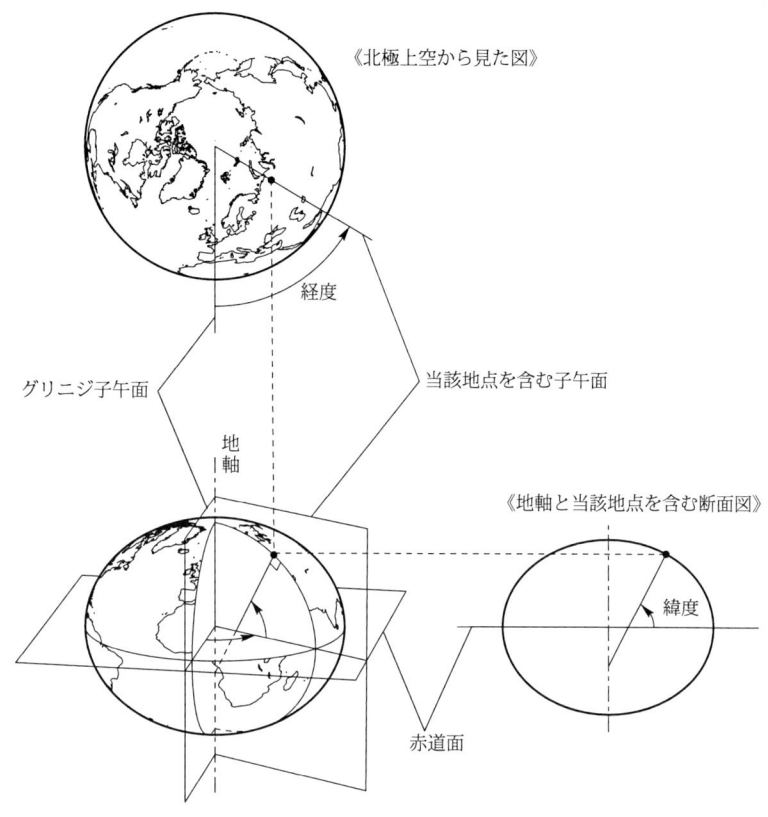

図 1.8 緯度と経度の定義

る．赤道の緯度は 0 度，北極の緯度は +90 度，南極の緯度は −90 度である．

　緯度では赤道という基準があったのに対して，すべての子午線は合同であるから経度を定めるには特定の子午線を基準に決める必要がある．この基準となる子午線を本初子午線 (prime meridian) という．1884 年に米国ワシントンで開催された万国子午線会議でイギリスのグリニジ天文台を通る子午線，すなわちグリニジ子午線 (Greenwich Meridian) を本初子午線とすることが国際的に定められた．これ以前には各国で異なる子午線がそれぞれ本初子午線とされており，世界的に統一した経度の基準がなかったのである．ある地点の経度 (longitude) とは，この地点を含む子午面が本初子午線を含む子午面となす角である．子午面間の角というのは，赤道面内で，子午面と赤道面の交線同士がなす角のことである．当然のことだが，本初子午線上の点では経度は 0 である．本初子午線から東回りに経度 180 度までを東半球，西回りに経度 180 度までを西半球といい，それぞれの半球内の経度を東経○度，西経○度（あるいは ○°E，○°W) のように表す．また，単純な数値で表すときには経度は東回りに増加するものとし，東経を正の数で，西経を負の数で表す．一つの子午線上では経度は一定の値をとる．

　同一の経度の点を連ねた線を経線，同一の緯度の点を連ねた線を緯線という．この限りでは，経線は子午線と，緯線は平行圏と同義であるが，子午線と平行圏の用語

は球あるいは回転楕円体としての地球上の線を指して用いられ，一方経線と緯線の用語は地図上に表された線を指して用いられることが多い．一定の経度差，緯度差の経線と緯線の集まりのことを経緯線網 (graticule) といい，地図投影では経緯線網がどのような形状に表現されるかがよく議論される．なお，graticule の語は地球上と地図上の両方に用いられる．また，経緯度による地球上の位置の表現のことを地理座標系 (geographical coordinate system) という．地球上で平行圏と子午線は直交することに注意しておく．

17 世紀には，ニュートンやホイヘンスにより地球が扁平な回転楕円体であるという議論が理論的になされていたが，18 世紀にフランスのカッシーニが国内で行った測量結果からは地軸方向に長い長球であることを示唆する結果が得られた．そこでこの問題を解明するため，フランスが極北のラップランドと南米ペルー (現在はエクアドルに属する地域) に測量隊を派遣して緯度差 1° に相当する子午線弧長を測量して，高緯度地域のほうが低緯度よりも緯度差 1° あたりの子午線弧長が長いことを実証し地球が実際に扁平な楕円体であることを明らかにした．これ以降，さまざまな学者が子午線弧長測量の結果を解析して，地球楕円体の大きさと形を発表してきた．地球楕円体 (Earth ellipsoid) とは地球の形状をもっともよく代表する回転楕円体としてそれぞれの研究者や国際組織などにより決定されたものである．発表者の名前を冠した種々の地球楕円体がこれまでそれぞれの国の測量の基準として用いられてきた．これらのいくつかを表 1.2 に示す．この表では，地球の形と大きさを表すのに赤道半径と扁平率の逆数の二つのパラメーターを示している．なお，扁平率 (flattening) f とは赤道半径 a と極半径 b の差を赤道半径で割った量，すなわち $f = (a-b)/a$ である．

現在各国で世界測地系の基準として広く用いられているのは GRS80 楕円体 (Geodetic Reference System 1980 ellipsoid；測地基準系 1980 楕円体) と呼ばれる楕円体である．GRS80 楕円体は 1979 年に開かれた国際測地学および地球物理学連合 (IUGG) の総会で決議された地球楕円体である．

日本では，1841 年のベッセルによる値が明治以降 2002 年 3 月まで用いられてきた．現在では世界測地系に測地系が変更され，地球楕円体には GRS80 楕円体が用いられている．なお，実際の地球に当てはめて測量の基準として設定された地球楕円体を準拠楕円体 (reference ellipsoid) という．

表 1.2 いろいろな地球楕円体

地球楕円体	年代	赤道半径 (m)	扁平率の逆数 $(1/f)$
ベッセル楕円体	1841	6,377,397.155	299.152813
クラーク楕円体	1880	6,378,249.145	293.4663
ヘルマート楕円体	1906	6,378,200	298.3
ヘイフォード楕円体	1909	6,378,388	297.0
クラソフスキー楕円体	1940	6,378,245	298.3
測地基準系 1980 (GRS80) 楕円体	1980	6,378,137	298.257222101

(出所：国土地理院ホームページ http://vldb.gsi.go.jp/sokuchi/datum/tokyodatum.html#p1，一部修正)

ここで注意すべきは，これらの地球楕円体の値はその時点までに観測されたデータを整理解析して得られた値であり，科学的な測定値として測定に伴う誤差を有する値であるという性格を一面では有しているが，測量のための基準として用いられる際にはこれらの数値は定義値であって誤差がない正確な値として用いられねばならないことである．

どうしてこのように扱わなければならないかを考えてみよう．今日でも地球の大きさと形をcmの桁まで正確に求めることはできない．しかし，実際の測量では場合によってはmmよりも正確な値が要求される．地球楕円体のパラメーターは経緯度と平面直角座標系 (1.5 節参照) の変換に用いられるものでもあるので，これらのパラメーター自体が誤差を有するとしたのでは測量結果をパラメーターの精度よりも高い精度で表すことが不可能になってしまう．そこで，地球楕円体の諸元 (赤道半径と扁平率) は測定に基礎を置いて定められたものではあっても，測地系の定義に含まれた場合には誤差のまったくない定義値であるとして扱われるのである．この意味では，これらは科学的測定値というよりむしろ社会的な約束事として定められた値なのである．日本には測量の基準を定め測量の正確さを確保することなどを目的とする測量法という法律があり，2002 年の改正前にはベッセル楕円体の赤道半径と扁平率が測量法に書き込まれていた．また，世界測地系を採用するため2002 年に改正された測量法ではGRS80 楕円体の値が測量法施行令に規定されている．このことにもこれらの数値が社会的約束事として定められたものであることが現れている．

この点で，表1.2 を見る上では注意が必要である．たとえばGRS80 楕円体の赤道半径は6378137 mとされているが，これは測定値ではなく定義値として扱うべきものなので，無限の桁まで正確な値 6378137.0000 $\cdots$ mと解釈すべきである．扁平率についても同様に1/298.2572221010000 $\cdots$ と考える．もちろん実際の計算に際しては必要な精度までだけを計算すればよい．また，この表でベッセル楕円体の値として示されているのは日本で改正前の測量法に規定されていた値であって，日本国内の測量で定義値として用いるべき数値であったが，文献によっては末尾のほうの桁が異なる数値が与えられていることがある．この二つ以外の楕円体については諸外国で測地系に用いられたものであるが，この表の数値は概数である可能性もあり，特定の国で実際に測量の基準として用いられた値を知る必要があれば別途調査する必要がある．

精密な測量では地球は球ではなく回転楕円体として扱われる．中・大縮尺図では測量で得られた緯度経度と地図平面座標を対応させる地図投影において，地球を回転楕円体として扱うことが必須である．このことはGIS をはじめ多くの実利用の分野では投影法は回転楕円体の投影を考えなければならないことを示している．しかし，地球楕円体の扁平率が約1/300 という小さな量なので，世界地図のような小縮尺図では地球を球と近似して扱って問題ない．

地球楕円体にはさまざまなものがあるが，現在はGRS80 楕円体が日本をはじめ世界で広く用いられていることを紹介した．では，地球を球として扱う場合には地球の半径

は何 km とするのがよいだろうか．いろいろな考え方があるが，正積図法での適用を考えれば回転楕円体と等しい表面積を有する球の半径を用いるのが理にかなっている．扁平な回転楕円体の表面積は $S = 2\pi a^2 \{[(1-e^2)/(2e)]\log[(1+e)/(1-e)] + 1\}$ (8.2.4 項および 8.3.1 項参照) で与えられるので ($e = \sqrt{a^2-b^2}/a$ は離心率)，これを $4\pi R^2$ と等しいとおくことにより，GRS80 楕円体に対しては $R = 6371007.181$ m と計算される．球として扱う場合は小縮尺図用であるから，概数で地球半径は 6371 km とすれば十分である．このほか回転楕円体の 3 軸の長さの算術平均や，回転楕円体と等しい体積をもつ球の半径 (これは 3 軸の長さの幾何平均と同じ) としてもよいが，いずれの場合もキロメートルの桁まででは差はなく，6371 km になる．

　本書では地図投影法の数式については地球を球として扱う場合の数式をまず示し，いくつかの投影法についてのみ回転楕円体として扱う場合の数式を示している．これは，投影の性質 (保存される量やひずみの分布) の理解には球として扱う投影で十分であること，回転楕円体の投影に実用されている投影法の種類はそれほど多くないこと，正角図法や正積図法のように厳密に幾何的性質を保存する投影法でなければ回転楕円体として扱う必要性が乏しいことによる．

> **column 2 ◆◆◆ なぜ小縮尺図では地球を球として扱い大縮尺図では回転楕円体として扱うのか?**
>
> 　本文に書いたように大縮尺図では地球を回転楕円体として扱わなければならない．しかし，一方で大縮尺図では 1 枚の地図に表現される範囲が狭いから地球を平らであると見なしてもよく，地図投影法を考慮しなくてもよいようにさえ考えられる．この考えはどこが間違っているのだろうか？　確かに 1 枚の地図の範囲は大縮尺図では狭いが，測量に基づく高精度な地図は一つの市町村全体をカバーするような広い範囲で作られていることが多い．1 枚の地図はその広い範囲を覆う地図を取り扱いの便宜上切り離した一部にすぎない．このことを考えると大縮尺図の範囲が狭いというのは見かけのことであって，実は一続きの平面に投影して表した広い範囲の一部なのである．さらに，大縮尺図では，正角図法あるいは正積図法のように厳密に楕円面上の図形的性質を保存する投影法で地図平面に表す場合，地球を楕円体として扱う場合と球として近似的に扱う場合の差が無視できない．たとえば，GRS80 楕円体で緯度差 1 秒に対応する子午線の長さは緯度 20° では 30.75 m だが，緯度 45° では 30.87 m と変化する．地球を球として扱うということはこれを一定 (先に与えた地球半径を用いれば 30.89 m) と見なすことになる．地図上の位置を経緯度に精度よく対応させるためにはやはり投影法が回転楕円体に対するものでなければならないのである．
>
> 　逆に小縮尺図で地球を球と近似してもよいのはなぜか．たとえば縮尺 1 億分の 1 の地球儀を考えると，北極から南極までの子午線の長さは 20 cm である (直径は 12.7 cm)．この地球儀の赤道半径と極半径の差は 0.2 mm にすぎない．この地球儀を種々の投影法で平面に投影したとしても，この程度の微小量による地図上の位置の相違は描画精度の範囲内で無視できる量であることがわかる．

1.4 さまざまな地図投影法と投影ひずみ

　球面をひずみなく平面上に表す理想的な地図投影法は存在しないゆえに，さまざまな目的や作図上の便宜，さらには地図に表現された形の好みなどに応じてさまざまな地図投影法が発明され用いられてきた．ここでは導入として，いくつかの投影法で表した世界地図を見ながら，投影に伴うひずみを考えてみよう．

　図 1.9 は，経度 0° のグリニジ子午線を中央経線 (central meridian) とするサンソン図法による世界地図である．

　なお，中央経線とは，地図投影において図の中央に描かれるべき経線のことである．ただし，それぞれの地図投影法の適用範囲全体を表した地図においては中央経線は図の中央に描かれるが，1 枚の地図がその範囲のごく一部を表したものであるときは中央経線がその地図の内部に描かれるとは限らない．中央経線を直線に描く投影法が多く，この場合中央経線を縦方向の座標軸とするのがふつうである．地図上のものを指すときは中央経線というが，地球上での子午線を意識して中央子午線ということもある．

　図 1.9 の右のほうに位置する日本列島の形が見慣れた形から大きく変形していることが見て取れる．北米大陸やオーストラリアも変形が明らかであろう．サンソン図法は図の全体で面積関係を正しく表現し，中央経線と赤道に沿っては形状も正しく表現するが，中央経線から離れた図の端では形が大きくひずむことがわかる．このことは，地球上ではどこでも直交している緯線と経線がサンソン図法の地図上では多くの場所で斜めに交わっていることにも現れている．

　次に，図 1.10 に示したランベルト正積円筒図法の世界地図を見てみよう．ここでは中央経線は 140°E としたが，この図法では経線はいずれも対等であって中央経線に特別な重要性はない．中央経線から 180° 隔たった経線に沿った地域が図の左右に分割されることに注意して，中央経線を選択すればよい．この図法では，赤道付

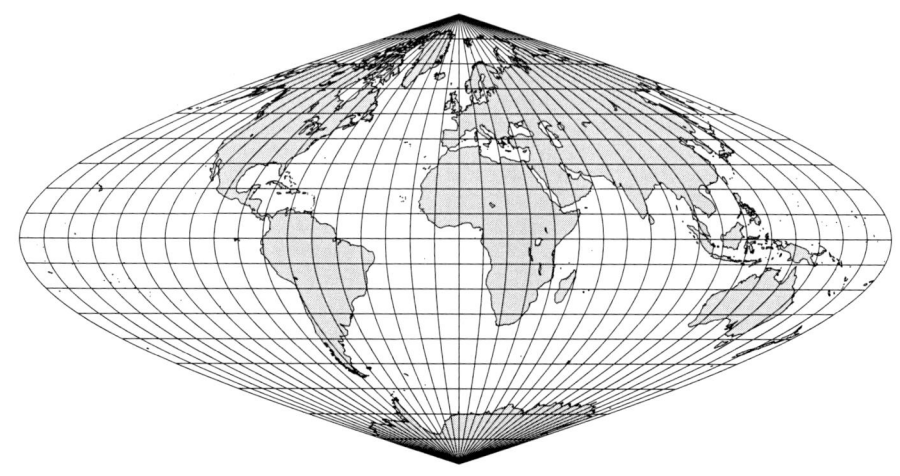

図 1.9　サンソン図法による世界地図 (経緯線網は 10° 間隔，中央経線は 0°)

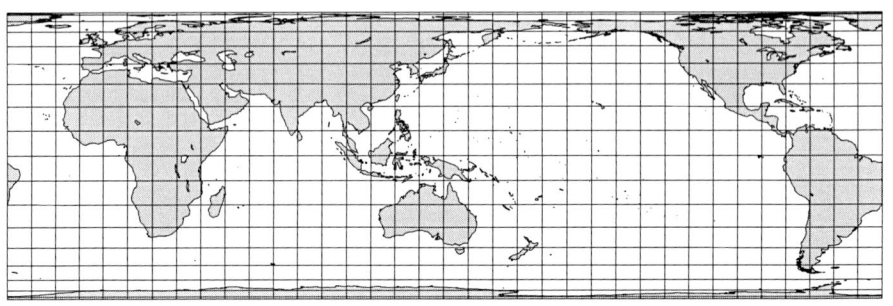

図 1.10 ランベルト正積円筒図法による世界地図 (経緯線網は 10°間隔,中央経線は 140°E)

近はひずみが小さいが高緯度に行くに伴って東西には拡大され南北には圧縮されるという形状のひずみが大きくなることがわかる.これは,地球上では高緯度に向かうにつれて一定経度差の経線に挟まれた緯線の長さが小さくなるのに,この図法ではこの長さが一定であり面積を正しく保つためにこれを補うように南北方向に圧縮するためである.

図 1.11 には,東経 140°北緯 36°を地図の中心とした正距方位図法の世界地図を

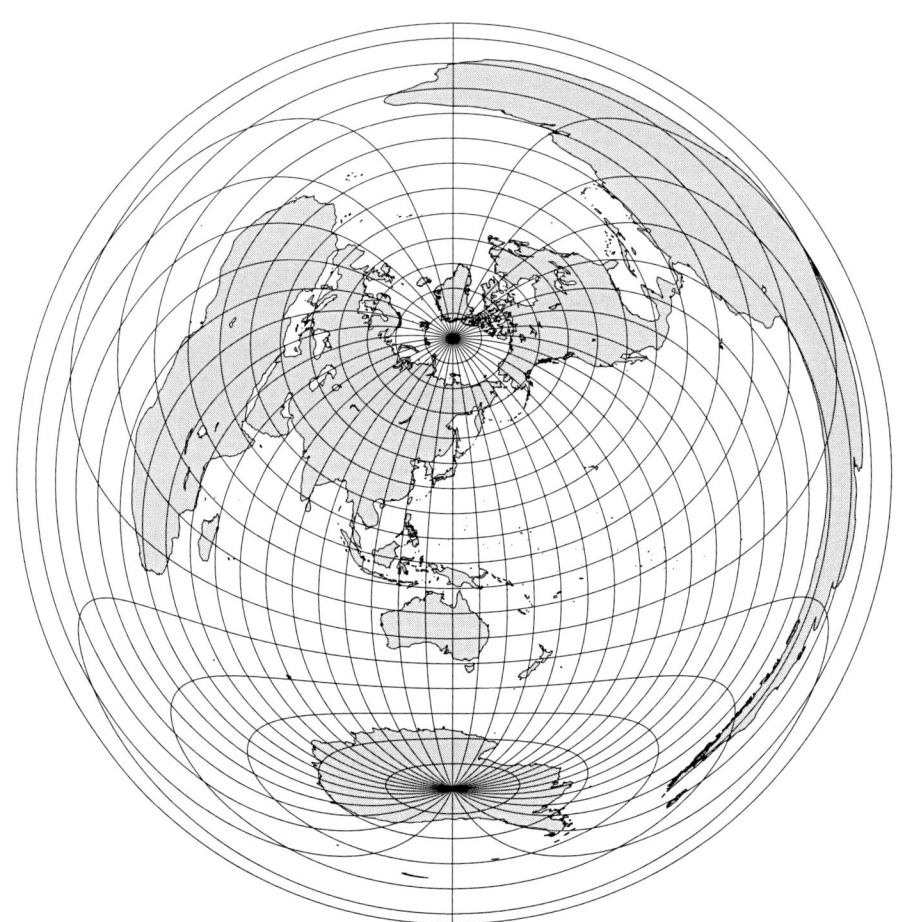

図 1.11 正距方位図法による世界地図 (地図の中心は 140°E, 36°N,経緯線網は 10°間隔)

示した．この地図では地図の中心からほかのすべての地点への方位と距離が正しく表されている．ただし，地図の中心以外の点間の距離や方位は正しく表されない．地図の中心とした点の対蹠点は地球上では1点であるがこの図法では外周円となる．このことからわかるように地図の中心から離れるにつれて円周方向の距離が拡大され面積も拡大される．この図では南米大陸が変形し，かつ非常に拡大されて表現されていることが明瞭である．

以上のように，それぞれの投影法によってひずみの性質やその分布が異なることがわかる．このため，地図の目的や用途，対象地域によって地図投影法を選択する必要がある．また，そのためには代表的ないくつかの地図投影法についてその性質を知っておく必要がある．投影ひずみを解析するための道具としてティソーの指示楕円がある．これは球面上の微小な円は投影平面上に楕円として投影され，この楕円の長軸と短軸の長さからひずみの性質を分析することができるというものである．これについては第6章に述べる．

1.5 測量や中・大縮尺地図に用いられている地図投影法 ——平面直角座標系とUTM図法

それぞれの地図投影法の性質を見るには，世界地図のような広い範囲を表した地図のほうが特徴がわかりやすい．しかし，日常的な地理空間データの利用は一つの町，県，関東地方のような地域などを対象範囲とすることが多いだろう．GISでこれらの空間データを扱うとき，座標は緯度経度に基づくか，平面直角座標系に基づくものが多い．この節では，地図投影法が実際に地理空間データの表現に応用されている重要な例として，平面直角座標系とUTM図法について解説する．

ここで平面直角座標系といっているのは普通名詞としての平面直角座標系ではなくて，日本で測量法に基づいて平成十四年国土交通省告示第九号で規定された平面直角座標系である．緯度経度は地球上の任意の地点の位置を表すことができるという大きな利点があるが，一方では同じ緯度差や経度差に対応する地上の距離が場所によって異なり不便である．そこで地図投影法により平面に投影した直交座標系で位置を表示することにする．この平面直角座標系を適用する範囲は一つの座標系の中では地図投影によるひずみが許容限度内になるように定められていて，平面と見なして距離や角度を測っても問題ないようになっている．この平面直角座標系の上では，位置は原点からそれぞれ x 軸と y 軸に平行な方向の距離で測る二つの座標で表される．ただし，数学での習慣と異なり x 軸が北方向に正で，y 軸が東方向に正となり，方位角は北から右回りに測る．なお，x 軸上以外の場所では座標軸に平行な方向と北の方向とがわずかに異なる．この差を子午線収差といい，真北から測った角度を方位角，x 軸に平行な方向から測った角度を方向角といって区別することがある．もちろん，地図投影に伴うひずみは避けられず広い範囲を一つの座標系で

表 1.3　国土交通省告示第九号による平面直角座標系

系番号	座標系原点の経緯度		適用区域
	経度 (東経)	緯度 (北緯)	
I	129 度 30 分 0 秒 0000	33 度 0 分 0 秒 0000	長崎県 鹿児島県のうち北方北緯 32 度南方北緯 27 度西方東経 128 度 18 分東方東経 130 度を境界線とする区域内 (奄美群島は東経 130 度 13 分までを含む.) にあるすべての島, 小島, 環礁及び岩礁
II	131 度 0 分 0 秒 0000	33 度 0 分 0 秒 0000	福岡県　佐賀県　熊本県　大分県　宮崎県　鹿児島県 (I 系に規定する区域を除く.)
III	132 度 10 分 0 秒 0000	36 度 0 分 0 秒 0000	山口県　島根県　広島県
IV	133 度 30 分 0 秒 0000	33 度 0 分 0 秒 0000	香川県　愛媛県　徳島県　高知県
V	134 度 20 分 0 秒 0000	36 度 0 分 0 秒 0000	兵庫県　鳥取県　岡山県
VI	136 度 0 分 0 秒 0000	36 度 0 分 0 秒 0000	京都府　大阪府　福井県　滋賀県　三重県　奈良県　和歌山県
VII	137 度 10 分 0 秒 0000	36 度 0 分 0 秒 0000	石川県　富山県　岐阜県　愛知県
VIII	138 度 30 分 0 秒 0000	36 度 0 分 0 秒 0000	新潟県　長野県　山梨県　静岡県
IX	139 度 50 分 0 秒 0000	36 度 0 分 0 秒 0000	東京都 (XIV 系, XVIII 系及び XIX 系に規定する区域を除く.)　福島県　栃木県　茨城県　埼玉県　千葉県　群馬県　神奈川県
X	140 度 50 分 0 秒 0000	40 度 0 分 0 秒 0000	青森県　秋田県　山形県　岩手県　宮城県
XI	140 度 15 分 0 秒 0000	44 度 0 分 0 秒 0000	小樽市　函館市　伊達市　北斗市　北海道後志総合振興局の所管区域　北海道胆振総合振興局の所管区域のうち豊浦町, 壮瞥町及び洞爺湖町　北海道渡島総合振興局の所管区域　北海道檜山振興局の所管区域
XII	142 度 15 分 0 秒 0000	44 度 0 分 0 秒 0000	北海道 (XI 系及び XIII 系に規定する区域を除く.)
XIII	144 度 15 分 0 秒 0000	44 度 0 分 0 秒 0000	北見市　帯広市　釧路市　網走市　根室市　北海道オホーツク総合振興局の所管区域のうち美幌町, 津別町, 斜里町, 清里町, 小清水町, 訓子府町, 置戸町, 佐呂間町及び大空町　北海道十勝総合振興局の所管区域　北海道釧路総合振興局の所管区域　北海道根室振興局の所管区域
XIV	142 度 0 分 0 秒 0000	26 度 0 分 0 秒 0000	東京都のうち北緯 28 度から南であり, かつ東経 140 度 30 分から東であり東経 143 度から西である区域
XV	127 度 30 分 0 秒 0000	26 度 0 分 0 秒 0000	沖縄県のうち東経 126 度から東であり, かつ東経 130 度から西である区域
XVI	124 度 0 分 0 秒 0000	26 度 0 分 0 秒 0000	沖縄県のうち東経 126 度から西である区域
XVII	131 度 0 分 0 秒 0000	26 度 0 分 0 秒 0000	沖縄県のうち東経 130 度から東である区域
XVIII	136 度 0 分 0 秒 0000	20 度 0 分 0 秒 0000	東京都のうち北緯 28 度から南であり, かつ東経 140 度 30 分から西である区域
XIX	154 度 0 分 0 秒 0000	26 度 0 分 0 秒 0000	東京都のうち北緯 28 度から南であり, かつ東経 143 度から東である区域

備考
座標系は, 地点の座標値が次の条件に従ってガウスの等角投影法によって表示されるように設けるものとする.
1. 座標系の X 軸は, 座標系原点において子午線に一致する軸とし, 真北に向う値を正とし, 座標系の Y 軸は, 座標系原点において座標系の X 軸に直交する軸とし, 真東に向う値を正とする.
2. 座標系の X 軸上における縮尺係数は, 0.9999 とする.
3. 座標系原点の座標値は, 次のとおりとする.
   　　X = 0.000 メートル　　Y = 0.000 メートル

覆うことはできない. 平面直角座標系では全国を 19 の座標系に分けてそれぞれの座標系内部では投影に伴う長さひずみの最大値を 1/10000 以下とするようにしている. 規定の詳細を表 1.3 に示した. また, 図 1.12 に各座標系の原点を地図上に座標軸の交点として表した.

この平面直角座標系に用いられている投影法は表の備考に記されているように「ガウスの等角投影法 (Gauss conformal projection)」といわれる投影法で, ガウス–クリューゲル図法 (Gauss–Krüger projection) とも呼ばれる. これは回転楕円体に適用した横メルカトル図法で, 座標原点を通る中央子午線が長さの正しい直線として地図平面に表され, 地球上での角度が地図上でも正しく表される正角図法である. このため, 投影によるひずみはすべて長さ (および面積) のひずみとして現れる.

横メルカトル図法 (transverse Mercator projection) の概念図を図 1.13 に示す. これは, 横メルカトル図法だけに適合するものではなく, 横軸法の円筒図法 (2. 2 節

1.5 測量や中・大縮尺地図に用いられている地図投影法——平面直角座標系とUTM図法

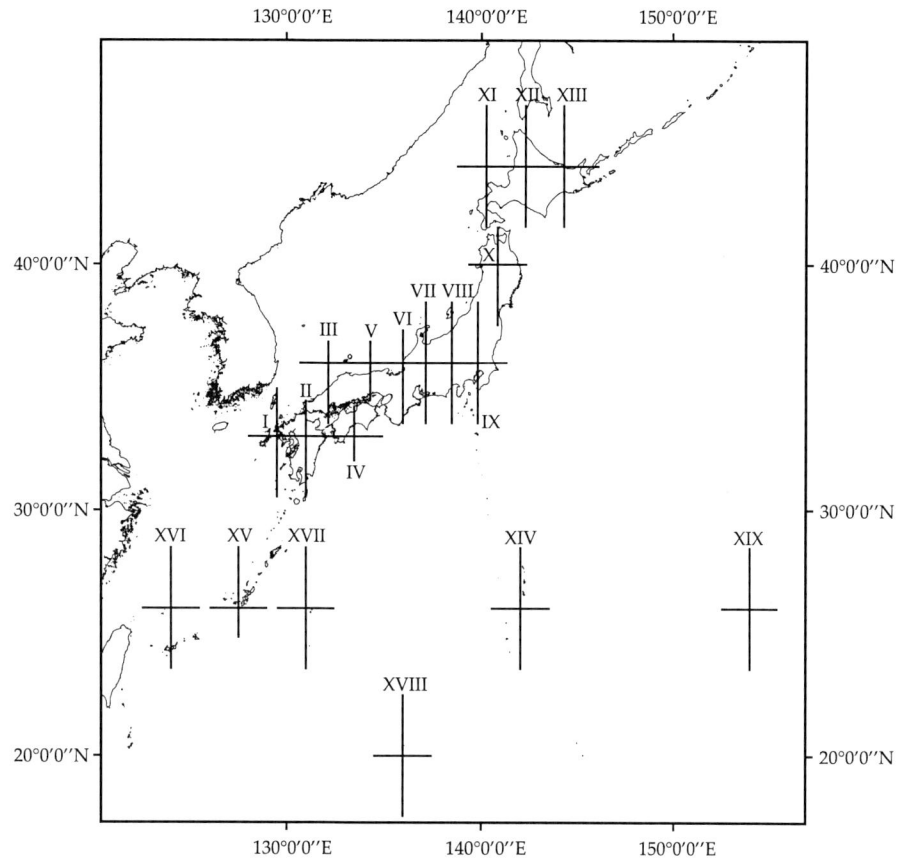

図1.12 平面直角座標系の原点(この地図は36°Nを標準緯線とする正距円筒図法による)

参照) 一般に適合する概念図であるが，底面の半径が地球半径に等しい円筒をその軸が地軸に垂直になるように置き，円筒が地球の子午線に接するようにはめられているところである．球上の図形を円筒面に写し，この円筒を切り開いて平面に展開すれば平面の地図が得られる．円筒に接している子午線は円筒上に等しい長さに移され，この円筒を切り開いて平面に展開したとき直線になることがわかる．この円筒に接する子午線として任意の子午線を選べることが重要である．円筒に接する子午線の近くでは投影に伴うひずみは小さいが，これから離れるとともに丸い地球を円筒面上に写すことによるひずみが大きくなるであろうことは直観的にわかるだろう．

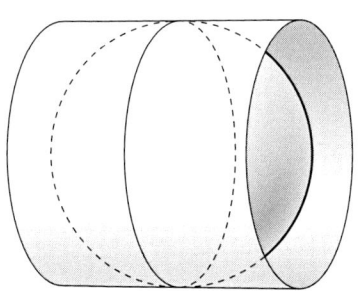

図1.13 横メルカトル図法の概念図

また，このひずみの大きさは基本的に円筒に接する子午線からの距離によることもわかる．そのため，地図に表現したい対象地域の中央付近の子午線を円筒に接する子午線に選べば，この地域をひずみを小さく保って投影することができる．この子午線が中央子午線になる．平面直角座標系では，中央子午線からの距離が 130 km 以内となるように日本全国を複数の座標系に分けてあり，どの座標系を適用するかは表 1.3 に示したように原則的には都道府県によって決められている．適用される座標系の番号が異なれば，座標値が同じであっても異なる場所を指すことはいうまでもない．

　以上の説明は横軸円筒図法一般に成り立つが，ここで横メルカトル図法の特性について述べる．これは正角図法である．正角図法では，球上の角度が地図平面上に正しく表されるが，このことは別の表現をすると球上の微小図形が平面上に相似形に写されるということである．接している子午線から離れると球面上の図形を拡大しないと円筒上に相似形に写すことができない．すなわち，この投影法では中央子午線上では長さが正しいが，この子午線から離れると図形は拡大して投影される．図 1.14 は 140°E を中央子午線として描いた横メルカトル図法の地図である．この図は経緯線間隔を 10° として描いており，平面直角座標系や UTM 図法ではこのように広い範囲を一つの平面座標系に表すことはないが，横メルカトル図法による経緯線網の形状を示すために掲載した．この図からも中央子午線から離れると図形が拡大されていくのがわかる．このように投影によって全体的には拡大されて平面に写されるので，全体に 0.9999 のような 1 より小さい一定の係数を掛けると，中央子午線の近くでは実際の長さよりも縮小され，離れたところでは実際の長さよりも拡大さ

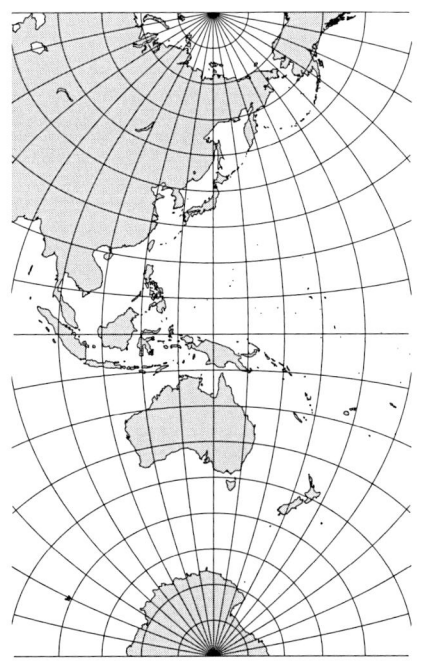

図 1.14　横メルカトル図法の地図

れて，全体的にはひずみの大きさを小さくすることができる．これが表1.3の備考の2.にある「X軸上における縮尺係数は，0.9999とする」理由である．横メルカトル図法は正角図法だから縮尺係数は場所によって異なるがそこからの方向によっては変わらず，場所だけの関数となる．平面直角座標系では縮尺係数は中央子午線上の0.9999が最小で，中央子午線から約90 km離れた地点で1になり，130 km離れた地点では約1.0001になる．これが，各座標系の適用区域を中央子午線から130 km以内としている理由である．

なお，以上の説明は地球を球と考えたものだった．地球をより厳密に回転楕円体と考える場合も概念的には同じであり，図1.13を回転楕円体の子午線に接して楕円筒がかぶさっている様子を表していると考えればよい．平面直角座標系は測量や大縮尺の地形図など高精度を要する用途に用いるので，回転楕円体として扱わねばならないのである．ガウス-クリューゲル図法の数式の導出については8.4節で扱う．

以上では一貫して球が円筒に内接している接円筒のイメージで説明してきた．一部の参考書では，中央子午線上での縮尺係数を1より小さく設定することを強調して円筒(楕円筒)が球(回転楕円体)に食い込んだ割円筒の図で説明していることがあるが，割円筒の図は投影の原理を正確に表すことができないので適切ではない．たとえば直径を球の直径の0.9999倍にした円筒は球とある線(小円)で交わるであろう．図解をそのまま真に受けるとこの位置で縮尺係数が1になると考えてしまうが，これは正しくない．縮尺係数が1になる場所は，投影法の種類(横軸法のメルカトル図法か，正距円筒図法か，正積円筒図法かなど)によって明らかに異なるものであるのに，割円筒の図解そのものは変わらないことを考えればこの点が理解できるだろう．割円筒などと考えずに，接円筒のイメージで平面に投影してから，全体に一定の係数を掛けて縮小すると考えるほうがより正確な理解につながるのである．

さて，平面直角座標系はどのようにして測量に用いられるのだろうか．位置の基準は三角点などの基準点で与えられる．基準点から出発して距離や角度を順次測量して位置を求めたい点を測量する．各基準点ごとにその点の位置座標を1枚の用紙に記したものを基準点成果表というが，この成果表には基準点の緯度・経度・標高とともに平面直角座標系の系番号とx, y座標値，縮尺係数などが記載されている．高精度を要する測量では，測量で得た距離や角度のデータは公共測量作業規程に記載された計算方法に則ってガウス-クリューゲル図法の投影のための補正を加えて投影平面上での基準点からのx, y座標の差のデータに換算し，求めるべき点の平面直角座標系での座標値を計算する．平面直角座標が求まれば，投影の逆変換で緯度・経度が計算できる．

この平面直角座標系は縮尺2,500分の1などの大縮尺図にも用いられる．これらの大縮尺図では図郭の区切りも経緯度ではなく平面直角座標の切りのよい値にすることがふつうである．平面直角座標系は1952年に国土調査法施行令において定められたのが最初であり，地籍図をはじめ大縮尺図をこの座標系で表すことにより，測量から大縮尺の地図まで共通の座標で表すことができる．

なお，2002年に経緯度の基準が旧日本測地系から世界測地系に変更された．平面直角座標系を定義する原点の経緯度の数値は変更されていないが，このことは地上の同一地点の経緯度が変更されたことに伴って，座標系原点の地上での位置をはじめ平面直角座標も変更されることを意味する．また，準拠楕円体がベッセル楕円体からGRS80楕円体に変わった．これにより経緯度から平面直角座標を計算する地図投影計算のパラメーターが変更されたので，原点から同じ経緯度差にある地点の座標値同士を比較しても多少相違する．

次に，UTM図法 (ユニバーサル横メルカトル図法，Universal Transverse Mercator projection) について説明する．これは全世界を対象にして，投影法としては平面直角座標系と同じくガウス–クリューゲル図法を用い，これを適用する際の約束事を定めたものである．具体的には，経度180°から東回りに経度幅6°の座標帯に分割し1〜60の座標帯番号を付ける．各座標帯の中央の子午線をそれぞれの座標帯の中央子午線とする．たとえば第1帯は西経180°〜174°でその中央子午線は西経177°となる．日本の国土は第51帯から第56帯にまたがり，たとえば東経141°を中央子午線とする第54帯は東経138°〜144°の範囲に適用する．(東半球での座標帯番号の計算は座標帯の東端の経度を6で割り，これに30を加えればよい．) そして，北緯84°以南，南緯80°以北の地域に適用する．なお，これらより高緯度の地域は正軸法の平射図法であるUPS図法 (5.5.3項参照) を適用し，両極域がそれぞれ一つの平面に投影されることになっている．UTM図法では中央子午線における縮尺係数を0.9996とする．座標系の原点は中央子午線と赤道の交点とする．座標値は北と東の方向に増加する．原点の座標値を通常のように(0,0)とすると中央子午線より西側では東西方向の座標値が負になり，また南半球では南北方向の座標値が負になるが，正負の数が混じった加減算は間違いを起こしやすい．そこで，UTM

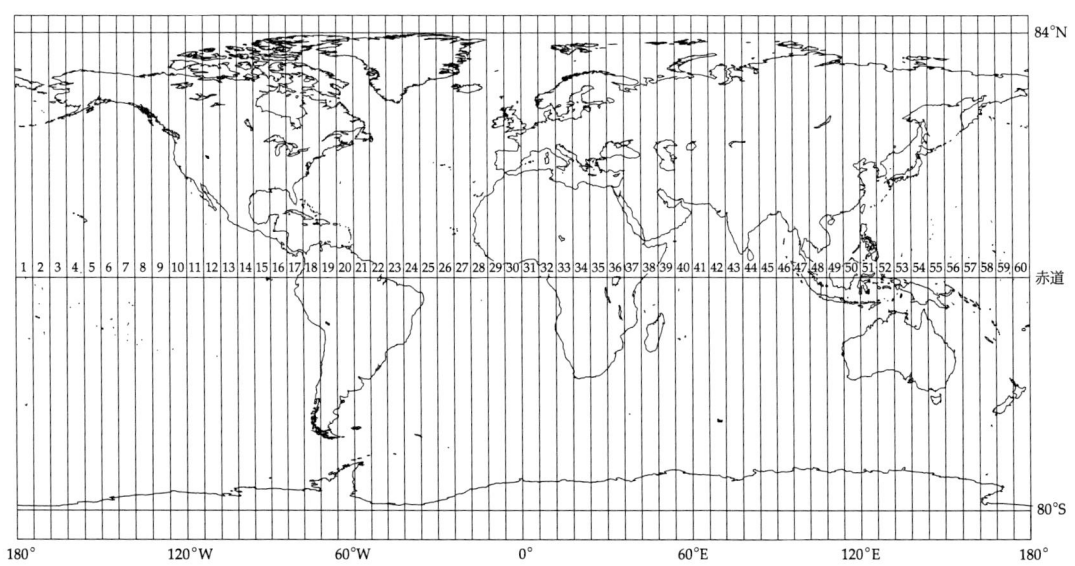

図1.15 UTM図法の座標帯番号 (この世界地図は正距円筒図法による)

図法では，東西方向の座標値に 500,000 m を加え，かつ南半球では南北方向の座標値に 10,000,000 m を加えて表すことになっている．こうすれば負の数が現れない．原点の座標値を km 単位で表すと，北半球の座標系では (500, 0) であり，南半球の座標系では (500, 10000) となる．こうして，座標帯の番号と平面座標 (E, N)，それに北半球か南半球かの区別がわかれば極域を除く世界中において UTM 座標で位置を特定することができる．

UTM 図法は 1947 年頃にアメリカ軍が採用したものであるが，その後世界各国で主に中縮尺の地形図に使われるようになった．日本では，昭和 30 年式 5 万分 1 地形図図式からそれまでの多面体図法に代えて UTM 図法を採用することになったが，実際の地形図がこの投影法に置き換わるには時間を要した．UTM 図法では中央子午線から東西にそれぞれ経度差 3°，すなわち経度幅 6° の範囲が一つの平面に投影され，この範囲内では図郭線で切られた地形図も隙間なく平面に張り合わせることができる．国土地理院発行の地形図は UTM 図法で投影されているが，図郭は経緯度で切られており，地図の中に UTM のグリッドや座標数値に関わる情報は一切表示されていないのでこれが UTM 座標に基づいていることを意識することは少ない．UTM は経線が適用範囲の境界となっているので，経緯度で図郭を区切ることとは親和性がよい．

---

column 3 ◆◆◆ **世界測地系への移行**

2002 年 4 月から日本の測量の基準がそれまでの日本測地系から地球の重心を基準にした世界測地系に移行した．旧日本測地系は東京の経緯度原点で行った天文測量により経緯度を定め，地球楕円体にはベッセル楕円体を採用していた．天文測量で経緯度を定めたということは，その地点での地球重力の向きが準拠楕円体の法線に一致すると設定したことになる．近年，超長基線電波干渉法 (VLBI) や GPS などの宇宙測地技術の進歩により，地球の重心に中心をおく座標系での位置が高精度に求められるようになり，旧日本測地系がこれと大きくずれていることが明らかになった．世界共通の座標系とのずれが船舶や航空機の運航に支障となりうることもあり，世界測地系に移行することになったのである．しかし，世界測地系を日本国内で実際に使えるようにするには世界測地系の座標をもった三角点などの基準点が必要である．こうして世界測地系を日本国内で実現した測地系が日本測地系 2000 である．略称は JGD2000 といい，英語の Japanese Geodetic Datum 2000 から来ている．ちなみに旧日本測地系は英語では Tokyo Datum と呼んでいた．地理情報標準に従って座標参照系を記述するとき日本の地理空間データが準拠する世界測地系の正式名称は「日本測地系 2000」なのである．なお，世界測地系への移行に際して測量誤差や地殻変動の累積により旧日本測地系がもっていた内部的なひずみも補正されているので，旧日本測地系から日本測地系 2000 への座標変換は地域ごとのパラメーターを用いて行う．GIS ソフトによっては旧日本測地系から世界測地系へ楕円体中心の空間的平行移動を表す 3 パラメーターを用いて座標変換を行う機能があるものがあるが，この変換では地域によっては数メートル以上の誤差を生じることに注意する必要がある．

日本測地系 2000 は国際地球回転事業 (IERS) が提供する 3 次元直交座標系である

ITRF (International Terrestrial Reference Frame) 座標系 (詳しくいうと ITRF94) に準拠しているが，世界測地系にはこのほかに GPS が準拠している WGS84 (World Geodetic System 1984；直訳すると「世界測地系 1984」となる) がよく知られている．WGS84 は名称は 1984 年の 84 を残したままだが，バージョンアップを繰り返して，最近では ITRF 系との相違が 1 cm 以下になり両者の差は実用上無視できる大きさになっている．また，WGS84 は準拠楕円体も定めており，その WGS84 楕円体は GRS80 楕円体とわずかに異なる．WGS84 は米国防総省が単独で運用しているものであり，これに対し ITRF や GRS80 は国際組織で決定され公開されているものである．このため，日本測地系 2000 では，WGS84 ではなく，ITRF と GRS80 楕円体を用いることとしたのである．なお，ITRF は地球重心に原点を置く 3 次元直交座標系だけを定義するもので，この座標を経緯度に換算するには準拠楕円体が別に定義されている必要がある．理屈の上では ITRF と GRS80 以外の地球楕円体を組み合わせることも可能だが，GRS80 楕円体を用いることが理にかなっているのである．

1.6 地図投影プログラミング

　各種投影法の数式がどのような働きをするかを理解するには，実際にプログラムを書いて地図を描いてみるのが早道である．コンピュータープログラムとしては，地図投影は単に緯度経度という二つの変数から，投影式に従って関数値を計算するだけというごく簡単なものである．もちろん図形を描画する上で考慮すべきこまごました事項はいくつかあるが基本は単純である．
　ここではサンソン図法を例にとって，そのプログラムを MS Excel の VBA (Visual Basic for Applications) により作成することにする．Excel の VBA を使うのは多くのパソコンにプレインストールされているアプリケーションソフトの機能の一部として Basic 言語処理系が含まれているという便宜上の理由による．Excel VBA に特有の機能は使用しないので，別の Basic 言語処理系にもそのまま移植できるはずである．
　地図投影による経緯線網を描くだけであれば必要ないが，世界地図を描くために世界の海岸線データを NOAA NGDC (米国海洋大気庁国立地球物理データセンター) の Coastline Extractor サイト (http://www.ngdc.noaa.gov/mgg/coast/) からダウンロードする．ダウンロードしたいデータの範囲を緯度と経度の範囲で指定することになっているので，世界地図のためには，緯度が $-90°$ から $90°$ まで，経度が $-180°$ から $180°$ までを指定する．Coastline database:ではもっとも粗い WCL (World Coast Line) を選択する．これでも全世界の海岸線・主要湖岸線が約 6 万点にのぼる座標データで表現されており，展開すると約 1.4 MB のテキストファイルになる．精度はほぼ 500 万分の 1 地図に対応するとされている．Coast Format options:では便宜上 Arc/Info Ungenerate 形式を選択する．いずれの形式も ASCII

テキストファイルであるが，Arc/Info Ungenerate 形式では 1 本のポリライン (一つながりの折れ線，アークともいう) ごとにヘッダ行としてポリラインの番号 (1 から始まる連番)，次の行からコンマで区切られた経度と緯度の十進度単位の座標値が 1 点 1 行で点の数だけ記述され，最後に END という文字の行が来る．これがポリラインの数だけ繰り返される．ちなみにポリライン総数は 1867 であった．最後にファイル全体の終わりを示す END 行があるので末尾には END 行が 2 行続く形になる．ダウンロードのための圧縮形式と選択した地図データのプレビューのオプションは適宜のものを選択して Submit ボタンを押すとダウンロードのページが表示されるので，表示されたリンクを右クリックして「対象をファイルに保存」(Internet Explorer の場合，ほかのブラウザソフトを使用している場合は「リンク先のコンテンツを保存」など) をクリックする．圧縮ファイルを解凍してデータファイルを取り出す．このファイル名は元のままでも差し支えないが，後で内容がわかるように，以下に記すプログラムでは，ArcUngenerateWorldCoastLine.txt とリネームして用いている．

　地図を描くためのグラフィック出力には PostScript 形式を使用する (杉原, 1998, pp.43–48)．Excel VBA ではワークシート上に図形を描く機能があるが，分解能に限界があり地図のような複雑な図形や細かな間隔の折れ線で表現した滑らかな曲線を描くには適さない．PostScript はプリンタ出力用のページ記述言語であるが，高精度のグラフィックスの表現にも適し，広く用いられている．このファイルはふつうのテキスト形式なので，地図投影プログラムが行うことは読み込んだ海岸線データの経緯度から投影変換された地図平面上の座標を計算し，これを PostScript の文法に従ったテキスト形式ファイルに書き出すことである．線を描くための基本的な命令語は座標 (x,y) の点までペンを上げて移動する「$x\ y$ moveto」と，ペンの現在位置から座標 (x,y) の点まで直線を描いて移動する「$x\ y$ lineto」の二つである．ここでイタリックで表した部分は実際には数値が入る．一つのポリラインを描くには最初に新しいペンの動きを始める命令語 newpath を置き，最後に直前の newpath からそこまでに定義した図形を描く命令語 stroke を置く．全体を描き終わったら命令語 showpage を書き改ページする．長さの単位はポイントを用いる．1 インチが 72 ポイントに相当する．PostScript のファイルを表示するにはフリーソフトの Ghostscript を使うことができる．Windows 環境で GUI で使用するには併せて GSview を用いる．これらを使えば，画面に図を表示できるだけではなく，eps (Encapsulated PostScript) に変換して図としてワープロ文書に取り込んだり，pdf ファイルに変換したりできる．pdf にすると元のファイルに比べてファイルサイズをかなり小さくできる．これらのソフトウェアのダウンロードやインストールについては，http://www.cs.wisc.edu/~ghost/ および http://auemath.aichi-edu.ac.jp/~khotta/ghost/index.html を参照されたい．

　準備が整ったので，サンソン図法による世界地図を描くための Basic プログラムを紹介する．最初は基礎編である．

［基礎編］

```
Sub Sanson1()
Open "Sanson1.PS" For Output As #1  '出力ファイル名 Sanson1.PS を指定し，ファイル番号を 1 とする

sc = 72# / 25.4  'mm 単位で数値を与えてポイント単位に変換する係数

R = 30  '地球半径を 30mm とする．縮尺は 30*10＾-3/（6370*10＾3）=2.1億分の 1

Print #1, "283.4 425.2 translate 0.3 setlinewidth"  '座標原点を用紙の左下隅から x 方向に
283.4 ポイント（=10cm），y 方向に 425.2 ポイント（=15cm）平行移動する．線幅を 0.3 ポイントとする

'緯線を描く
For y = -90 To 90 Step 10  '緯度-90°から+90°まで 10°間隔
'（サンソン図法のように極が点で表される場合は-80°から+80°まででよいが極が直線で表される投影法にも応用できるように±90°を含めている）
Print #1, "newpath"
x = -180
xx = Sanson_x(x, y, R)
yy = Sanson_y(y, R)
Print #1, xx * sc, yy * sc, "  moveto"  'ペンを上げて緯線左端へ移動

x = 180
xx = Sanson_x(x, y, R)
Print #1, xx * sc, yy * sc, "  lineto"  '緯線左端から右端に直線を引く
Print #1, "stroke"
Next y

'経線を描く
For x = -180 To 180 Step 10  '経度-180°から+180°まで 10°間隔
Print #1, "newpath"
y = -90
xx = Sanson_x(x, y, R)
yy = Sanson_y(y, R)
Print #1, xx * sc, yy * sc, "  moveto"  '地図上の南極にペンを移動

For y = -89 To 90 Step 1  '正弦曲線となる経線を 1°間隔の折れ線で描く
xx = Sanson_x(x, y, R)
yy = Sanson_y(y, R)
Print #1, xx * sc, yy * sc, "  lineto"
Next y

Print #1, "stroke"
Next x

'----------
'海岸線を描く
Print #1, " 0.5 setlinewidth"
Print #1, " 0.5 0.25 0. setrgbcolor"  '海岸線を茶色 R=128，G=64，B=0 にする
tag1 = 0  '折れ線の始まりでは 0，中間点と終点では 1
'海岸線データファイルの指定
'一続きの線はヘッダ行から始まり，ここにはコンマは含まれていない．次の行から折れ線を形成する点列の十進度単位の経緯度がコンマで区切って記述されている
Open "D:¥ArcUngenerateWorldCoastLine.txt" For Input Access Read As #2
Do Until EOF(2)
    Line Input #2, data
    n = InStr(data, ",")    'コンマが何文字目にあるかを調べる
    If n = 0 Then            'コンマがない行の処理
      If tag1 <> 0 Then Print #1, "stroke"
```

```
        tag1 = 0
    Else                            ’座標データ点の処理
        If tag1 = 0 Then
            x = Val(Left(data, n - 1))          ’経度
            y = Val(Mid(data, n + 1))           ’緯度
            Print #1, "newpath"
            xx = Sanson_x(x, y, R)
            yy = Sanson_y(y, R)
            Print #1, xx * sc, yy * sc, "  moveto"
            tag1 = 1
        Else
            x = Val(Left(data, n - 1))          ’経度
            y = Val(Mid(data, n + 1))           ’緯度
            xx = Sanson_x(x, y, R)
            yy = Sanson_y(y, R)
            Print #1, xx * sc, yy * sc, "  lineto"
        End If
    End If
Loop

Close #2
’----------
Print #1, "showpage"
Close 1
End Sub


Function Sanson_x(L, B, R)
rad = 3.14159265358979 / 180#   ’度をラジアンに変換する係数
y = B * rad
Sanson_x = R * L * rad * Cos(y)
End Function

Function Sanson_y(B, R)
rad = 3.14159265358979 / 180#   ’度をラジアンに変換する係数
Sanson_y = B * R * rad
End Function
```

プログラムの各行で，'(シングルクォーテーション) 以降はコメントである．このコメントで各行の処理内容が理解できるであろう．プログラムの最初のほうで地球半径を指定するようになっている．ここでの半径は縮尺に応じて縮小された地球儀の半径と考えればよい．これがサンソン図法という投影法によって平面に展開されるのである．なお，経緯線網で地図の形がどうなるかを見るだけであれば上記プログラムで「海岸線を描く」のコメント行から「Close #2」までを省略してよい．最初はプログラムの動作を確認するために経緯線網だけを描かせることもよいだろう．

サンソン図法の投影式は，Sanson_x(L, B, R) と Sanson_y(B, R) の二つの関数に表されている．引数には経度，緯度，地球半径 (地図縮尺に対応して縮小した大きさ) を与え，x 座標または y 座標を返す．ただし，y 座標は経度によらないので経度引数を省略した．一般にプログラムで関数を多数回引用すると処理が遅くなるが，今回扱っている程度のデータ点数ではそれが問題になるほどではなく，プログラムの可読性と汎用性のほうを重視した．緯線を描く部分ではサンソン図法で緯線

が赤道に平行な直線であることを利用して両端点の座標のみを計算しその間を直線で結んでいる．ここは，緯線が赤道に平行な直線であり経線が一般の曲線になるという擬円筒図法の性質を利用しており，方位図法や円錐図法にはまた別の描き方が必要である．しかし，擬円筒図法あるいは円筒図法に対しては，それぞれの図法に対応した関数を用意し，関数呼び出しの関数名を書き換えるだけで，上記のプログラムがほかの図法の世界地図描画プログラムになる．たとえばエッケルト第5図法ならば，次の関数に変えればよい．

```
Function EckertV_x(L, B, R)
rad = 3.14159265358979 / 180#  '度をラジアンに変換する係数
y = B * rad
EckertV_x = R * L * rad * (1 + Cos(y)) / Sqr(2 + 3.14159265358979)
End Function

Function EckertV_y(B, R)
rad = 3.14159265358979 / 180#  '度をラジアンに変換する係数
EckertV_y = 2 * B * R * rad / Sqr(2 + 3.14159265358979)
End Function
```

あるいは，モルワイデ図法であれば，次の関数を用いる．

```
Function Mollweide_x(L, B, R)
Mollweide_x = Sqr(2) / 90 * R * L * Cos(theta(B))   'B,Lの単位は度で与えられることに注意．

End Function

Function Mollweide_y(B, R)
Mollweide_y = Sqr(2) * Sin(theta(B)) * R
End Function

Function theta(phi)
'緯度φ(phi)を読み込んで，モルワイデ図法の緯線位置の計算に必要な補助パラメーターθ(theta)を関数値として返す
'θは，2θ+ sin2 θ=π sin φで定義される．φからθを求めるにはニュートン法で数値解を求める
'引数 phi の単位は度，返す値の theta の単位はラジアン
Pi = 3.14159265358979
phirad = phi * Pi / 180  '緯度をラジアン単位に変換
a = phirad  'θの初期値をφとする
For i = 1 To 100
x = 2 * a + Sin(2 * a) - Pi * Sin(phirad)  'xの値を0にするaを求めたい
If Abs(x) < 0.00001 Then         '0.00001 ラジアン以内なら収束と判定する
   theta = a
   Exit Function
Else
   dxda = 2 * (1 + Cos(2 * a))  'xの式をaで微分
   a = a - x / dxda                  ' 収束していないときはaの値を改良
End If
Next i
MsgBox "Error! Non convergence."  '100回繰り返しても収束しないときはメッセージを出す
End Function
```

なお，モルワイデ図法では補助パラメーター θ の計算のためにニュートン法による繰り返し計算を用いている．上記のプログラムでは x 座標の計算と y 座標の計算の両方で同じ引数で関数 theta を呼んでいるので計算効率の点からは無駄な計算をしている．同じ形式で関数を呼び出せることを重視したためであるが，関数ではなくサブプログラムの形式でプログラムを書いて引数で経度・緯度・x 座標・y 座標を引き渡せば 1 回の計算で済ませることができるので計算効率の点からはよいであろう．しかし，プログラムの実行結果では繰り返し計算を含んでいても計算時間には感知できるほどの差はなかった．

ここで，このプログラムを実際にパソコン上で動かす手順を説明する．MS Excel を起動する．Excel 2002 と Excel 2003 ではメニューバーの「ツール」から「マクロ」「Visual Basic Editor」をクリックする．Excel 2007 では以下のようにする．①「開発」タブが表示されていない場合は，左上の Office ボタンを押して表示される「Excel のオプション」ボタンを押し，「基本設定」で「[開発] タブをリボンに表示する」にチェックを入れる．②次に，開発タブを表示して左端の「Visual Basic」を押すと Visual Basic Editor が起動する．

Visual Basic Editor が起動すれば，そのメニューバーから「挿入」「標準モジュール」をクリックしてコードウィンドウを表示する．このコードウィンドウ内に先のプログラムを書き込んでいく．なお，例示したプログラムでは海岸線データファイルが D: ドライブの直下にあるようになっているが，これは各自の環境に合わせて変えておく．カーソルをメインプログラム内においてあれば (引数が空欄の Sub プログラムがメインプログラムである)，メニューバーの「実行」「Sub/ユーザフォームの実行」をクリックするか，ツールバーに実行ボタンが表示されていればこれを押してプログラムを実行する．数秒以内に処理が終わり，出力ファイル (.ps の拡張子がついた PostScript ファイル) が Excel のカレントフォルダ (Excel のメニューバーの「ツール」「オプション」の「全般」タブ内で設定できる) にできる．GSview がインストールされていれば，.ps の拡張子のファイルをダブルクリックするだけで GSview が起動して図が表示される (図 1.16 参照)．

この VBA プログラムを保存するには，ふつうの Excel のファイルとして保存すればよい (Excel 2007 以降では Excel マクロ有効ブックの形式で保存する)．この際ワークシートがすべて空欄であっても問題ない．なお，VBA で自作した関数は，ワークシートのセルで呼び出して使うこともできる．この保存した Excel ファイルを開いて Visual Basic Editor を起動すれば書き込まれたプログラムが表示される．ただし，マクロ (Excel の VBA のようにアプリケーションソフトウェアをコントロールする働きのあるプログラムをマクロという) を含んだファイルを開く際には，セキュリティ上のチェックが働いて無効にされることがある．プログラムを利用するためにはこれを有効にしなければならないが，出所が明確でウィルスに汚染されていないことが確実なファイルに限ってマクロを有効にすべきである．なお，Excel

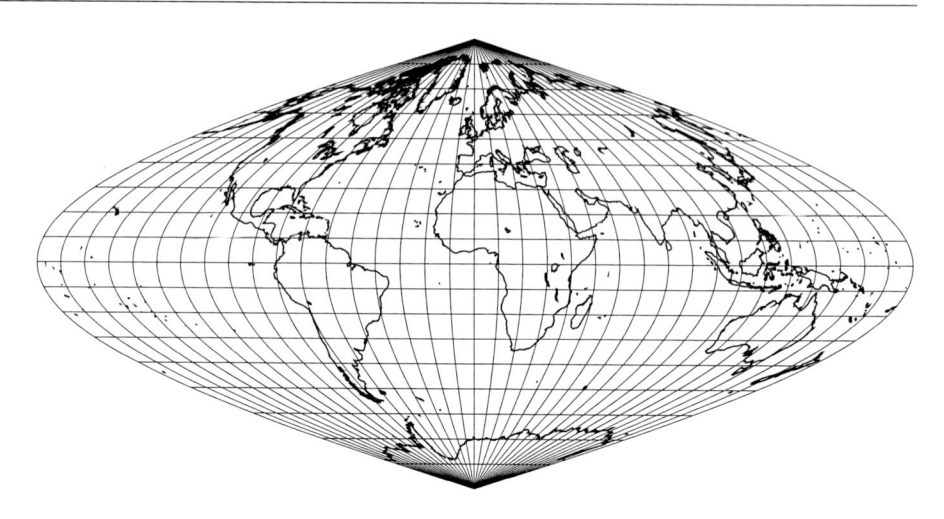

図 1.16 サンソン図法描画プログラム Sanson1 実行結果 (経緯線網は 10°間隔，中央経線は 0°)

2002 または 2003 では，プログラムを含むファイルを開く前に，「ツール」「マクロ」「セキュリティ」をクリックしてセキュリティレベルが「高」になっていたら「中」に変更しておく．「高」のままではマクロが自動的に実行不可になりプログラムが動作しないからである．

VBA プログラムの保存と再利用には，Visual Basic Editor のメニューバーの「ファイル」「ファイルのエクスポート」をクリックしてプログラムだけを保存し，これを新たに起動した Excel の Visual Basic Editor のメニューバーから「ファイル」「ファイルのインポート」をクリックして取り込むという方法もある．

[発展編]

上記のプログラムでは，海岸線データが $-180°$ から $+180°$ までの数値で与えられていたので，グリニジ子午線を中央経線とする図が描かれた．これを任意の経度の子午線を中央経線に選択できるように改造してみよう．このためには多少複雑な処理が必要になる．

中央経線の経度を λ_0 とすると経度 λ の点は元の投影式で $\lambda - \lambda_0$ が投影される位置にプロットすればよいが，この値が $-180 \sim +180$ の範囲になければならない．そこでこの範囲からはみ出る場合には，360°を加減してこの範囲内に数値が来るようにする必要がある．$-180 \sim +180$ の範囲というのはそのままでは扱いにくいので，まず $\lambda - \lambda_0$ に 180°を加算して，これが $0 \sim 360°$ の範囲に来るという条件に置き換える．これは引数の整数部分 (引数を越えない最大整数) を返す関数 Int を用いて $\lambda - \lambda_0 + 180 - (\text{Int}((\lambda - \lambda_0 + 180)/360)) * 360$ で計算できる．そして，これから 180 を減算して投影式に代入すればよい．なお，VBA には剰余を求める演算子 mod や整数除算を行う演算子 ¥ があるが，これらは数値をまず整数化してから計算を行うため，ここでの目的には精度が劣化するので用いるべきではない．

次の問題は，海岸線が左右の図郭に当たる経線を横切る場合の処理である．元の

データでは一つの繋がった線であっても，中央経線を変えたためにそれが図郭をまたぐことが起こりうる．この場合，線分が図郭を横切る経度で新しい点を発生させてその経緯度を求め，図郭内から右に出る場合と左に出る場合を分けて，右に出る場合は新しい点まででその線分を止め，新たに左端の対応する緯度から続きの線分を描くようにしなければならない．逆も同様である．この処理を行うか否かの判定のために $\mathrm{Int}((\lambda - \lambda_0 + 180)/360)$ の値を tag2 という変数に保存して，これが変化したかどうかをチェックする．そして変化した場合は先に記した図郭境界の処理を行う．

最後に経緯線網の作図について，任意の子午線を中央経線に設定できるようにすると，切りのよい値で等経度間隔に描く経線は必ずしも図郭には来ない．しかし，それぞれの図法で描いた世界地図において外周を示す線を表示することは (それが可能である限り) 必須といってよい重要な点である．このため，経緯線網のほかに外周線を描いておく必要がある．下記に示すプログラム例ではこの処理の結果が図にどのように表れるかがわかるように意図的に外周線を青色 (黒色の経緯線と異なる色を選んだ) にしてあるが，通常は同色にしておくのがよい．このプログラムでは，外周線を描いた後で経線を描き，経線がちょうど外周線に当たるところに来る場合，左右のうちの一方の外周線は経線で上書きされるが，他方の外周線は青色のままになることがわかる．これは左右の外周線が同一経度に相当する線であり，同じ経度の経線は一度しか描かないプログラムの作り方に由来する．

以上説明した発展編のプログラムを以下に掲載する．プログラムの最初のほうで新たに中央経線の経度と経緯線網のグリッド間隔を指定することができるようになっている．

```
Sub Sanson2()
Open "Sanson2.PS" For Output As #1 '出力ファイル名 Sanson2.PS を指定し，ファイル番号を 1 とする

sc = 72# / 25.4 'mm 単位で数値を与えてポイント単位に変換する係数

R = 30 '地球半径を30mm とする．縮尺は 30*10 ^ -3/ (6370*10 ^ 3) =2.1 億分の 1
CentMeri = 140 '中央経線の経度を-180～+180 の範囲で指定する
gspace = 10 '経緯線網の間隔を度単位で指定

Print #1, "283.4 425.2 translate 0.3 setlinewidth"  '座標原点を用紙の左下隅から x 方向に
283.4 ポイント (=10cm)，y 方向に 425.2 ポイント (=15cm) 平行移動する．線幅を 0.3 ポイントとする

'緯線を描く
For y = 0 To 90 Step gspace '緯度 0°から+90°まで gspace°間隔

Print #1, "newpath"
x = -180
xx1 = Sanson_x(x, y, R)
yy = Sanson_y(y, R)
Print #1, xx1 * sc, yy * sc, "  moveto" 'ペンを上げて緯線左端へ移動

x = 180
xx2 = Sanson_x(x, y, R)
```

```
Print #1, xx2 * sc, yy * sc, "  lineto"     '緯線左端から右端に直線を引く
Print #1, "stroke"

yy = -yy                                     '南半球について対称の位置に緯線を描く
Print #1, xx1 * sc, yy * sc, "  moveto"   'ペンを上げて緯線左端へ移動
Print #1, xx2 * sc, yy * sc, "  lineto"     '緯線左端から右端に直線を引く
Print #1, "stroke"

Next y

'経線を描く

'外周線を描く
Print #1, " 0. 0. 1. setrgbcolor"     '外周線を青色 R=0, G=0, B=255 にする
Print #1, "newpath"
x = 180
y = -90
xx = Sanson_x(x, y, R)
yy = Sanson_y(y, R)
Print #1, xx * sc, yy * sc, "  moveto"   '地図上の南極にペンを移動
For y = -89 To 90 Step 1  '正弦曲線となる外周の経線を 1°間隔の折れ線で描く
xx = Sanson_x(x, y, R)
yy = Sanson_y(y, R)
Print #1, xx * sc, yy * sc, "  lineto"
Next y
Print #1, "stroke"

Print #1, "newpath"
x = -180
y = -90
xx = Sanson_x(x, y, R)
yy = Sanson_y(y, R)
Print #1, xx * sc, yy * sc, "  moveto"   '地図上の南極にペンを移動
For y = -89 To 90 Step 1
xx = Sanson_x(x, y, R)
yy = Sanson_y(y, R)
Print #1, xx * sc, yy * sc, "  lineto"
Next y
Print #1, "stroke"

Print #1, " 0. 0. 0. setrgbcolor"     '一般の経線を黒 R=0, G=0, B=0 にする

For x =-180 To 180 Step gspace  '経度-180°から+180°の範囲で gspace°間隔
x1 = x - CentMeri
If x1 > 180 Then x1 = x1 - 360
If x1 < -180 Then x1 = x1 + 360
Print #1, "newpath"
y = -90
xx = Sanson_x(x1, y, R)
yy = Sanson_y(y, R)
Print #1, xx * sc, yy * sc, "  moveto"   '地図上の南極にペンを移動

For y = -89 To 90 Step 1  '正弦曲線となる経線を 1°間隔の折れ線で描く
xx = Sanson_x(x1, y, R)
yy = Sanson_y(y, R)
Print #1, xx * sc, yy * sc, "  lineto"
Next y

Print #1, "stroke"
Next x

'----------
```

```
'海岸線を描く
Print #1, " 0.5 setlinewidth"      '線幅を経緯線網より太めの 0.5 ポイントとする
Print #1, " 0.5 0.25 0. setrgbcolor"   '海岸線を茶色 R=128, G=64, B=0 にする
tag1 = 0       '折れ線の始まりでは 0，中間点と終点では 1
tag2 = -999    '図の両端を折れ線がまたぐときに線を分割処理するためのタグ
'海岸線データファイルの指定
Open "D:\ArcUngenerateWorldCoastLine.txt" For Input Access Read As #2
Do Until EOF(2)
    Line Input #2, data
    n = InStr(data, ",")      'コンマが何文字目にあるかを調べる．
    If n = 0 Then
      If tag2 <> -999 Then Print #1, "stroke"
      tag2 = -999
      tag1 = 0
    Else
        If tag1 = 0 Then
          x = Val(Left(data, n - 1))       '経度
          x1 = x - CentMeri + 180
          x = x1 - Int(x1 / 360) * 360 - 180  '経度値を中央経線から+-180°の範囲の数値に
変換
          y = Val(Mid(data, n + 1))        '緯度
            Print #1, "newpath"
            xx = Sanson_x(x, y, R)
            yy = Sanson_y(y, R)
            Print #1, xx * sc, yy * sc, "  moveto"
            tag1 = 1
            tag2 = Int(x1 / 360)
        Else
          x = Val(Left(data, n - 1))       '経度
          x2 = x - CentMeri + 180
          If Int(x2 / 360) > tag2 Then     '海岸線が図郭の右端から出ていく場合の処理
            y1 = y
            y2 = Val(Mid(data, n + 1))
              If Abs(x2 - x1) < 0.00001 Then
              y3 = (y1 + y2) / 2      '前回処理した折れ線の頂点の経緯度（ただしこの経度には 180
°を加え中央経線の経度を減算してある）が x1,y1，今回読み込んだ頂点の経緯度が x2,y2，図郭線上の経
緯度が x3,y3 である．x1 と x2 の差が 0 または 0 に近いときにはエラーや誤差の発生を避けるため y1 と
y2 の平均を y3 とする
              Else
              x3 = (tag2 + 1) * 360
              y3 = (y1 * (x2 - x3) + y2 * (x3 - x1)) / (x2 - x1)
                 '図郭線経度での緯度値を比例配分で求める
              End If
            x = 180
            xx = Sanson_x(x, y3, R)
            yy = Sanson_y(y3, R)
            Print #1, xx * sc, yy * sc, "  lineto"
            x = -180
            xx = Sanson_x(x, y3, R)
            yy = Sanson_y(y3, R)
            Print #1, xx * sc, yy * sc, "  moveto"
            x = x2 - Int(x2 / 360) * 360 - 180
            xx = Sanson_x(x, y2, R)
            yy = Sanson_y(y2, R)
            Print #1, xx * sc, yy * sc, "  lineto"
            tag2 = Int(x2 / 360)
            x1 = x + 180
            y = y2
          ElseIf Int(x2 / 360) < tag2 Then
            y1 = y
            y2 = Val(Mid(data, n + 1))
              If Abs(x2 - x1) < 0.00001 Then
```

```
                y3 = (y1 + y2) / 2
                Else
                x3 = tag2 * 360
                y3 = (y1 * (x2 - x3) + y2 * (x3 - x1)) / (x2 - x1)
                End If
            x = -180
            xx = Sanson_x(x, y3, R)
            yy = Sanson_y(y3, R)
            Print #1, xx * sc, yy * sc, " lineto"
            x = 180
            xx = Sanson_x(x, y3, R)
            yy = Sanson_y(y3, R)
            Print #1, xx * sc, yy * sc, " moveto"
            x = x2 - Int(x2 / 360) * 360 - 180
            xx = Sanson_x(x, y2, R)
            yy = Sanson_y(y2, R)
            Print #1, xx * sc, yy * sc, " lineto"
            tag2 = Int(x2 / 360)
            x1 = x + 180
            y = y2
          Else
            x = x2 - Int(x2 / 360) * 360 - 180
            y = Val(Mid(data, n + 1))
            xx = Sanson_x(x, y, R)
            yy = Sanson_y(y, R)
            Print #1, xx * sc, yy * sc, " lineto"
            tag2 = Int(x2 / 360)
            x1 = x + 180
          End If
        End If
    End If
Loop

Close #2
'----------
Print #1, "showpage"
Close 1
End Sub


Function Sanson_x(L, B, R)
rad = 3.14159265358979 / 180#  '度をラジアンに変換する係数
y = B * rad
Sanson_x = R * L * rad * Cos(y)
End Function

Function Sanson_y(B, R)
rad = 3.14159265358979 / 180#  '度をラジアンに変換する係数
Sanson_y = B * R * rad
End Function
```

　このプログラムで描いた図を図1.17に示す．中央経線の経度は140°E，経緯線網は10°間隔にしてある．
　最後に地図投影法に従った地図描画プログラムに関する留意点を再度整理しておこう．1点ごとの投影座標の計算そのものには特段の問題はないが，図形表示に関して以下の点に注意すべきである．

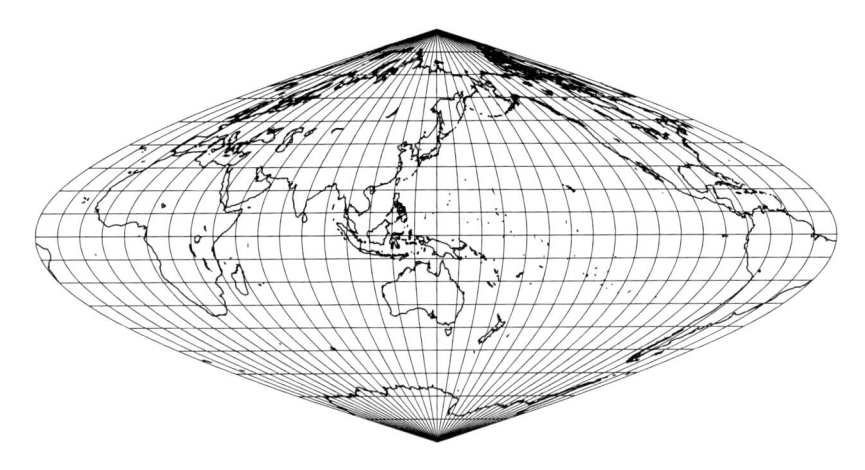

図 1.17 サンソン図法描画プログラム Sanson2 実行結果 (経緯線網は 10° 間隔,中央経線は 140°E)

(1) 地図表示範囲の外周 (図郭) を表示すべきこと.経緯線網だけでは外周線の表示にならないことがよくある.たとえば正距方位図法で極以外の点を中心にした全球図 (図 1.11) など.ただし,メルカトル図法における極のように図上に表現できない場合は人為的に特定の緯度以下で切ることになるが,この外周を明示するかどうかはデザインの問題であろう.しかし,どの範囲が表示されているかを明確にしておくことはいずれにしても必要である.

(2) 表示すべき地図内容のデータ (先のプログラム例では海岸線) が地図の表示範囲を横切る場合の処理.はみ出た部分をカットするだけでよい場合と地図上の別の場所に繋がる場合があるが,いずれにしても地図データが線データならば境界線との交点を算出する処理が必要である.

(3) 経緯線のような幾何的な線の表示については,先のプログラム例の緯線のように直線であるという知識を元に両端点だけを計算して結んだが,これは計算量を節約できる代わりに汎用性に欠ける欠点がある.対象地域の投影ひずみを小さくするなどの目的で実際の極以外の点を地図投影計算における極として扱って投影することもよく行われる (これを斜軸法という.2.2.2 項参照) が,これだけで経緯線は複雑な曲線になるのである.場合によっては直線であっても,その線に沿って多数の中間点 (vertex) を発生させておくほうが間違いがない.このことは,GIS に内蔵された投影変換機能を使って,ある図法で直線表示された内容をほかの投影法で表示しようとしたときにも問題になる.たとえば,メルカトル図法の地図上で 2 点間を直線で結んで航程線 (4.2 節参照) を得,この線を別の図法の地図で表示しようとしたとしよう.このとき,はじめにメルカトル図法上に描かれた航程線が始点と終点の 2 点の座標でのみ与えられていたとしたら,別の図法に変換されてもそれは新しい図法に対応した位置に表示された始点と終点を結ぶ直線にしかならない.航程線の経路を正しく表示したければ,あらかじめメルカトル図法の地図で直線上に多数の中間点を発生させておき,これらの点を結んだ線を投影変換する必要がある.

◆◆ 第 1 章の注

【注 1】　オルテリウスの『世界の舞台』(1570) の世界地図に用いられた投影法は，中央経線と赤道を正距とし，緯線は等間隔の平行直線，経線は中央経線から経度差 90° 以内の半球については赤道上で等間隔に目盛られた点と両極とを通る円弧として描き，それより外側では中央経線との経度差が 90° の経線がなす半円を平行移動したものである (図 1.18)．極は赤道の長さの半分の直線となり，外周の経線は半円であるので，外周の形状と緯線はエッケルト第 3 図法 (5.3.5 項) と同じだが，経線に円弧を用いる点が異なる．この投影法はオルテリウスに先だって 1540 年頃にイタリアのアニェーゼ (Battista Agnese) が作成したいくつかの地図に用いられている．

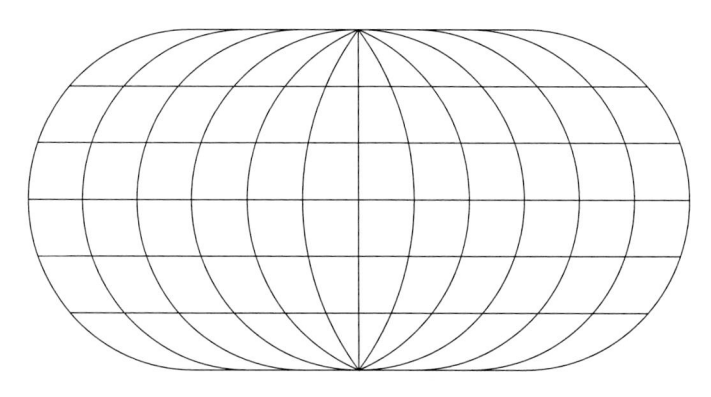

図 1.18　オルテリウス図法の 30° 間隔の経緯線網

この投影法は，我が国では「アピアヌス図法」と呼ばれていることが多い (たとえば野村 1983, p.109)．しかし，Snyder (1993, p.14) によるとアピアヌス (Petrus Apianus または Peter Apian, 1495–1552) が 1524 年に発表した投影法は，半球を円内に表す球状図法 (globular projection) の一種であって，オルテリウスやアニェーゼが用いた図法の中央円内に表された半球部分とは一致するが，オルテリウスのような長円形の図法 (oval projection) ではない．オルテリウスの投影法は，アピアヌスの投影法の拡張ではあるが，アピアヌスが発表した投影法そのものではないのである．ゆえに，これをアピアヌス図法と呼ぶことは適切ではなく，オルテリウス図法 (またはアニェーゼ図法) と呼ぶのが適切であろう．Snyder and Voxland (1989) は，この投影法を Ortelius oval projection と記している．

CHAPTER 2
地図投影法の分類

　古代から現代まで数多くの地図投影法が発明され用いられてきたので，これらを整理し概観するために分類する必要が生じる．分類の観点にもいくつかの種類があるが，地図投影法で重要なものは投影に際して保存される幾何的性質に基づく分類 (正積図法，正角図法など) と，投影の幾何的構成方法による分類 (円筒図法，円錐図法，方位図法) の二つであり，それぞれの投影法をこの二つの観点を縦横に配した表の各欄に位置づけるのがわかりやすい．たとえば，メルカトル図法は，正角図法であり，かつ円筒図法の欄に位置づけられる．以下ではこのそれぞれの観点による分類について解説する．

2.1 投影に際して保存される幾何的性質に基づく分類

　地図投影には地球上の図形のひずみが避けられないが，それでも球面あるいは回転楕円面上 (以下この節ではこれらをまとめて「球面上」と略記することにする) の図形の性質の一部が投影で保存されると都合がよい．

　地図投影に際して保存される図形的性質には，面積と角度の 2 種類がある．球面上の図形の面積比が地図上でも正しく表される投影法を正積図法 (equivalent projection, equal-area projection) という．一方，球面上で交わる 2 直線 (球面上の大円) の角度が地図上でも正しく表される投影法を正角図法 (conformal projection, orthomorphic projection) という．これらの性質は球面上のすべての点で成り立つ性質である．ただし，正角図法に関しては例外となる点があり，正軸法のメルカトル図法やランベルト正角円錐図法では極についてだけ正角性は成立しない．

　この二つの性質は両立しないことが知られている．すなわち正積図法は正角図法でありえず，逆に正角図法は正積図法でありえない．このため分類の基準としても適切である．なお，正積でも正角でもない投影法も数多く存在する．これによりあらゆる投影法が，正積図法，正角図法，これら以外の図法の 3 種類に分類できる．

　このほか投影に際して保存される図形的性質に由来する用語として正距図法 (equidistant projection)，方位図法 (azimuthal projection) がある．正距図法とは，特定の 1 点あるいは 2 点からすべての地点への距離が地図上でも正しく表される図法である．1 点からの距離が正しい図法ではこの基準となる点を極にとればこの点とほかの任意の点を最短距離で結ぶ大円は経線になるから正距図法は多くの場合経線が直線で表され経線に沿って距離が正しく表される図法である．特定の 2 点から任意の点への距離が正しく表される図法は 2 点正距図法という投影法になる．た

だし，この投影法では地図上である地点と基準となる点を結んだ距離は正しいがこの直線が2点間の大圏航路(大円)を示すものにはならない点に注意が必要である．この定義から明らかなように，正距図法で距離が正しく表されるのは特定の点からの距離に限られる．地球上の任意の2点を取ってその間の距離が地図上で正しく表されるような投影法は存在しない．

方位図法は，正方位図法といった方がその意味がわかりやすいが，特定の1点あるいは2点からその投影法で地図に表現されうるすべての球面上の点に向かう方位が正しく表される図法である．ただし，投影法によっては半球より狭い範囲しか表現できないなど，表せる範囲に制限がある場合のあることに注意されたい．これについても正方位性が成り立つのは特定の点からの方位だけである．また，方位図法でかつ正距図法である投影法(正距方位図法)や方位図法でかつ正積図法である投影法(ランベルト正積方位図法)，方位図法でかつ正角図法である投影法(平射図法)が存在する．なお，2点方位図法を方位図法から除外すれば，方位図法は次に述べる投影の幾何的構成による分類の一種でもある．

地球上のすべての点について成り立つ性質ではないことと，排他的な分類基準にならないことの両面から，正距図法と方位図法は投影で保存される性質に基づく分類の基準としては適当ではない．

2.2 幾何的構成方法による分類

2.2.1 円筒図法・円錐図法・方位図法

地図投影法を構成する際に，直接に平面に投影するのではなく，円筒や円錐の側面にまず何らかの仕方で投影し，その後でこれらを一つの母線に沿って切り開いて平面に展開したと考えると理解しやすい投影法のグループがある．これらをそれぞれ円筒図法 (cylindrical projection)，円錐図法 (conic projection) という．円筒や円錐は曲面ではあるが球とは違って曲がりを伸ばしてそのまま平面に拡げることが可能な可展面 (developable surface) と呼ばれる曲面のグループに属する．円錐の頂角は $0°$ より大きく $180°$ より小さい範囲のさまざまな値を取りうるので，円錐図法では同じ種類の地図投影法でも円錐の頂角の大きさによって投影された地図の形状は異なるものになる．円筒図法は円錐図法において円錐の頂角が $0°$ となった極限の場合に相当する．

これらに対して地球に接する平面に直接に投影される場合を方位図法という(ここでは2点方位図法を除いて考える)．これは円錐図法における円錐の頂角が $180°$ になった極限と考えることができる．幾何的構成方法による分類は，これら円筒図法・円錐図法・方位図法の3種類の投影法と，これらのいずれにも属さない投影法のグループに分類することである．

後述するように(5.1節参照)，円筒や円錐の回転軸が地球の自転軸，すなわち北

極と南極を結ぶ地軸と一致する場合，円筒図法では緯線が赤道に平行な直線となり，北半球と南半球の同緯度の緯線は赤道を挟んで赤道から等距離に位置する．経線は緯線に直交する互いに平行な等間隔の直線となる．また，円錐図法では緯線が同心円弧となり，経線が緯線円弧の中心を通る直線となる．方位図法では，平面が地球に極で接する場合，緯線が同心円，経線が緯線円の中心を通る直線となる．

円筒図法では経線が緯線に垂直な直線であったが，この条件を緩和して，緯線が赤道に平行な直線で，かつ経線は中央経線および赤道を軸に対称な各種の曲線で描かれるような投影法がある．これらを擬円筒図法 (pseudocylindrical projection) という．擬円筒図法にはサンソン図法，モルワイデ図法をはじめとして非常に多種類の投影法がある．また，緯線が同心円弧で，経線が中央経線を軸に対称な各種の曲線になる投影法を擬円錐図法 (pseudoconic projection) という．ボンヌ図法はこの例である．擬方位図法 (pseudoazimuthal projection) という分類項目もあるが，文献により定義および対象となる図法が異なるのでここでは取り上げないことにする【注1】．

以上のように，幾何的構成方法による分類としては，円筒図法・円錐図法・方位図法・その他の図法という分類，あるいはこの分類では「その他」に含まれるが多くの図法がその区分に入る「擬円筒図法」を独立させた，円筒図法・擬円筒図法・円錐図法・方位図法・その他の図法という分類ができる．この分類と先の投影で保存される性質による分類を組み合わせると表 2.1 のように整理できる．なお，表 2.1 では擬円錐図法は「その他 (左記以外) の図法」にまとめた．

表 2.1 主要地図投影法分類表

	円筒図法	擬円筒図法	円錐図法	方位図法	左記以外の図法
正積図法	ランベルト正積円筒図法 ベールマン図法 ゴール–ペータース図法	サンソン図法 モルワイデ図法 グード図法 エッケルト第2・第4・第6図法 放物線図法 超楕円図法 ワグネル第1図法	アルベルス正積円錐図法 ランベルト正積円錐図法	ランベルト正積方位図法	ボンヌ図法 ヴェルネル図法 ハンメル図法
正角図法	メルカトル図法 ガウス–クリューゲル図法 ガウスの等角二重投影法		ランベルト正角円錐図法	平射図法	ラグランジュ図法
上記以外の図法（正積でも正角でもない図法）	正距円筒図法 ゴール図法 ミラー図法 心射円筒図法	台形図法 ロビンソン図法 エッケルト第1・第3・第5図法	正距円錐図法	正距方位図法 心射図法 正射図法 外射図法	エイトフ図法 ヴィンケル図法 ファン・デル・グリンテン図法 多面体図法 正規多円錐図法 直交多円錐図法 2点正距図法 2点方位図法

2.2.2 ◆ 正軸法・横軸法・斜軸法

幾何的構成方法による分類において，以上では円筒や円錐の回転軸が地軸と一致する場合，あるいは方位図法での平面が地球に極で接する場合を取り上げた．これを正軸法 (normal aspect または normal case) という．これに対し，これらの回転軸が地球と交わる点あるいは方位図法における平面が地球に接する点が赤道上にある場合を横軸法 (transverse aspect/case) といい，極や赤道上以外の一般の位置にある場合を斜軸法 (oblique aspect/case) という．方位図法の平面が地球に接する点は投影ひずみがなく，これを地図主点 (standard point, point of zero distortion, (独) Hauptpunkt) という．

円筒図法の横軸法では，一つの子午線が正軸法の場合の赤道に相当する位置に来る．この投影法による場合ふつうこの子午線を地図の中央付近におくので中央子午線という．一般に円筒図法では赤道付近でひずみを小さくできるので，横軸法を用いれば対象地域の中央付近に中央子午線を設定することによりこれに沿ってひずみを小さくした地図投影が可能になる．

方位図法の横軸法は半球図によく用いられる．また，方位図法では対象地域の中心を投影平面の地球への接点とする斜軸法もよく用いられる．

日本列島のような弧状配列をした地域は，この地域の中央を通るような地球の小円を考え，この小円に接する斜軸法の円錐図法を適用すれば全体のひずみが小さく抑えられる．実際にこれを適用した例として日本国勢地図帳 (ナショナルアトラス) や国土地理院発行の「300万分の1日本とその周辺」地図があり，これらには斜軸法のランベルト正角円錐図法が用いられている (8.3.4項 b. 参照)．横軸法の円錐図法には特段の意義はないであろう．

2.2.3 ◆ 投射図法と非投射図法

幾何的構成方法に関するもう一つの分類に，投射図法 (perspective projection) と非投射図法がある．投射図法とは，球に平面を接して置き，球の中心を通るこの平面の垂線の上に固定した1点 (投影中心) を定めて，これと球面上の点を結んだ直線が先の平面と交わる位置に，球面上の当該点を投影するものである．いわば点光源から光を投げかけて透明な地球儀に描かれた経緯線網や海岸線などの地図表示対象を平面に投影すると考えればよい．投影中心が地球の中心に一致する場合を心射図法，これ以外の地球内部にある場合を内射図法，球と平面の接点の対蹠点にある場合を平射図法，点が地球外にある場合を外射図法，点が無限遠となって平行光線で投影する場合を正射図法という．

投射図法はもともと平面に投影する方位図法に対して適用されたが，円筒図法や円錐図法に対しても地軸を含む断面内において，投射図法と同様の原理で投影位置を決めることができる．このようにして平射円筒図法や心射円錐図法などを構成するのは簡単である．しかし，円筒図法や円錐図法の投射図法には重要な特徴のある

幾何的性質を示す投影法は少なく，現代では実用的な重要性はほとんどない．正射円筒図法が正積であることはこの例外といえよう (5.2.4 項「ランベルト正積円筒図法」参照)．一方，本来の平面への投射図法には，平射図法が正角図法となること，心射図法では大圏航路が直線で表されることなどの重要な特徴がある．

　投射図法以外の投影法を非投射図法という．地図投影法は投射図法だけではなく，むしろ地図投影法のほとんどは非投射図法であり，投射図法・非投射図法という区別自体もさほど重要なものではない．この区別はむしろ，地図投影法が誤って投射図法だけであるかのように誤解されることに注意を促すため，投影法の多くが非投射図法であると指摘することに意義があるのだといえよう．

2.2.4 ◆ 標準緯線

　正軸法の円錐図法において円錐を球にかぶせた様子をイメージしてみよう．このとき円錐は球とある緯線で接する．球の中心を投影中心として円錐面に投射図法的に投影することを考えると，この緯線は円錐に接しているのだから球面上の緯線がそのまま円錐面上に写され，等しい長さに投影される．このように投影に際して長さが等しく写される線のことを一般に (投影) 標準線 (standard line) といい，この例のように標準線が緯線である場合，とくに標準緯線 (standard parallel) という．このように円錐を球に接して置き，接線が正しい長さに投影される円錐図法を接円錐図法 (tangential conic projection) という．接円錐図法には上記のような心射円錐図法だけではなく，経線の長さが正しく投影される正距円錐図法ほか各種の投影法がある．接円錐図法は標準緯線が一つであることが特徴であり，1 標準緯線の円錐図法 (conic projection with one standard parallel) ともいう．

　さらに円錐が押し下げられて，球と 2 本の緯線で交わっている様子を想像してみよう．こうすると交わっている 2 本の緯線において長さが正しくなり，2 標準緯線の円錐図法 (conic projection with two standard parallels) がありうることがイメージできる．円錐が球に割り込んでいるので割円錐図法 (secant conic projection) ともいう．ただし，割円錐のイメージで必ずしも 2 標準緯線の円錐図法の構成を正確に示せるものではないことに注意する必要がある．たとえば，2 本の緯線で球と交わるという割円錐の断面の図解からこの円錐の傘の開きの角度を計算することができる．しかし，2 標準緯線の円錐図法での円錐の傘の開きの角度はこの計算で求まるものとは一般に異なるものであって，むしろその投影法が満たすべき性質から決まる条件 (たとえば正積図法であったり正角図法であったりする条件) と，標準緯線の緯度において緯線長が正しく投影されるという条件を連立方程式にして算出されるのである．「割円錐図法」という用語が 2 標準緯線円錐図法の同義語として用いられることは知っておく必要があるが，2 標準緯線円錐図法をすべて割円錐の図解で理解しようとすると間違いである．

　これと同様に円筒図法においても接円筒図法，割円筒図法がある．前者は赤道で円筒が球に接している場合で，ふつう単に円筒図法といえばこれを指す．後者は，

赤道以外のある緯度 ϕ_0 において緯線長が等しくなるように円筒の半径が $\cos\phi_0$ 倍に小さくなった場合，すなわち地図上で経線の間隔が接円筒図法に比較して $\cos\phi_0$ 倍に小さくなった場合である．このとき南北両半球の同緯度で緯線長が正しく表され，円筒と球が交わることになるが，この「割円筒」のイメージも先に述べた割円錐と同様に投影の原理を正しく示すことは一般にできない．なぜなら，割円筒の地軸を含む断面を図解して二つの標準緯線に挟まれる部分の円弧と弦の長さを比較すると，必ず弧の長さが弦の長さより長い．このことから，円筒面上での経線長と球上での経線長が等しくあるべき 2 標準緯線の正距円筒図法はこの図解では表しえないことがわかる．

　方位図法については，平射図法の地図を一定倍率で縮小したとき，ある緯度の緯線が正しい長さに表されることになり，これが標準緯線になる．通常は方位図法は平面が接している極でひずみがなく長さが正しく表されるが，縮小により別の特定の緯度において長さが正しくなるのである．これも平面が球と交わったイメージで説明されることがある．平射図法の場合はこれは間違いではないが，数式の計算などは平面に投影してから一定倍率で縮小すると考えるほうがよい．ただし，標準緯線で長さが正しく表されることは重要であり，標準緯線の緯度を決めれば縮小倍率は決まる．なお，平射図法以外の方位図法では一定倍率で縮小して，ある緯線の長さが正しい長さになったとしても，正距図法では正距の性質，正積図法では正積の性質が満たされなくなり標準緯線にはならない．

　ここで標準緯線におけるひずみの性質について注意しておきたい．以上では標準線あるいは標準緯線ではこれらの線に沿って長さが正しく表されるものとして議論をしてきた．しかし，Snyder (1987, p.ix) によれば，標準線あるいは標準緯線において単にこれらの線に沿って長さが正しく表されるというだけではなく，この線上の点では角ひずみもなく，ゆえにその線上では一切のひずみがない線として標準 (緯) 線を定義している．本書ではこの定義に従うこととするが，既往のほかの文献では必ずしもこの点が明確ではなく，緯線に沿った方向に長さひずみがない緯線であるとして標準緯線を定義していると考えられる記述も見受けられる【注2】．

　まず，正軸法の円錐図法・円筒図法を念頭に置いて，緯線に沿った長さが正しく表される緯線について検討してみよう．この緯線に直交する方向，つまり経線方向の長さひずみについては何もいっていないのだから，一般にはひずみがないわけではない．経線方向の長さが球面上のものと異なって表されるならば，方向により長さひずみがあり，このことは面積ひずみ，角ひずみがあることを意味する．しかし，もし当該の投影法が正角図法ならば，あらゆる方向に長さひずみが等しいので，緯線方向に長さが正しいならば，それ以外の方向にも長さが正しいことになり，この緯線上ではひずみがない．当該の投影法が正積図法ならば，正積であるという条件から緯線方向に長さひずみがなければこれに直交する経線方向にも長さひずみがなく，したがってこの緯線上では角ひずみもない．すなわち，一切のひずみがない．さらに当該の投影法がいわゆる正距図法ならば経線に沿っての長さが正しいので，この

緯線上では緯線方向，経線方向とも長さひずみがなく，したがって角ひずみもないことになる．まとめると，正角図法，正積図法，正距図法においては，緯線に沿って長さが正しく表されるような緯線では角ひずみもなく，この緯線は標準緯線であることがわかる．ゆえに，後の章で行うように，2標準緯線円錐図法の正角図法・正積図法・正距図法で投影式を導く際に，正角などの条件と標準緯線で緯線にそって正距であるという条件のみから投影式を導くことが正当化されるのである．

標準(緯)線をSnyder (1987) のように一切のひずみがない線と，より厳格に定義することの意義としては，たとえばサンソン図法，ボンヌ図法，ヴェルネル図法ではあらゆる緯線にそってその長さは正しいが，すべての緯線が標準緯線であるとはいわないことを理解するためにも必要である．サンソン図法では赤道が，ヴェルネル図法では極が，ボンヌ図法ではそれら以外のある特定の緯度の緯線が標準緯線に相当すると理解されているのである (第5章参照)．また，一般に正積図法では地図上のすべての点において長さひずみのない方向が二つあり，この方向に沿って点を連ねていくことにより線に沿って距離が正しくなるような線を描くことができる．これを等長線または等縮尺曲線 (isoperimetric curve) というが標準線とは別の概念である．これらを区別するためにも標準(緯)線はその線上で一切のひずみがない線と定義することが妥当である．

一方，標準緯線をこのように定義すると，2標準緯線円錐図法の導入に際して述べた割円錐図法の一種である割円錐の心射円錐図法は標準緯線をもたないことになる．球と円錐が交わる緯線上では緯線に沿っての長さは正しいが，経線方向には長さが正しくなくひずみがゼロではないからである．しかし，この図法を2標準緯線の図法と呼ぶことはふつうに行われている．心射円錐図法は実用的にはほとんど用いられないものであるため，標準緯線の定義にまつわる不明確さが明瞭になっていないと考えられる．

このように，投影の標準(緯)線の定義については慣用上不明確な点はあるが，上述のとおり線に沿って正距であるだけでなく線上の各点で一切のひずみがない線と定義し厳密に用いるべきであろう．

> **column 4** ◆◆◆ **地図投影法についてよくある間違い**
>
> 　地図投影法に関して広まっている誤解の筆頭は，メルカトル図法の原理に関するものであろう．球に円筒を巻きつけて球の中心から投影すればメルカトル図法が得られるという解説や図解は，学生用参考書や一般向けの地図に関する書籍によく見られるものであるが，間違いである．こうして得られる投影は心射円筒図法であってメルカトル図法ではない．400年以上前に発明されたとはいえ，メルカトル図法の原理の理解は比較的高度な知識を要することであるため，高緯度になるほど拡大され極が表現できないという特徴の一致から心射円筒図法と混同してしまうのかもしれない．緯度80°くらいまでの高緯度を含む範囲の地図をこの二つの投影法で描いて比較すればその違いは歴然としているのだが，心射円筒図法を目にする機会は少なく気づかれないのかもしれない．

> ある地点からの等距離圏を，その点を地図主点とする方位図法以外の地図であるにもかかわらず円で描くといったような地図の利用法を間違えた例もよくある．この目的にはその点を地図主点とする正距方位図法がもっとも適しており，この図法であれば等距離圏はその距離の縮尺倍を半径とする円になる．ところが，円筒図法や円錐図法の地図の上に等距離圏を円で描くような間違いが結構あるようである．これらの図法の地図であっても，等距離圏を描くことは可能であるが円にはならない．このほか，ある点からほかの点へ向かう方位の読み取りなども投影法をよく理解していないと間違いやすい事柄である．
>
> 地図投影の教科書に「正距図法」という言葉があるため，地球上での距離が地図上に正しく表される投影法があるかのように誤解されることもあるようだが，これはたとえば経線上でだけ距離が正しく表されることを意味しており，地図上で 2 点を自由に選んでその間の距離が正しく表されるということではない．
>
> このほか，世界地図というとメルカトル図法を使おうとする傾向も残っているようだ．メルカトル図法は面積関係を大きくひずませるため世界地図には不適当である，そもそも極が表現できないのだから「世界地図」にはなりえない，と地図学者がさんざん指摘してきたことなのだが，意味もなく伝統を守ろうとする傾向が一部にある．こうしたことを克服し，表現目的に合った適切な投影法が選択されるようになるためにも地図投影法の理解を広める必要があるだろう．

◆◆ 第 2 章の注

【注1】　擬方位図法の定義について，Snyder (1993, p.130) は，正軸法において緯線が同心円 (完全な円であって円の一部である円弧ではない) となり，経線が曲線で表される図法としている．これは，緯線が同心円弧で経線が曲線である図法を擬円錐図法とする定義に対応したものである．この定義に従えばヴェルネル図法 (5.6.1 項，図 5.47) はボンヌ図法とともに擬円錐図法に分類され，擬方位図法に分類される投影法は本書では扱っていないヴィーヒェル (Wiechel) 図法などごく少数の投影法のみとなる．しかし，日本では「方位図法から導かれた地図投影の総称」(日本国際地図学会, 1998) と擬方位図法を定義し，ヴェルネル図法やエイトフ図法，ハンメル図法をこの分類に含めていることが多い．

【注2】　地図投影法の日本での代表的な参考書である野村正七『地図投影法』(野村, 1983) では，被覆直円錐が球に接する緯線として標準緯線を導入し，2 標準緯線の円錐図法を導入するに際しては「円錐図法において長さの正しく表現される緯線」と意味を拡張して用いている．この限りでは野村 (1983) は緯線にそって正距であるという条件だけを標準緯線の定義としていると見られる．しかし，主要な円錐図法に限った記述にのみ標準緯線の語を用いているので，ひずみのない緯線とする定義と矛盾する記述はないようである．一方，日本国際地図学会編『地図学用語辞典』(日本国際地図学会, 1998) では，「投影標準線」の用語を「基準縮尺で表わされる投影のひずみのない点 (地図主点) の軌跡」と説明している．この限りでは Snyder (1987) と同じく一切のひずみがない線と定義していることになる．しかし，「標準緯線」の項目では「正軸法の地図投影の計算の根拠として使用する特定の緯線」と定義し，割円錐の割線が標準緯線となり，これらの緯線上で距離のひずみがないと記述するなど，標準緯線上で線に沿った方向にのみ長さひずみがないのかあらゆる方向にひずみがないのかは明確ではない．

CHAPTER 3
正積図法の原理

　前章で投影に際して保存される性質による分類に正積図法があることを述べた．地球上の領域の面積関係を地図に正しく表現することは，特に事象の分布を表す主題図【注1】の表現において好ましい性質である．この章では，正積図法の投影法を作るために球面上の面積などについて考え，正積図法の原理を学ぶことにする．

　球面上で赤道とある緯度 ϕ の緯線に挟まれる帯状の範囲の面積 $S(\phi)$ は，緯度 ϕ の平行圏 (緯線円) の長さが $2\pi R\cos\phi$ であるから，積分を用いて $S(\phi) = \int_0^\phi 2\pi R\cos t \cdot R\,dt = 2\pi R^2 \sin\phi$ と求められる．ただし，ここで $\phi < 0$ すなわち南半球に対しては $S(\phi) < 0$ であって，$S(\phi)$ はその絶対値が帯状範囲の面積に等しい負の量であるとする．これは，球に赤道で接するように円筒を巻きつけたときに赤道面から当該緯度の緯線を含む平面までの高さの範囲の円筒側面の表面積 (赤道よりも南側では負の量) に等しい．これを利用すれば，円筒図法と方位図法においてそれぞれ正積図法を構成するのは容易である．たとえば，円筒図法では緯度 ϕ の緯線の y 座標 (赤道上で $y = 0$ とする) を $y = R\sin\phi$ とすればよく (ランベルト正積円筒図法が得られる)，方位図法では $\pi r^2 = 2\pi R^2(1-\sin\phi)$ を解いて，$r = 2R\sin(\pi/4 - \phi/2)$ を得る (ランベルト正積方位図法)．円錐図法では，極が半径 c の円弧として表されることを仮定して $k\pi(r^2 - c^2) = 2\pi R^2(1 - \sin\phi)$ を二つの標準緯線で緯線長が正しく表されるという条件と連立させて k と c を同時に決めればアルベルス正積円錐図法が得られる (それぞれの投影法について詳しくは第5章参照)．

　以上は円筒・円錐・方位図法という幾何的構成が定まった投影法に正積性を組み込むもので，積分から導かれた数式によって投影式が導かれる．これに対し，サンソン図法はより直観的に正積図法を理解するのによい事例である．地球のすべての緯

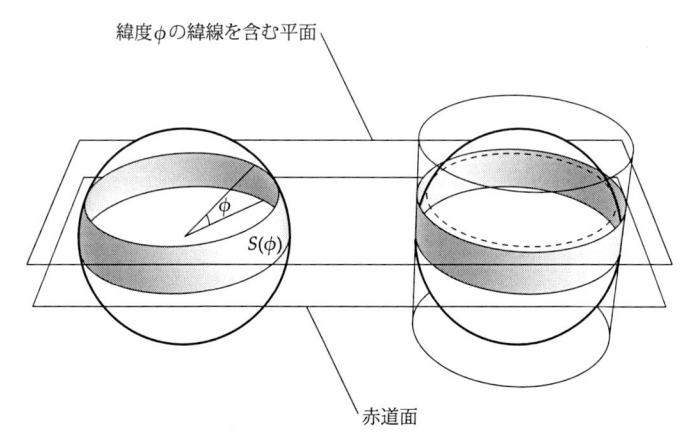

図 3.1 赤道と緯度 ϕ の平行圏で挟まれる球面の帯状部分の面積と同じ高さの円筒側面の面積は等しい

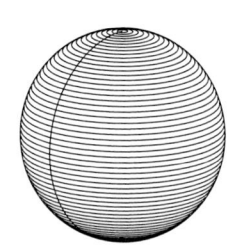

① すべての緯線に沿って紐を巻きつけ，ある子午線に沿って極から極に紐を渡してこれらの緯線をその交点で留める

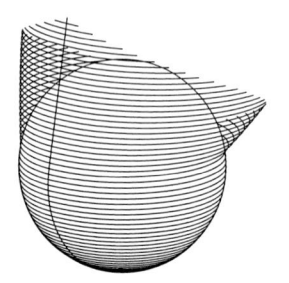

② その子午線の反対側に沿って切り開く

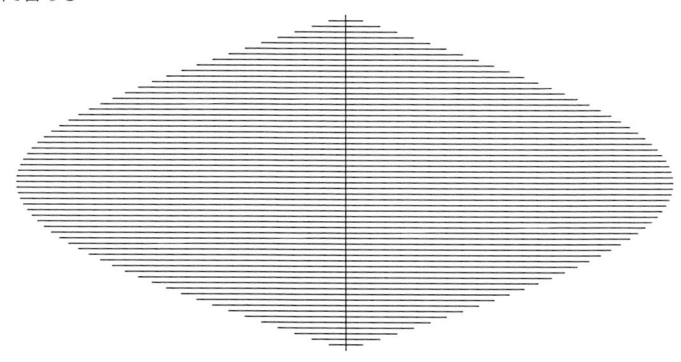

③ 切り開いたものを平面上に置く

図 3.2 サンソン図法の原理の直観的説明

線 (平行圏) に沿って紐を巻きつけたとしよう．次にある子午線に沿って極から極に紐を渡してこれらの緯線をその交点で留めるようにし，その反対側の子午線に沿って切り開き，これを平面上に置いたと考えてみる．すなわち，中央経線は正距の直線として平面上に置かれ，各緯線はこれに直交するように直線として並べる．このようにすると，緯線の長さは $\cos\phi$ に比例するので，経線が正弦曲線になること，球面上の各微小部分が平面上に移されたと考えると，形状は歪むが面積が保存されることがわかる．平行圏に巻きついていた紐を平面上にまっすぐに置くためには紐を曲げることになるが，緯線と経線で囲まれた図形の微小部分を考え，上下辺と高さの等しい台形は形が異なっても面積が等しいことから，面積が保存するのである．

以上は具体例によって正積図法の原理を考えたが，より一般的に地図投影の数式の面から正積図法はどう表されるかを考えてみよう．球面上で微小な緯度差 $\Delta\phi$ の 2 本の平行圏と，微小な経度差 $\Delta\lambda$ の 2 本の子午線に挟まれた四角形領域の面積は $R^2 \Delta\phi \Delta\lambda \cos\phi$ (R は地球の半径) である (図 3.3 (a))．地図平面上には経度差 $\Delta\lambda$ の平行圏弧がベクトル a，緯度差 $\Delta\phi$ の子午線弧がベクトル b に投影されるとすると (図 3.3 (b))，先の球面上の四角形領域の地図平面上での面積はベクトル a と b を辺とする平行四辺形の面積として外積 $a \times b$ の長さで表される．(本来外積は 3 次元空間のベクトルに対して定義されるもので，ここでは便宜上ベクトル a と b を平面内の 2 次元ベクトルとしているが平面に垂直な成分が 0 である 3 次元空間のベクトルでもあると考える．) ベクトル a と b をその

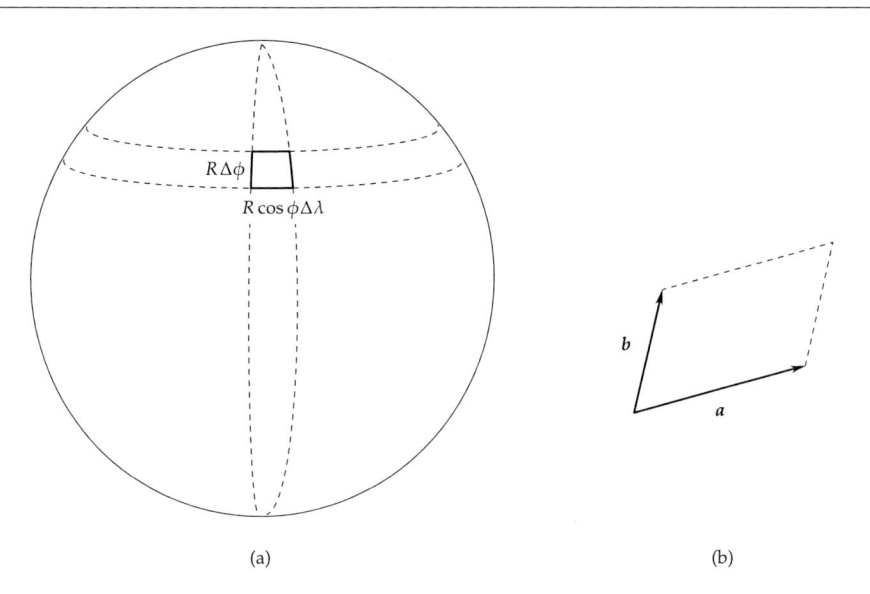

図 3.3 投影式における正積図法の条件

成分で表すと，それぞれ $a = {}^t(\partial x/\partial \lambda, \partial y/\partial \lambda)\Delta\lambda$, $b = {}^t(\partial x/\partial \phi, \partial y/\partial \phi)\Delta\phi$ だから，$\|a \times b\| = [(\partial x/\partial \lambda)(\partial y/\partial \phi) - (\partial y/\partial \lambda)(\partial x/\partial \phi)]\Delta\phi\Delta\lambda$ である（ベクトルの左肩に付した t は転置を表す）．正積図法ではこれが $R^2\Delta\phi\Delta\lambda\cos\phi$ と等しいことから $(\partial x/\partial \lambda)(\partial y/\partial \phi) - (\partial x/\partial \phi)(\partial y/\partial \lambda) = R^2\cos\phi$ という条件式が求まる．すなわち，(球に対する) 正積図法の必要十分条件は $(\partial x/\partial \lambda)(\partial y/\partial \phi) - (\partial x/\partial \phi)(\partial y/\partial \lambda) = R^2\cos\phi$ である (Snyder, 1987, p.28).

　正積図法に関しては，投影された地図上の図形を一方向に一様に拡大縮小しても正積性は維持されることを注意しておく．地図のあらゆる部分の面積比が地球上でのそれに等しいという正積図法の性質は一様な伸縮では維持されるからである．ただし，このような操作により縮尺あるいは面積縮尺は当然のことながら変更される．たとえば，サンソン図法やモルワイデ図法，ハンメル図法では赤道の長さとこれに直交する中央経線の長さの比は 2：1 と決まっているが，この縦横比を変えても正積図法であることには変わりはない．もちろんそれらをサンソン図法あるいはモルワイデ図法，ハンメル図法などと呼ぶことはもはや適切ではない．また，投影に伴うひずみが変化することにも注意を払う必要がある．しかし，地図を書籍のページ中にバランスよく配置するためにこのような変形を施すことはその図の表現目的しだいでは許されることである．

◆◆ 第 3 章の注

【注 1】　土地利用図，植生図，地質図，人口密度図などのように特定の主題を表した地図を主題図という．これに対し，地形，水系，交通路，集落などの土地の景観を表し汎用的に用いられる地図を一般図という．国土地理院の地形図や学校地図帳の地方図などが一般図の例である．

CHAPTER 4
正角図法

4.1 正角図法の導出原理

経緯線が地図上で直交し，かつ，緯線方向と経線方向の線拡大率がどこでも等しくなるようにすれば，正角図法が得られる．

この理由を考えてみよう．まず球面上のどこでも子午線と平行圏は直交している．だから，地図上の経線と緯線が直交することは，正角図法であるための必要条件である．しかし，経緯線が直交しているだけでは正角図法であるとはいえない．たとえば球面上のある地点を原点にして北から右回りに $45°$ の方向に長さ $\sqrt{2}$ の線分を描いたとする．このとき東西と南北に座標軸を設定したとすると，東方向の成分と北方向の成分はともに 1 である．ただし，この線分の長さは球の半径に比較して十分に小さく，ここで考えている範囲では球面は平面に近似できるものとする．そして，この線が地図投影で平面に投影されるとき，経線方向と緯線方向の線拡大率が異なるとすると，東方向の成分と北方向の成分の比が 1 とは異なり，北から測った角度が変化してしまうことになる (図 4.1 参照)．すなわち正角性が保てない．逆にこれらの方向の線拡大率が等しい場合は北から測った角度が $45°$ 以外の場合も直角三角形の相似から角度が保たれることがわかる．ゆえに経緯線が直交し，緯線方向と経線方向の線拡大率が等しいことは正角図法であるための必要十分条件である．

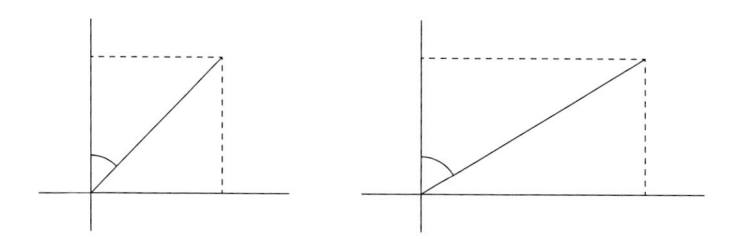

図 4.1 縦横比の変化に伴う角の変化

正軸法では，円筒図法，円錐図法，方位図法のいずれも経緯線は互いに直交する．ゆえに，これらにおいて正角図法を得るには緯線方向と経線方向の線拡大率を等しくすればよい．4.3 節では，この原理に基づいて，正角の円筒図法であるメルカトル図法，正角の方位図法である平射図法および正角の円錐図法であるランベルト正角円錐図法の投影式を導出する．

なお，正角図法は数学的には曲面から平面への等角写像 (conformal mapping) である．等角写像を 2 変数関数の組 $u(x,y)$, $v(x,y)$ で表したとき，これらの関数はコーシー–リーマン方程式 (Cauchy–Riemann equations) $\partial u/\partial x = \partial v/\partial y$,

$\partial u/\partial y = -\partial v/\partial x$ を満たすことはよく知られているが,経緯度を独立変数として扱う場合にこの方程式をそのまま適用してはならないことに注意する必要がある.なぜなら,緯度差 $\Delta\phi$ に対応する球面上の距離は $R\,\Delta\phi$ だが,経度差 $\Delta\lambda$ に対応する距離は $R\,\Delta\lambda\,\cos\phi$ であって比率が異なるからである.経緯度を独立変数にする場合のコーシー–リーマン方程式は $(1/\cos\phi)\partial u/\partial\lambda = \partial v/\partial\phi, \partial u/\partial\phi = -(1/\cos\phi)\partial v/\partial\lambda$ となる (地球を球として扱う場合).ただし,ここで u と v は投影された平面の座標とする.あるいは $\mathrm{d}q = (1/\cos\phi)\mathrm{d}\phi$ で定義される等長緯度 q を用いて $\partial u/\partial\lambda = \partial v/\partial q, \partial u/\partial q = -\partial v/\partial\lambda$ と表すことができる (Snyder, 1987, pp.27–28).地図投影式がこれらのコーシー–リーマン方程式を満たすことが正角図法であることの必要十分条件である.なお,ここでは簡単のために球に対する数式で記述したが等長緯度は回転楕円体として扱う場合に用いられることが多い.回転楕円体の等長緯度については 8.3.3 項参照.

4.2 正角図法の性質と用途

　正角図法は球面上の角度が地図平面上に正しく表される投影法である.別の言い方をすると球面上の微小図形が平面に相似形に投影される投影法である.

　角度に関係する性質を保存するものには正角図法のほかに方位図法があり,ときに混同されることがあるので,両者の違いを再確認しておこう.正角図法と方位図法の特徴は大きく二つの点で異なる.まず,方位図法は距離にかかわらず隔たった点間の位置関係に関して,ある特定の点からほかの任意の点に向かう方位が正しいという性質を有する.これに対して,正角図法は局所的な形状が相似形に表されるのであって遠く隔たった 2 点がどのような位置関係になるかということとは直接には関係がない.次に,方位図法は特定の点からの方位だけが正しく表されるが,正角図法は球面上のあらゆる点 (1～2 点の例外を除く) において角度が正しく表される.

　このような性質をもった正角図法はどのような用途の地図に役立つかを考える.第 1 に角度の関係が正しいことから,天気図の風向のように各点で方向をもった量を表すのに適している.第 2 に,小さな範囲では図形は相似形に表され形状のひずみがないので,地形図など中・大縮尺図に適している.第 3 に,各点において長さのひずみはあってもこれが方向によらないからひずみの解析が容易であり,測量に際しての図形の計算に便利である.このため測量計算を平面直角座標系で行うための投影には正角図法を用いる.第 4 に,メルカトル図法の重要な利用法であった航海用の地図への利用がある.昔は羅針盤 (コンパス) を用いてつねに船の向かう方位を一定に保つ航法がとられた.この航法による船の移動の軌跡を航程線 (loxodrome または rhumb line,等角航路ともいう) といい,これがメルカトル図法では出発地と目的地を直線で結んで得られることは大きな利点であった.このほか,地図上である点から発した方位線が任意の地点で経線となす角からその地点での方位角を読

4.3 ◆ 主要な正角図法の投影式の導出

4.3.1 ◆ メルカトル図法

微小な緯度差 $d\phi$, 経度差 $d\lambda$ に対応する経線方向と緯線方向の球面上の距離, およびこれに対応する地図上での距離を以下のように表の形に整理する. これらの間に比例関係が成立することが必要なので, 最初の方程式が導かれる.

	地球上	地図上
経線方向	$R\,d\phi$	dy
緯線方向	$R\cos\phi\,d\lambda$	$R\,d\lambda$

$$\frac{dy}{R\,d\lambda} = \frac{R\,d\phi}{R\cos\phi\,d\lambda}$$

これを整理して, $\phi = 0$ のときに $y = 0$ の条件で積分することにより $y = R\int_0^\phi (1/\cos\theta)d\theta = R\log[\tan(\phi/2 + \pi/4)]$ を得る.

積分の計算は以下に示すように多少工夫を要するが, 逆に最右辺を微分して $1/\cos\phi$ になることを確かめれば, 積分に間違いがないことが確認でき, またこれを逆にたどることで計算の流れがわかる. なお, 本書では $\log$ は自然対数を表す.

x 座標は, 中央経線からの経度差を λ として $x = R\lambda$ で与えられる. これは赤道を標準緯線とする接円筒図法に共通のものである.

$\int_0^\phi (1/\cos\theta)d\theta$ の計算

(1) sine の倍角公式を利用する方法

$$\int_0^\phi \frac{d\theta}{\cos\theta} = \int_0^\phi \frac{d\theta}{\sin(\theta+\pi/2)} = \int_0^\phi \frac{d\theta}{2\sin(\theta/2+\pi/4)\cos(\theta/2+\pi/4)}$$

$$= \frac{1}{2}\int_0^\phi \left[\frac{\cos(\theta/2+\pi/4)}{\sin(\theta/2+\pi/4)} + \frac{\sin(\theta/2+\pi/4)}{\cos(\theta/2+\pi/4)}\right]d\theta$$

$$= \left[\log\sin\left(\frac{\theta}{2}+\frac{\pi}{4}\right) - \log\cos\left(\frac{\theta}{2}+\frac{\pi}{4}\right)\right]_0^\phi$$

$$= \left[\log\tan\left(\frac{\theta}{2}+\frac{\pi}{4}\right)\right]_0^\phi$$

$$= \log\tan\left(\frac{\phi}{2}+\frac{\pi}{4}\right)$$

(2) $t = \sin\theta$ の変数変換を用いる方法

$$\int_0^\phi \frac{d\theta}{\cos\theta} = \int_0^\phi \frac{\cos\theta\,d\theta}{\cos^2\theta} = \int_0^\phi \frac{\cos\theta\,d\theta}{1-\sin^2\theta} = \int_0^{\sin\phi} \frac{dt}{1-t^2}$$

$$= \int_0^{\sin\phi} \frac{dt}{(1+t)(1-t)} = \frac{1}{2}\int_0^{\sin\phi}\left(\frac{1}{1+t} + \frac{1}{1-t}\right)dt$$

$$= \frac{1}{2}[\log(1+t) - \log(1-t)]_0^{\sin\phi}$$

$$= \frac{1}{2}\log\frac{1+\sin\phi}{1-\sin\phi}$$

$$= \frac{1}{2}\log\frac{1-\cos(\phi+\pi/2)}{1+\cos(\phi+\pi/2)}$$

$$= \frac{1}{2}\log\frac{\sin^2(\phi/2+\pi/4)}{\cos^2(\phi/2+\pi/4)}$$

$$= \log\tan\left(\frac{\phi}{2}+\frac{\pi}{4}\right)$$

数式の5行目から6行目へは sine と cosine の半角公式を用いた. なお, メルカトル図法の数式としては最後の $\log\tan(\phi/2+\pi/4)$ の形だけではなく, 4行目の $(1/2)\log[(1+\sin\phi)/(1-\sin\phi)]$ の形のまま用いられることもある. さらに, これを $\tanh^{-1}(\sin\phi)$ の形に表すこともできる. なお, $\tanh$ は双曲線関数の一種の双曲線正接関数で, $\tanh^{-1}$ はその逆関数, すなわち逆双曲線正接関数である. この変形は次のように行う. 次の数式で e は自然対数の底である. $w = \tanh\nu = (e^\nu - e^{-\nu})/(e^\nu + e^{-\nu}) = (e^{2\nu}-1)/(e^{2\nu}+1)$ を $e^{2\nu}$ について解いて

$$e^{2\nu} = \frac{1+w}{1-w} \qquad \therefore \nu = \frac{1}{2}\log\frac{1+w}{1-w}$$

一方, $\nu = \tanh^{-1} w$ だから

$$\frac{1}{2}\log\frac{1+w}{1-w} = \tanh^{-1} w \qquad \therefore \frac{1}{2}\log\frac{1+\sin\phi}{1-\sin\phi} = \tanh^{-1}(\sin\phi)$$

すなわち, メルカトル図法において緯度 ϕ の緯線の y 座標を表す数式は次のいずれを用いてもよい.

$$y = R\log\left[\tan\left(\frac{\phi}{2}+\frac{\pi}{4}\right)\right] = \frac{R}{2}\log\frac{1+\sin\phi}{1-\sin\phi} = R\tanh^{-1}(\sin\phi)$$

4.3.2 ◆ 平射図法

平射図法はもともと球面上の1点からその対蹠点で接する平面に投射図法で投影して得られる図法であるが, ここでは正角の方位図法という条件から数式を導く. 結果としてこれが幾何学的に投射図法で導いた式と同じになることは後で説明する.

地球上での緯度 ϕ の平行圏の半径は $R\cos\phi$ であるが, これが地図上に半径 r の円として投影される. この緯線半径 r を緯度 ϕ の関数として表したい. 微小経緯度差 $d\lambda, d\phi$ に対する地球上と地図上のそれぞれの距離は次の表のようになる. ただし, 経線方向の地球上の距離は, 北極から遠ざかる方向を正としているので負号が付いている.

	地球上	地図上
経線方向	$-R\,d\phi$	dr
緯線方向	$R\cos\phi\,d\lambda$	$r\,d\lambda$

$$\frac{dr}{r\,d\lambda} = -\frac{R\,d\phi}{R\cos\phi\,d\lambda}$$

$$\frac{dr}{r} = -\frac{d\phi}{\cos\phi}$$

この両辺を積分して $\log r = -\log[\tan(\phi/2 + \pi/4)] + C$ を得る．ただし，C は積分定数である．$C = \log A$，すなわち $A = e^C$ とし，$1/\tan(\phi/2 + \pi/4) = \tan(\pi/4 - \phi/2)$ であることに注意して，$r = A\tan(\pi/4 - \phi/2) = A\tan(p/2)$ を得る．ここで $p = \pi/2 - \phi$ を余緯度 (colatitude) といい，北極で 0，赤道で $\pi/2$ (90°)，南極で π (180°) の値をもつ．北極において線拡大率を 1 とする条件は，$dr/dp|_{p=0} = R$ である．r の式を微分してそれを R に等しいとおくと $dr/dp|_{p=0} = A/2 = R$ から $A = 2R$，すなわち $r = 2R\tan(\pi/4 - \phi/2) = 2R\tan(p/2)$．

方位図法や円錐図法の計算では緯度を用いるより余緯度を用いたほうが数式の表現や計算が簡単になることが多い．以上の計算においてもはじめから余緯度 p を用いて計算することができる．この場合 p の増加する方向が地図の緯線半径 r の増加する方向であるから，最初の条件式は $dr/r = dp/\sin p$ である．これの右辺の積分は

$$\int \frac{dp}{\sin p} = \int \frac{dp}{2\sin(p/2)\cos(p/2)} = \int \frac{\cos(p/2)\,dp}{2\sin(p/2)\cos^2(p/2)}$$

$$= \int \frac{1}{\tan(p/2)} \cdot \frac{dp}{2\cos^2(p/2)} = \int \frac{dt}{t} = \log t$$

$$= \log \tan \frac{p}{2} + C \qquad (C \text{ は積分定数})$$

ただし，計算の途中で $t = \tan(p/2)$ とおいた．これから，$r = A\tan(p/2)$ が得られる．これ以下の計算は同じである．

以上は，方位図法に正角図法であるという条件を与えて投影式を導出したものである．その結果得られた式は，南極に光源を置いて北極に接するように置いた平面に投射図法で投影する平射図法の式になっていることが図 4.2 の図解からわかる．なお，地球を回転楕円体として扱うときは，このような投射図法で正角図法が得ら

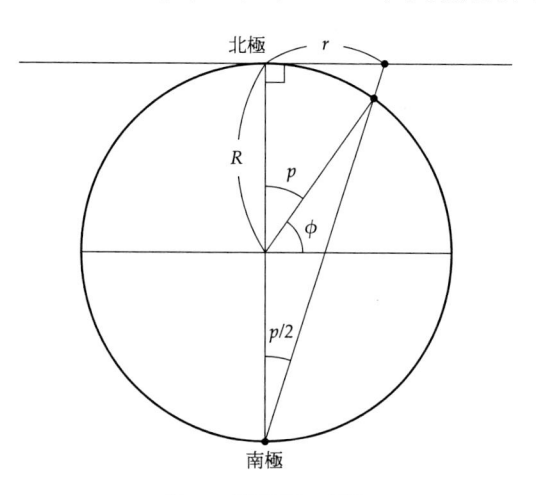

図 4.2 平射図法の図解

れるわけではなく，むしろ正角方位図法として得られる投影を，平射図法といっている．

4.3.3 ◆ ランベルト正角円錐図法

5.1 節で詳しく述べるが，円錐図法では，地図上で 2 本の経線がなす角 m はその経度差 λ に比例する．すなわち，$m = k\lambda \, (0 < k < 1)$ と書くことができる．k を円錐図法の係数という．

	地球上	地図上
経線方向	$-R\,\mathrm{d}\phi$	$\mathrm{d}r$
緯線方向	$R\cos\phi\,\mathrm{d}\lambda$	$rk\,\mathrm{d}\lambda$

$$\frac{\mathrm{d}r}{rk\,\mathrm{d}\lambda} = -\frac{R\,\mathrm{d}\phi}{R\cos\phi\,\mathrm{d}\lambda}$$

$$\frac{\mathrm{d}r}{r} = -\frac{k\,\mathrm{d}\phi}{\cos\phi}$$

この両辺を積分すると，$\log r = -k\log[\tan(\phi/2 + \pi/4)] + C$ を得る (C は積分定数)．これから，先の平射図法の式と同様に $C = \log A$，$p = \pi/2 - \phi$ とおいて

$$r = A\left(\tan\frac{p}{2}\right)^k$$

を得る．

まず，2 標準緯線のランベルト正角円錐図法について考えよう．一般に，円錐図法では標準緯線の余緯度を p_1, p_2，これに対応する円錐の母線の長さをそれぞれ r_1, r_2 とすると $k = R\sin p_1/r_1 = R\sin p_2/r_2$ の関係がある (5.1 節参照)．これから，円錐図法の係数 k を求める．後半の等式 $R\sin p_1/r_1 = R\sin p_2/r_2$ に，$r = A[\tan(p/2)]^k$ において標準緯線の余緯度を代入した式を代入すると $\sin p_1/[\tan(p_1/2)]^k = \sin p_2/[\tan(p_2/2)]^k$ となる．この両辺の対数をとって $k[\log\tan(p_1/2) - \log\tan(p_2/2)] = \log\sin p_1 - \log\sin p_2$ を得る．ゆえに，$k = (\log\sin p_1 - \log\sin p_2)/[\log\tan(p_1/2) - \log\tan(p_2/2)]$ が得られる．

次に前半の等式 $k = R\sin p_1/r_1$ に $r_1 = A[\tan(p_1/2)]^k$ を代入して，A について解けば，$A = R\sin p_1/\{k[\tan(p_1/2)]^k\}$ が得られる．よって，ランベルト正角円錐図法の緯線半径式は $r = R\sin p_1[\tan(p/2)]^k/\{k[\tan(p_1/2)]^k\}$ となる．ただし，k には先に求めた値を代入する．

1 標準緯線の場合は，その緯度を ϕ_0 (余緯度を p_0) として $k = \sin\phi_0 = \cos p_0$ である．このことは，2 標準緯線の場合の k の式において，$p_2 \to p_1 = p_0$ の極限をとれば確かめられる．単純に $p_1 = p_2$ を代入すると分母分子ともに 0 になって値が求まらないが，このような場合は分母と分子をそれぞれ p_2 で微分し (p_1 を固定して p_2 を p_1 に近づけると考えた場合)，しかる後に極限をとればよい (ロピタルの定理)．1 標準緯線の場合も，地図上の標準緯線の半径を r_0 として $k = R\sin p_0/r_0$ が成り立つので，

$r = A[\tan(p/2)]^k$ の係数 A が $A = R\sin p_0/\{k[\tan(p_0/2)]^k\}$ と求まる．ゆえに $r = R\sin p_0[\tan(p/2)]^k/\{k[\tan(p_0/2)]^k\} = R\tan p_0[\tan(p/2)]^k/[\tan(p_0/2)]^k$ となる．なお，最後の式への変形には $k = \cos p_0$ を代入した．

4.4 その他の正角図法

　以上では，代表的な三つの正角図法の投影式を導いた．これら以外の正角図法としては使用頻度は低いがラグランジュ図法 (5.6.2項参照), リットロウ図法【注1】, アイゼンロール図法【注2】などそれぞれ特徴があり理論的な興味のもたれる図法が知られている．また，メルカトル図法など上記で説明した図法の横軸法，斜軸法の図法も当然正角図法である．とくに，横メルカトル図法は各国の地形図の投影などに広く用いられている．

　さらに，地図平面を複素平面と考えて，複素数の関数による変換を考えると正則関数 (複素平面のある領域の各点で複素関数として微分可能な関数) による変換は平面の等角写像 (曲面から曲面への写像で，各点における角が保存されるもの) を与えることが知られているから，メルカトル図法や平射図法でまず球面あるいは楕円面を平面に正角投影した上で，正則関数による平面の等角写像変換を行うことにより，さまざまな正角図法の投影法を得ることができる【注3】．地図投影への実用としては，ある線に沿って正距の条件を与えた正角図法を構築し，対象地域のひずみを抑えることが行われる．ガウス–クリューゲル図法もこの原理を応用したものである．このほか，ロシアの数学者チェビシェフ (P. L. Chebyshev, 1821–94) が，正角図法においてある領域が一定の縮尺の線で囲まれているとき，その領域内での縮尺係数の変動が最小に抑えられることを1856年に発表 (ロシアの数学者グラーヴェ (D. A. Grave) とコルキン (A. N. Korkin) が1894年に証明) している (コルモゴロフ・ユシュケビッチ編, 2009).

　特別な分野への応用としては，宇宙斜軸メルカトル図法 (space oblique Mercator projection, SOM projection) が有名である．これはランドサットなどの地球観測衛星の画像を表現するために，米国地質調査所のコルヴォコレセス (Alden Partridge Colvocoresses, 1918–2007) の提案に基づきスナイダー (John Parr Snyder, 1926–97) が投影式を開発したものである．多くの地球観測衛星はその法線が地軸と約100°の傾きをなす軌道面に沿って地球のまわりを回転している．衛星画像をできるだけひずみの少ない投影法で表現するために，衛星の地表直下軌跡にそって正距で衛星画像の観測幅 (ランドサットでは185km) の帯状の領域を連続的に表すことができ，この範囲では正角となる投影法が求められた．衛星の地表直下軌跡は，地球の自転のため衛星が1回公転している間に徐々に西にずれていくために，この投影法は単純な斜軸メルカトル図法にはならない．SOM図法は地球を回転楕円体として扱い，

衛星軌道も楕円軌道として扱って，衛星軌跡にそっては正距で，正角性は100万分の1の数倍以内という精度を達成した (Snyder, 1981).

◆◆ 第4章の注

【注1】　リットロウ図法 (Littrow projection) は，J. J. von Littrow (1781–1840) が1833年に発表した投影法で，正角図法でありかつ逆方位図法 (retroazimuthal projection) の1種である．ふつうの方位図法では地図の中心の1点からほかの任意の点に向かう方位が正しく表されるのに対して，逆方位図法では地図上の任意の点から地図の中心の1点に向かう方位が表現される．この意味を理解するには，球面上では点Aにおいて点Aから点Bに向かう方位が北から測ってθであったとしても，点Bにおいて点Bから点Aに向かう方位は一般には$\theta + 180°$とならないことに注意する必要がある．逆方位図法は，地球上の任意の点からある特定の地点 (これを地図の中心に表す) に向かう方位が，地図上で当該点から地図の中心に向かう直線が地図の縦座標軸となす角に等しく表されるという性質を有する投影法である．リットロウ図法では緯線は赤道上で中心からそれぞれ経度が90°隔たった点を焦点とする楕円，経線は同じ点を焦点とする双曲線になる．

【注2】　アイゼンロール図法 (Eisenlohr projection) は，正角性の破れる特異点なく全球面を投影し，かつ全体的なひずみを最小にする投影法として知られている．F. Eisenlohr (1831–1904) が1870年に発表した．

【注3】　メルカトル図法と平射図法の間も，正則関数による変換で関係付けられる．平射図法に複素数の関数としての対数関数を施せばメルカトル図法が得られ，メルカトル図法に指数関数を施せば平射図法が得られる．

CHAPTER 5

地図投影法各論

　本章では比較的よく用いられる地図投影法について，個々にその特徴や投影式を記すことにする．円筒図法・円錐図法・方位図法という幾何的構成方法による分類に従って記述することが便利でありわかりやすいので，以下では最初に円筒図法・円錐図法・方位図法それぞれの投影式の一般的な形を説明したあと，それぞれの分類ごとに記述する．擬円筒図法に属する投影法は，種類が多く，またよく用いられるものも多いので，円筒図法の次に節を設けて記述した．そして，最後にこれらの分類に属さない投影法のうち比較的よく知られているものを「その他の投影法」として記述した．

　なお，以下本書ではとくに明記する場合以外は正軸法の投影法について記述する．

5.1 円筒図法・円錐図法・方位図法についての概論

　円筒図法・円錐図法・方位図法によって地球の経緯線網が地図平面にどのような図形として投影されるかを考えてみよう．

　正軸法では，円筒や円錐の軸が地球の自転軸，すなわち北極と南極を結ぶ地軸と一致するように円筒や円錐を置く．ここでは，円筒は赤道に，円錐はある一つの緯線に接するように置かれていると考えることにする (接円筒図法，接円錐図法)．方位図法の場合は一方の極 (たとえば北極) で地球に接するように平面を位置させるとする．以下，本書では記述の便宜上，とくに断りのない限り正軸円錐図法において円錐の頂点は北極側 (地球中心から地軸に沿って北極に向かう方向で北極よりも遠い位置) に置き，正軸方位図法において平面の接点は北極であるとする．

　円筒や円錐，あるいは平面と地球とのこの状況の立体図形を考えると，これらはすべて地軸のまわりに地軸を境界とする半平面内の直線と半円を回転させて得られる図形であるから，地軸を含む断面はすべて同じである (図 5.1)．そこで，これらの図法では以下のことを前提とする．(1) 地球上の点と対応する投影面上の点は同じ断面内にある．(2) 半円と半直線の対応はすべての半平面上で同じである．よって，球面上の点が円筒面や円錐面のどこに投影されるかは，地軸を境界とする半平面による断面内で，半円上の点が円筒や円錐の母線となる直線上のどの点に投影されるかを考えるだけでよい．方位図法についてはこの断面内で極から地軸に垂直に伸びる半直線上のどの点に投影されるかを考えればよい．地球上の子午線はこの断面に含まれるから，これらの投影法において経線がすべて直線となることがわかる．また，接円筒・接円錐・接方位図法では (3) 半円と半直線の接点では，半円上の接点

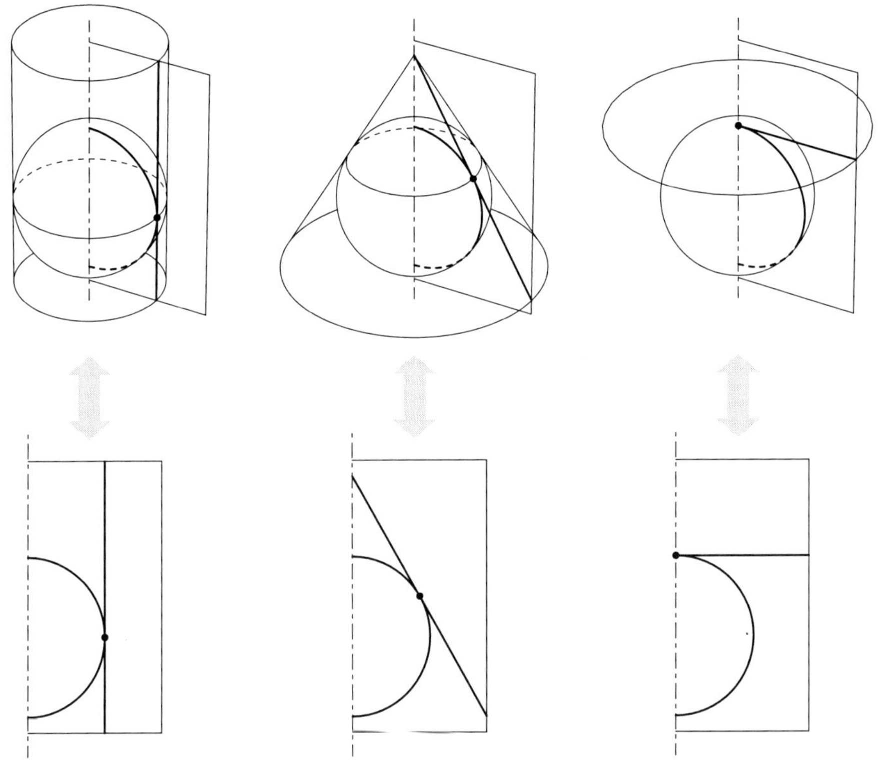

図 5.1 円筒図法・円錐図法・方位図法の地軸を境界とする半平面による断面で表した概念図 (半円で表した地球上の点が直線上のどの点に投影されるかで投影法が決まる)

が半直線上の接点の位置に投影される，ことも前提としている．

　円筒図法では経線はすべて赤道に垂直で互いに平行である．また，等しい経度間隔の経線は地図上で等間隔に位置する．ある緯度の点が平面上に投影される位置は赤道が投影された直線からの距離として与えられる．これは経度によらないから，緯線は赤道に平行な直線となる．円筒図法では一般にすべての緯線が赤道に平行な同じ長さの直線として表される．極を表現することができないメルカトル図法や心射円筒図法を除き，極も赤道と同じ長さの直線として地図上に表される．

　数式で表すと，地球の半径を R，緯度を ϕ，中央経線からの経度差を λ，地図平面の座標を x, y として，円筒図法で投影式は一般に

$$\begin{cases} x = R\lambda \\ y = f(\phi) \end{cases}$$

と表される．ただし，数式において角度の単位はラジアンとする．地図座標の原点 $(0,0)$ はふつう中央経線と赤道の交点に置くので，$f(0) = 0$ とする．この式はいわゆる接円筒図法の場合の式で，標準緯線の緯度が ϕ_0 のときは x 座標の式が $x = R\lambda \cos\phi_0$ に変わり，y についての式の関数もこれに応じて変わる．また，円筒図法においてはふつう北半球と南半球は赤道に関して対称に投影されるから，関数 $f(\phi)$ は奇関数である．$y = f(\phi)$ の絶対値は赤道からの緯度 ϕ の緯線までの距離を表すので，$y = f(\phi)$ のことを緯線距離式という．円筒図法は，緯線長が正しく表さ

れる緯線の緯度と緯線距離式により，投影が定まる．

円錐図法では，円錐を切り開いた状況を考えるとわかるように，経線は円錐の頂点から放射する直線群 (円錐の頂点を通る直線群) となることがわかる．このとき二つの経線のなす角は，地球上での経度差に比例するが経度差よりも必ず小さい．地図上での二つの経線のなす角と地球上での経度差の比例係数 k は円錐図法の係数 (cone constant) と呼ばれ，$0 < k < 1$ である．緯線はこの円錐頂点を中心とする同心円弧となる．各緯度に対して緯線が円錐の頂点からどの距離に位置するか，すなわち緯線の半径を表す関数 $r(\phi)$ と，定数 k によって個々の円錐図法は決定される．なお，必ずしも地球の極が円錐の頂点に対応するわけではなく，極が一つの円弧で表される図法は多い．

円錐図法の係数は，円錐の傘の開きに対応する，円錐の母線が回転軸となす角 (円錐の半頂角) θ と $k = \sin\theta$ の関係にある．なぜなら，円錐の母線の長さを r とすると底面の円の周長は $2\pi r \sin\theta$ である．円錐を一つの母線で切って平面に展開してできる扇形の円弧の長さは，半径 r の全円の円周に対する比が k であるから $2\pi k r$ である．これが円錐の底円の周長に等しいので $2\pi k r = 2\pi r \sin\theta, \therefore k = \sin\theta$．

接円錐図法では θ は標準緯線の緯度 ϕ_0 に等しい (図 5.28 参照) ので $k = \sin\phi_0$ の関係にある．このことは，球に接する円錐の地軸を含む断面の幾何を考えればわかる．

2 標準緯線の図法ではこのような幾何的な考察から k あるいは θ を決めることはできず，標準緯線では長さが正しく表されるという条件と緯線半径式 $r(\phi)$ との関係で決定される．標準緯線で長さが正しく表される条件を数式で書くと，$kr_0 = R\cos\phi_0$ となる．なぜなら，図上で経度差 λ に対応する緯線円弧の長さは $k\lambda r$ であり，地球上でのその長さは緯線半径に経度差を掛けて $R\lambda\cos\phi_0$ である．標準緯線での値に添え字 0 を付けて表し，これらを等しいとおくと $kr_0 = R\cos\phi_0$ を得る．

正積図法や正角図法の条件から導かれる $r(\phi)$ の式には積分定数に由来する不定の定数があるので，標準緯線の緯度を ϕ_1 および ϕ_2，地球の半径を R として，$kr(\phi_1) = R\cos\phi_1$ と $kr(\phi_2) = R\cos\phi_2$ の二つの式を連立させて k と $r(\phi)$ 中の定数を同時に決定することになる．この計算は，4.3.3 項で 2 標準緯線ランベルト正角円錐図法について具体的に示した．アルベルス正積円錐図法の数式の計算は後に示す．

円錐図法の数式は，円錐図法の係数 k と各緯度に対応する緯線の半径を表す緯線半径式 $r(\phi)$ によって定まる．地図上の直交座標 x, y との関係式も併せて示すと

$$\begin{cases} r = r(\phi) \\ x = r\sin(k\lambda) \\ y = -r\cos(k\lambda) \end{cases}$$

となる．ただし，上の式では座標原点は緯線同心円弧の中心に置かれており，この中心から下方に中央経線が描かれるとしている (標準緯線が南半球にある場合については，5.4.5 項参照)．y 座標の負値を避けるために適当な正定数 y_0 を y 座標に

加えて $y = -r\cos(k\lambda) + y_0$ としてもよい．

　方位図法は円錐図法と同様に経線が1点から放射する直線群で，緯線はこの点を中心とする同心円である．円錐図法とは異なり，図上で二つの経線がなす角は地球上での経度差に等しい．それで，この中心からの方位が正しく表されるのである．方位図法は，円錐図法において $k = 1$ となった極限の場合であり (ちなみに円筒図法は $k \to 0$ の極限に相当する．)，また，必ず極が中心に表現される ($r(\pi/2) = 0$) ので，円錐図法よりも簡単である．正積性や正角性を満たすような緯線半径式を積分を使って求めることは容易である．方位図法は緯線半径式 $r(\phi)$ によって定まる．数式として整理すると，

$$\begin{cases} r = r(\phi) \\ x = r\sin\lambda \\ y = -r\cos\lambda \end{cases}$$

である．原点はふつう緯線同心円の中心に置く．方位図法ではこの中心においてひずみがなく，この点を地図主点という．ただし，UPS図法 (5.5.3項参照) のように地図全体として長さひずみを減少させる目的で，平面に投影された座標全体に1より小さい正定数を掛けて，中心ではなく特定の緯線で長さひずみをなくす (線拡大率が1になる) ようにする場合がある．このときは，この緯線が標準緯線となる．

　円錐図法と方位図法では，数式で表す上で，緯度 ϕ ではなく $p = \pi/2 - \phi$ で定義される余緯度 p を用いるほうが便利なことがありよく用いられる．北極 ($\phi = \pi/2$) から南極 ($\phi = -\pi/2$) まで動くとき，p は0から π まで変化する．

5.2 円筒図法に属する各種投影法

5.2.1 正距円筒図法 (equidistant cylindrical projection)

経線が正距となる円筒図法．赤道を標準緯線とする接円筒図法の場合は，経緯線網の形状が正方格子となるので正方形図法 ((仏) plate carrée) ともいう．極は赤道と同じ長さの直線として地図上に表される．地図上の単位を長さではなく経緯度の角度にすれば，経緯度をそのまま地図上の x, y 座標と見なした投影と見ることもできる．GIS で「地図投影なし」の緯度経度座標で地図を表示すれば，この図法と相似になる．正積でも正角でもないが，投影法としてもっとも単純であり，世界全体を表示した索引図的な用途には今日もよく用いられる．

$$x = R\lambda$$
$$y = R\phi$$

なお，赤道以外を標準緯線にすると，標準緯線の緯度を ϕ_0 として数式は，

$$x = R\lambda\cos\phi_0$$
$$y = R\phi$$

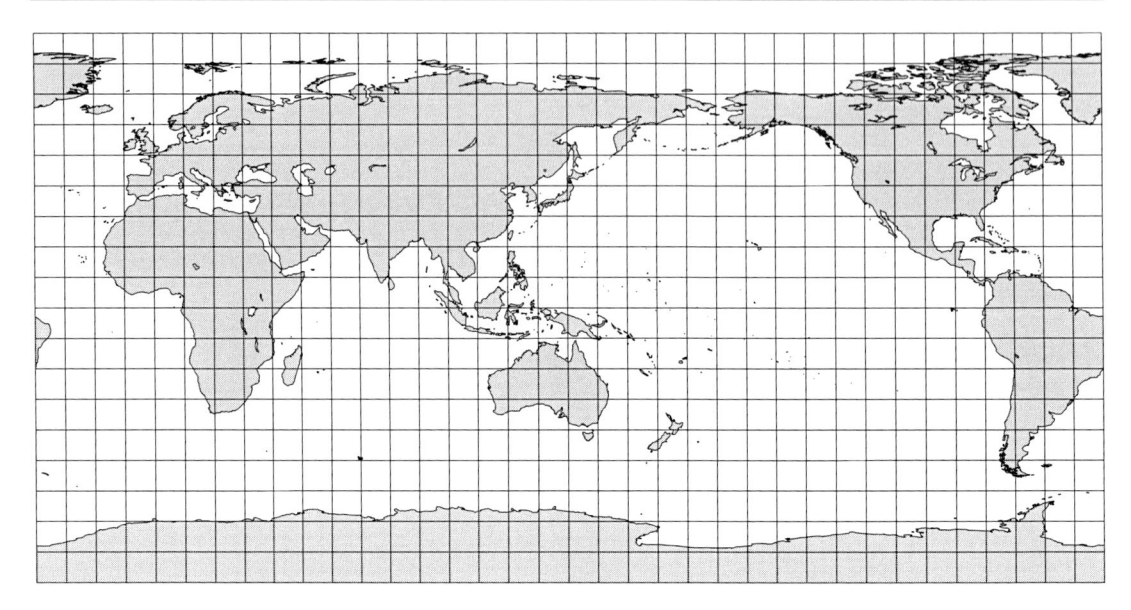

図 5.2　正距円筒図法による世界地図 (経緯線網は 10° 間隔，中央経線は 140°E)

となる．経緯線網の形状が縦長の長方形となるので，長方形図法 (equirectangular projection) という．

　正方形図法や長方形図法はもっとも古くから知られていた地図投影法の一つであり，2 世紀のプトレマイオスは広い範囲では球面上の距離関係が正しく保たれないとして長方形図法を批判している．しかし，長方形図法は経線と緯線が互いに直交する直線であるため地図描画のための座標計算もごく単純であり，かつ標準緯線の近傍ではひずみが小さいので局所領域の簡便な地図描画手法として今日も用いられる機会は多い．

5.2.2　メルカトル図法 (Mercator projection)

　正角の円筒図法である．1569 年にゲラルドゥス・メルカトルが出版した世界地図にはじめて用いた．航程線が地図上で直線として表されることが大きな特長であり，このことから出発地と目的地を直線で結ぶことにより航程線が得られ，これが子午線と交わる角度 (これを舵角という) を求めることができる．この特長から海図の標準的な図法とされている．低緯度地方に対して高緯度地方の面積が大幅に拡大され，また両極は表現できないので世界全図には適さない．なお，メルカトルの 1569 年の地図は世界を表現の対象としているため世界地図と呼ばれているが，投影法の性質から当然両極を含む高緯度地方はこの図法による主図には表示されておらず，主図には北緯約 80° から南緯約 66° の範囲が描かれている．ただし，北極地方は挿入図の形で方位図法で描かれている．

　この投影法の原理は，地球上では同じ経度差に対応する子午線間の緯線の長さが緯度を ϕ として $\cos\phi$ に比例するのに対し，地図上の経線間隔は円筒図法だから一定であるため，緯線が $1/\cos\phi$ 倍に拡大される．正角性を満たすためには経線も同じ割合

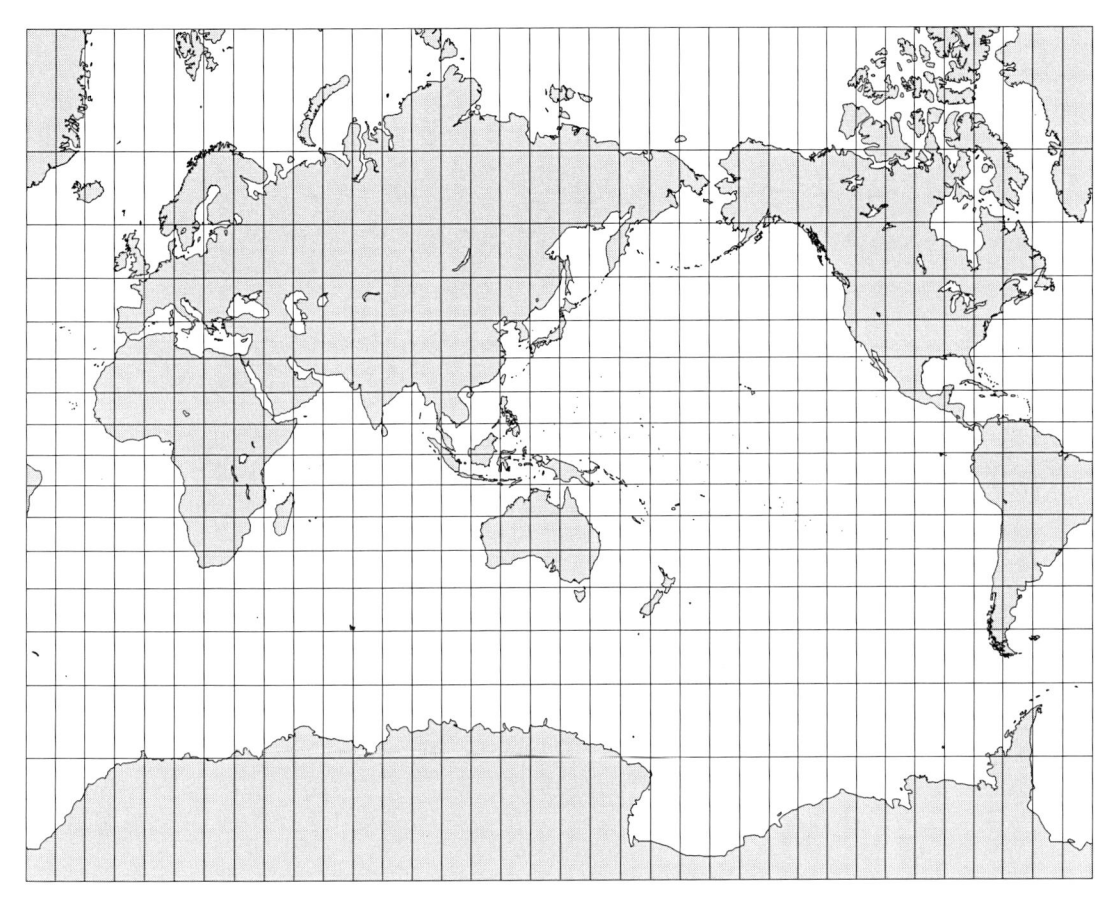

図 5.3 メルカトル図法による地図 (経緯線網は 10° 間隔,南北緯度 80° 以内の範囲,中央経線は 140°E)

で拡大しなければならないので,$1/\cos\phi$ を各緯度で積算して $y = R\int(1/\cos\phi)\mathrm{d}\phi$ として,緯度 ϕ に対応する y 座標,すなわち赤道からの緯線距離が計算される.投影式は以下のようになる.(数式の導出については 4.3.1 項 p.52 に記してある.)

$$x = R\lambda$$

$$y = R\log\left[\tan\left(\frac{\phi}{2} + \frac{\pi}{4}\right)\right] = \frac{R}{2}\log\frac{1+\sin\phi}{1-\sin\phi} = R\tanh^{-1}(\sin\phi)$$

楕円体として扱う場合の投影式は以下のようになる.楕円体に対する式の導出については第 8 章で述べる.ここで a は楕円体の赤道半径,e は離心率である.

$$x = a\lambda$$

$$y = a\log\left\{\left[\tan\left(\frac{\phi}{2} + \frac{\pi}{4}\right)\right]\left(\frac{1-e\sin\phi}{1+e\sin\phi}\right)^{e/2}\right\}$$

$$= a\tanh^{-1}(\sin\phi) - ae\tanh^{-1}(e\sin\phi)$$

メルカトル図法で航程線が直線になる理由は,(1) 円筒図法なので地図上ですべての経線が平行である.このことから,出発地と目的地の 2 点間を直線で結んだときにこの直線がすべての経線と同じ角度で交わる.(2) 正角図法であるからこの角度が地球上での角度に等しい.ゆえに地図上の直線に沿って航海すればつねに子午線

と一定の角度で交わることになるからである．なお，航程線が直線となる性質は以上の二つの条件の両方を満たしてはじめて得られるものである．メルカトル図法であっても横軸法や斜軸法にすると (2) の正角図法という性質は満たすが，(1) のすべての経線が平行直線という性質は失われるので，横メルカトル図法や斜軸メルカトル図法では航程線が直線にはならない．

航程線に沿って航海するときの距離は以下のようにして求められる．航程線が子午線となす角 (舵角) は一定であり，これを β とする．航程線に沿って微小距離 ds 進み，この間の緯度差が $d\phi$ であったとすると，$ds\cos\beta = R\,d\phi$ となる (R は地球の半径)．ゆえに距離 s は，$s = \int ds = \int_{\phi_1}^{\phi_2}(R/\cos\beta)d\phi = R(\phi_2-\phi_1)/\cos\beta$ として出発地と目的地の緯度差および舵角から計算することができる．なお，$\phi_1 = \phi_2$ のときは $\beta = \pi/2$ すなわち $\cos\beta = 0$ となってこの式では計算できないが，この場合は航程線は平行圏に沿ったものとなるので出発地と目的地の経度差および緯度から $s = R(\lambda_2-\lambda_1)\cos\phi_1$ と簡単に計算できる．ただし，λ_1 と λ_2 は出発地と目的地の経度である．完全に $\phi_1 = \phi_2$ でなくても，ϕ_1 と ϕ_2 が非常に近い値のときには $s = R(\phi_2-\phi_1)/\cos\beta$ の式で計算すると数値的に誤差が大きくなりやすいので注意が必要であり，$s = R(\lambda_2-\lambda_1)\cos\phi_1$ の式の値と比較して大きく違っていないことをチェックするほうがよい．

経緯線が直交する直線となるので図上で方位角を読み取りやすいから，中〜低緯度地域において各点で方向をもつ量を表現する用途に適している．また，赤道に近い地域ではひずみが小さいから低緯度地域を正角図法で表現するのに適している．

なお，赤道以外を標準緯線とする場合は標準緯線の緯度を ϕ_0 として，

$$x = R\lambda\cos\phi_0$$
$$y = R\cos\phi_0\log\left[\tan\left(\frac{\phi}{2}+\frac{\pi}{4}\right)\right]$$

となる．すなわち x および y 座標の双方を $\cos\phi_0$ 倍すればよく，全体が相似形に縮小される．赤道ではなく標準緯線において縮尺が正しくなるように表示すればよいのである．

この図法を発明したメルカトルは，1512 年にフランドルのルペルモンデにゲルハルト・クレメルとして生まれた．メルカトルという名前はルーヴァン大学に入学したときにクレメルをラテン語化して名乗ったものである．ルーヴァンでパレスチナの地図や地球儀を作成している．1544 年に異端として逮捕投獄されたが 7 カ月後に釈放された．1552 年にはドイツのデュイスブルクに移った．没後 1595 年に息子のルモルトによってそれまでに作成された地図を集めた地図帳が刊行された．これが世界ではじめてアトラスと名付けられた地図帳である．

図 5.4 メルカトルの肖像

1569 年の世界地図は，18 葉からなる全体で $1.3\,\mathrm{m}\times 2\,\mathrm{m}$ の大きさの地図である．表題にも航海用であることが記され，航程線を直線に表すように工夫されている．地図中に記された文章には投影法についての説明が明確とまではいえなくともなされている．メルカトルが実際に地図を作成するときに用いた方法はもちろん上記の

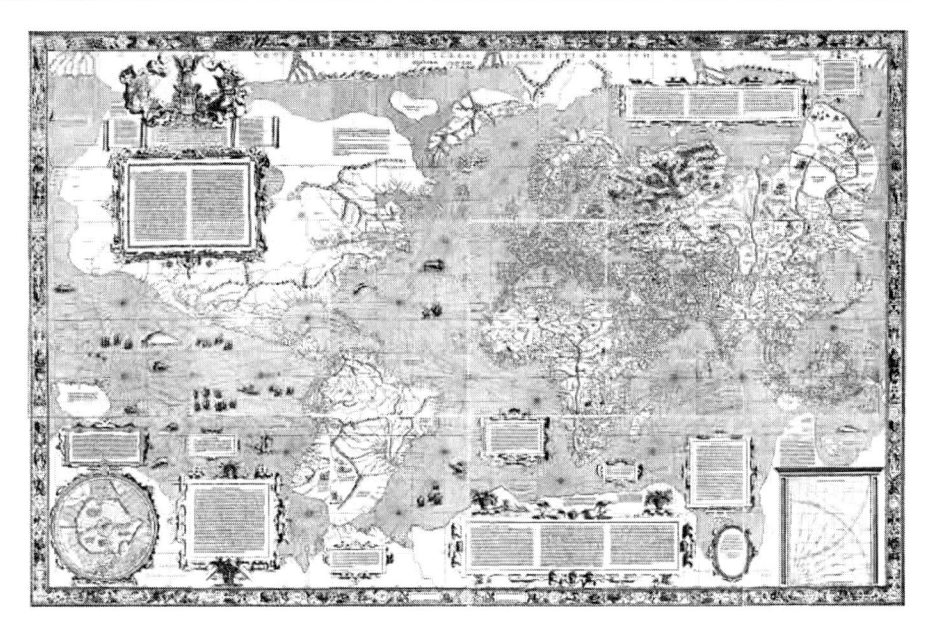

図 5.5 メルカトルの世界地図 (1569 年)

ような積分を用いた公式からの計算によるものではなく (微積分法がニュートンとライプニッツによって発見されたのは 17 世紀のことである) 何らかの図解的な方法によったものと推測されるが, メルカトルが明確な目的意識をもってこの投影法を発明したことは明らかである.

なお, メルカトル図法の原理の発見に関しては, イギリスのエドワード・ライト (Edward Wright, 1561–1615) が 1599 年に刊行した *Certaine Errors in Navigation* にその原理の説明と緯度のセカント $\sec\phi\,(=1/\cos\phi)$ を微小な角度間隔 (1′ 間隔) で足し合わせて得た緯線距離の表を与えている. これによって, メルカトル図法の地図作成に必要な知識が公開されたことは重要である. ただし, ライトは数値的な計算で緯線距離の表を作成したのであって, 今日知られているような緯線距離の数式を知っていたのではない. 一部の書籍に, ライトが積分法を用いてメルカトル図法の緯線距離式を導出した旨の誤った記述があって, 一部にこのような見方があるようなのでとくに注意しておく. ニュートンとライプニッツによる微積分の発見が 17 世紀後半であり, ライトの著書の発表が 16 世紀末であることを見ればライトが積分法を知っていたわけがないことは自明であろう. また, ライトは, この投影法の原理を誰に教えられたものでもなく自ら発明したことを主張しているが, たとえそうであったとしても, メルカトルの世界地図が発表された 1569 年にはライトはまだ少年であり, ライトより先にメルカトルが発明していることは明白である.

さらに, メルカトルの地図に先行するものとして, ニュルンベルクのエッツラウプ (Erhard Etzlaub, 1460 頃–1532) が 1511 年と 1513 年に作成した携帯日時計の蓋に描いたヨーロッパと北アフリカの範囲の地図がメルカトル図法によっているとする説がある. この地図には緯度目盛りが描かれており確かに高緯度側で緯線間隔が

拡大する図法で描かれているが，メルカトル図法の緯線間隔と正確には一致しない．また経度目盛りはなくこの地図がメルカトル図法で描かれるべき理由がない．これらのことから，エッツラウプの日時計地図がメルカトルに先行するこの図法の発明であるという説は近年の研究で否定されている (Krücken, 2005).

メルカトル図法を横軸法にした横メルカトル図法 (p.22 図 1.14 参照) は中央子午線を正距の直線に表し，この子午線に沿った南北に長い地域でひずみが小さい．地域によって中央子午線を変えることにより，それぞれの地域を低ひずみで表現できかつ正角図法であるという特徴から，楕円体に適用した横メルカトル図法は我が国の平面直角座標系や UTM 図法として測量や地形図の投影法に広く用いられている．横メルカトル図法はランベルトが 1772 年に発表した七つの投影法のうちの一つである．ランベルトはこの図法については球の場合の式を与えたにとどまり，楕円体に対する式はガウスが 19 世紀はじめに導いた．

5.2.3 ◆ ミラー図法 (Miller cylindrical projection)

アメリカのミラー (Osborn Maitland Miller, 1897–1979) が 1942 年に発表した，メルカトル図法の投影式を修正して，高緯度の拡大を緩和し極が表現できるようにした図法．

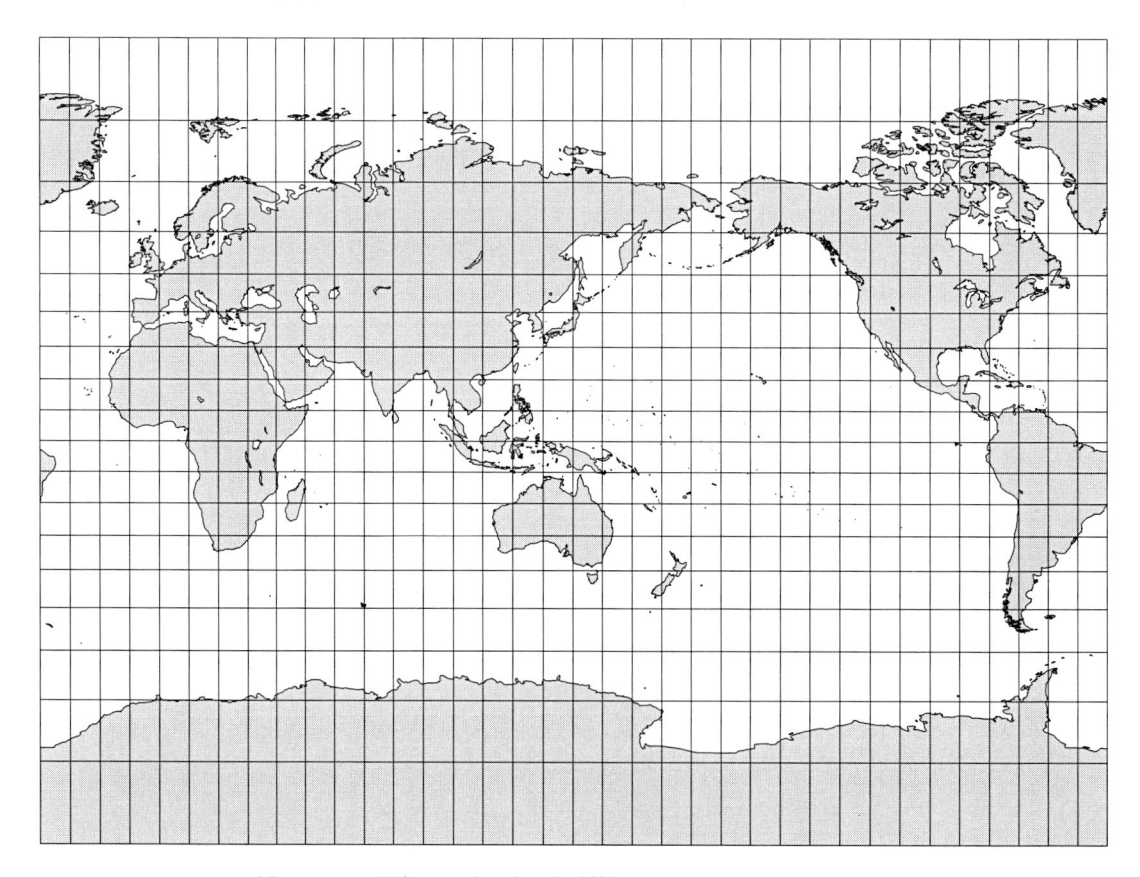

図 5.6　ミラー図法による世界地図 (経緯線網は 10° 間隔，中央経線は 140°E)

$$x = R\lambda$$
$$y = \frac{R}{0.8}\log\left[\tan\left(\frac{\pi}{4} + \frac{0.8\phi}{2}\right)\right]$$

緯線距離式からわかるように緯度を 0.8 倍し極が有限の距離に描けるようにするとともに高緯度での拡大を緩和している．一方，緯線距離を 0.8 で割って赤道における経線方向の線拡大率を 1 とし赤道でひずみがないようにしている．メルカトル図法の地図に図形形状が比較的近くかつ全世界が表現できるのが特徴である．円筒図法が適している世界各地の時差を表した地図に用いられることがある．正角でも正積でもない．

5.2.4 ◆ ランベルト正積円筒図法 (Lambert cylindrical equal-area projection)

第 3 章「正積図法の原理」で書いたように，球面上で赤道とある緯度 ϕ の緯線に挟まれる帯状の範囲の面積 $S(\phi)$ は積分を使って $S(\phi) = 2\pi R^2 \sin\phi$ と求まる．円筒図法の緯線距離式を $y = R\sin\phi$ とすることにより，全体として等しいだけではなく，任意の微小部分についても面積関係が正しく投影されるから，円筒図法でかつ正積図法という条件を満たす．これがランベルト正積円筒図法である．投影式は，

$$x = R\lambda$$
$$y = R\sin\phi$$

となる．

$y = R\sin\phi$ という式は，地軸を含む断面を考えて，地球を表す円周上の点から赤道に平行な直線を引き円筒側面と交わる点に投影することに相当するので，正射円筒図法ともいえる．この図法は，赤道付近を含む低緯度では図形形状のひずみが小さいが，中高緯度では図形の形状のひずみが大きい．とくに極の近くは著しく扁平に表される．

この投影法は，ランベルトが 1772 年に発表した七つの地図投影法の一つであるので，ランベルトの名前を冠して呼ばれている．

以上では，赤道が正しい長さで表される接円筒図法を考えたが，赤道以外の緯線

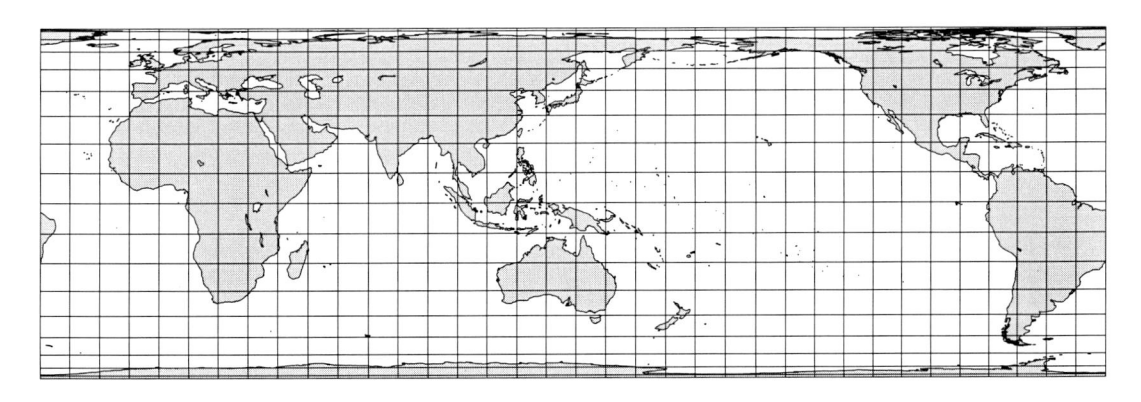

図 5.7 ランベルト正積円筒図法による世界地図 (経緯線網は 10° 間隔，中央経線は 140°E)

を標準緯線とする場合は，この緯度を ϕ_0 として，

$$x = R\lambda \cos\phi_0$$

$$y = \frac{R\sin\phi}{\cos\phi_0}$$

である．本質的にはランベルト正積円筒図法と同一の投影法であるが，発表者の名から，緯度 30° を標準緯線とするものをベールマン図法 (Behrmann projection)，緯度 45° を標準緯線とするものをゴール正射図法 (Gall orthographic projection) ないしペータース図法 (Peters projection)，ゴール・ペータース図法 (Gall–Peters projection) という．これらは標準緯線ではひずみがないが，これから離れるほど角ひずみが大きくなる．極の近くが非常に扁平に表されることは共通している．

ドイツの地理学者ベールマン (Walter Behrmann, 1882–1955) は，最大角ひずみの地図上での平均が最小になるように標準緯線の緯度を導いたとされている．

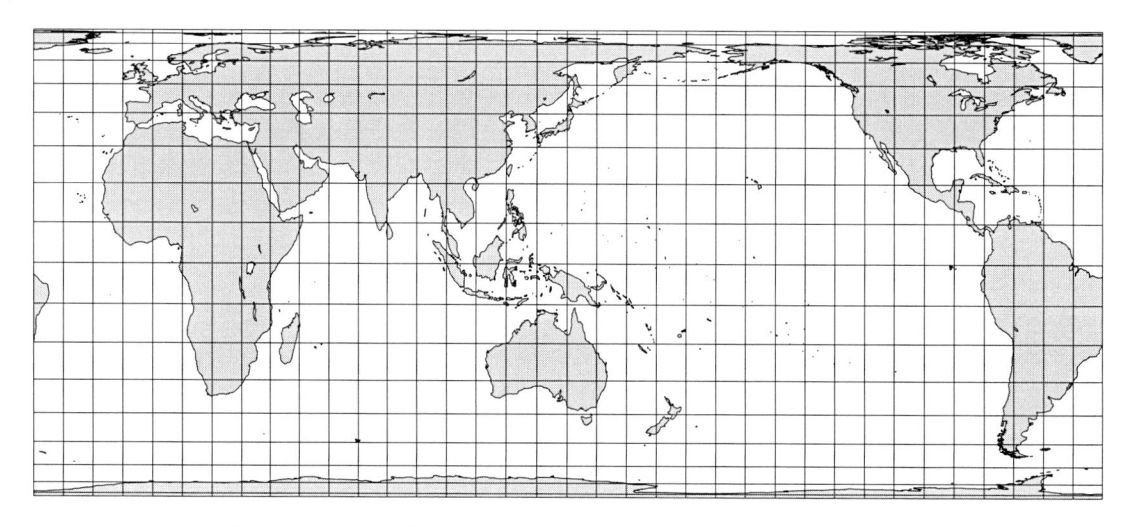

図 5.8 ベールマン図法による世界地図 (経緯線網は 10° 間隔，中央経線は 140°E)

ドイツの歴史学者・地図学者ペータース (Arno Peters, 1916–2002) は 1970 年代から，彼が発明したと主張する 45° を標準緯線とする正積円筒図法を，世界地図の投影法として用いるように強く主張した．これは，実際にはゴールが 1855 年に発表した三つの投影法 (5.2.5 項参照) の一つと同じものである．ペータースは，メルカトル図法では中高緯度地域が拡大して表示され，これが世界地図として広く用いられてきたことが先進国中心の世界観を助長したとして批判し，ペータースの図法がこれに対して低緯度地域に多い発展途上国を正しく位置づけるものと主張した．このため，一部の地図帳にこの図法が採用されるなど彼の主張に追随する一定の動きがあった．しかし，この図法は図 5.9 に見られるように低緯度地域が縦長に表現され形状のひずみが大きい．ペータースの主張は大きな論争を巻き起こし，1989 年にはアメリカ地図学会が，メルカトル図法，ペータース図法を含む円筒図法は世界地図には適さないため一般的な目的には使用しないように出版社などに呼び掛ける決

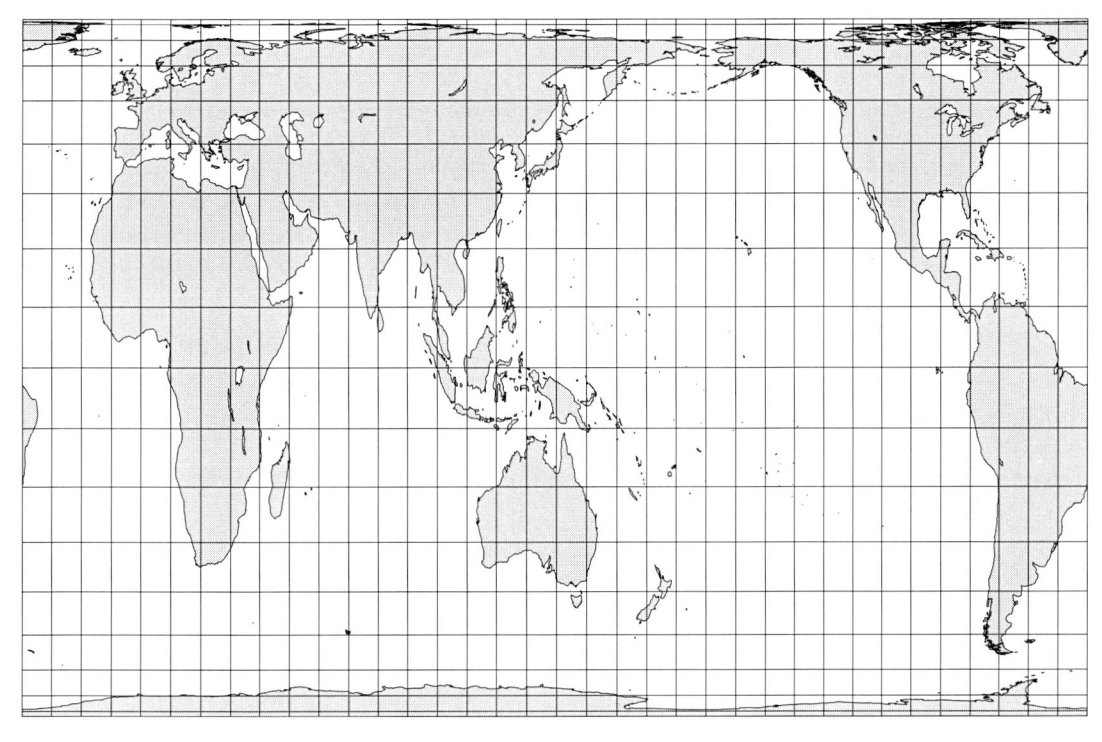

図 5.9　ゴール・ペータース図法による世界地図 (経緯線網は 10° 間隔, 中央経線は 140°E)

議を採択する事態になった.

5.2.5 ◆ ゴール図法 (Gall projection, ガル図法)

　スコットランド・エジンバラの牧師であったゴール (James Gall, 1808–95) が 19 世紀後半に発表した 3 種類の円筒図法の総称, あるいはとくにその中でもゴール平射図法 (Gall stereographic projection) を指す. 我が国では「ガル図法」と呼ばれることが多い.

　ゴール平射図法は, 図 5.11 に地軸を含む断面で示したように, 地球半径を R として南北の緯度 45° で球と交わる半径 $R/\sqrt{2}$ の円筒に赤道上の点を視点にして経度差 180° の子午線上の点を投影する. 広義の投射図法といえる. 緯度 45° の緯線上でひずみがなく, これは標準緯線である. 投影式は

$$x = \frac{R\lambda}{\sqrt{2}}$$

$$y = R\left(1 + \frac{1}{\sqrt{2}}\right)\tan\frac{\phi}{2}$$

となる. 緯線の間隔は高緯度でより広くなるが, 極も表現でき, メルカトル図法に比べて緯線間隔の拡大は緩やかである. 正積でも正角でもないが, 比較的ひずみが小さく作図が容易でもあるのでよく用いられた. 緯度 30° の緯線で球と交わる円筒に投影する類似の図法は, ソ連の大世界地図帳に用いられたことから BSAM 図法 (BSAM は *Bol'shoy sovetskiy atlas mira* (大ソビエト世界地図帳) の頭字語) と呼ばれる.

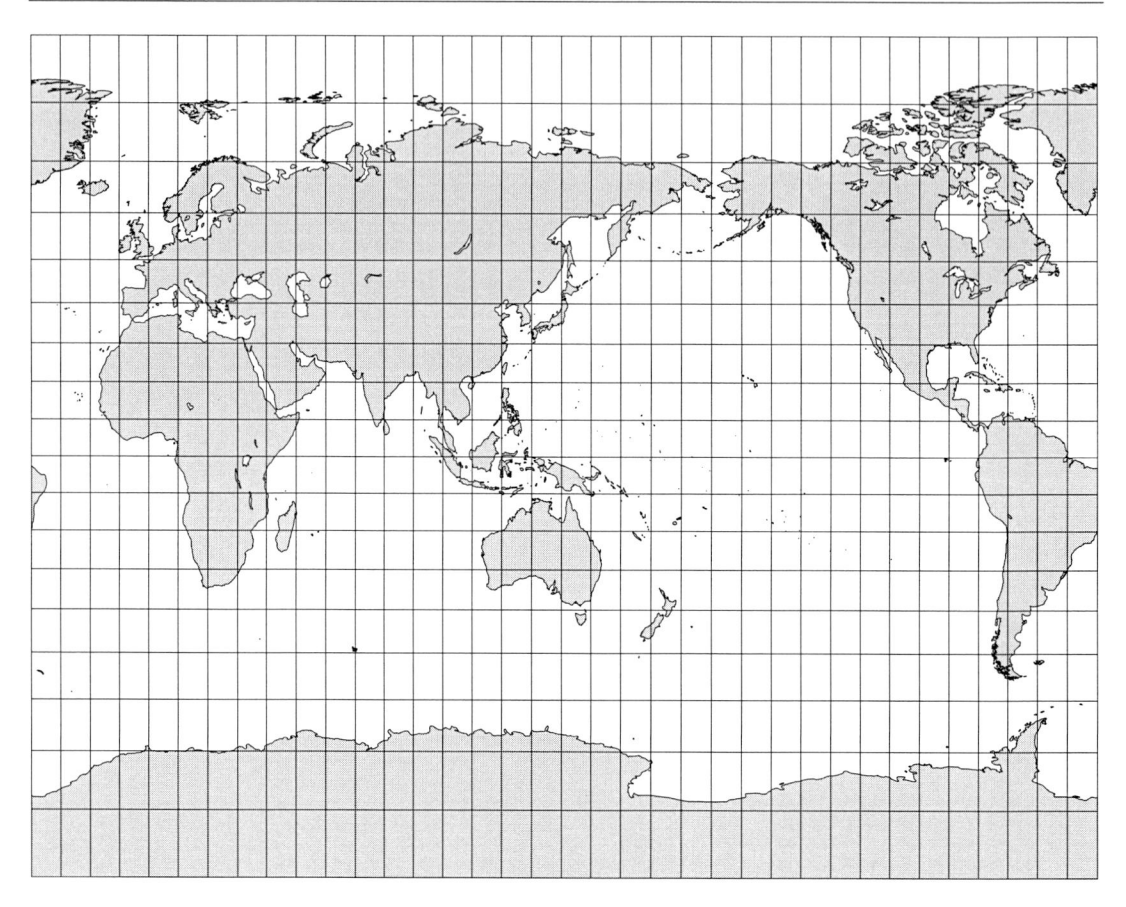

図 5.10 ゴール (平射) 図法による世界地図 (経緯線網は 10° 間隔, 中央経線は 140°E)

球と円筒が交わる緯線が標準緯線になることは, この緯度 ϕ_0 において y 座標を緯度 ϕ で微分した値が地球半径 R になることから経線方向にもひずみがないことからわかる. すなわち, $\mathrm{d}y/\mathrm{d}\phi = R(1+\cos\phi_0)/[2\cos^2(\phi/2)] = R(1+\cos\phi_0)/(1+\cos\phi)$ ゆえに $\mathrm{d}y/\mathrm{d}\phi|_{\phi=\phi_0} = R$.

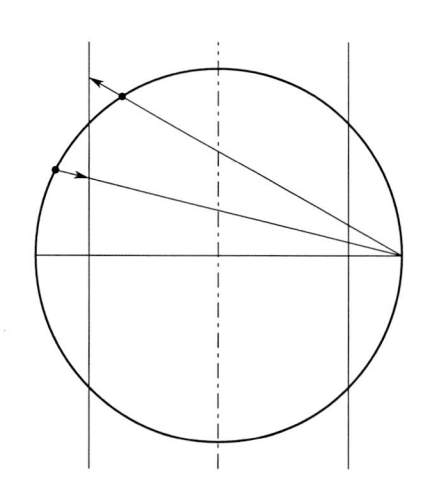

図 5.11 ゴール平射図法の投影原理

なお，残る二つのゴール図法のうちゴール正射図法 (Gall orthographic projection) は緯度 45° を標準緯線とする正積円筒図法 (図 5.9 参照) であり，もう一つの Gall isographic projection は緯度 45° を標準緯線とする正距円筒図法である．ゴール正射図法は，これと同じ投影法が 20 世紀にペータースによって「再発明」され，その利用を巡って論争が起きたことは前項に記したとおりである．

5.2.6 ◆ **心射円筒図法** (central cylindrical projection)

地球の中心から地球上の点に向かって直線を引き，これを延長して赤道に巻きつけた円筒と交わる点に投影する図法．投影式は $x = R\lambda, y = R\tan\phi$ である．

しばしば，円筒図法の原理を示す説明に用いられるが，高緯度が極度に拡大されひずみが大きいため実用的価値はまったくなく，実際に地図に用いられることはほとんどない．高緯度での拡大と極が地図上に表現できないという特徴がメルカトル図法と一致するためか，しばしば誤ってメルカトル図法の原理としてこの図法が示

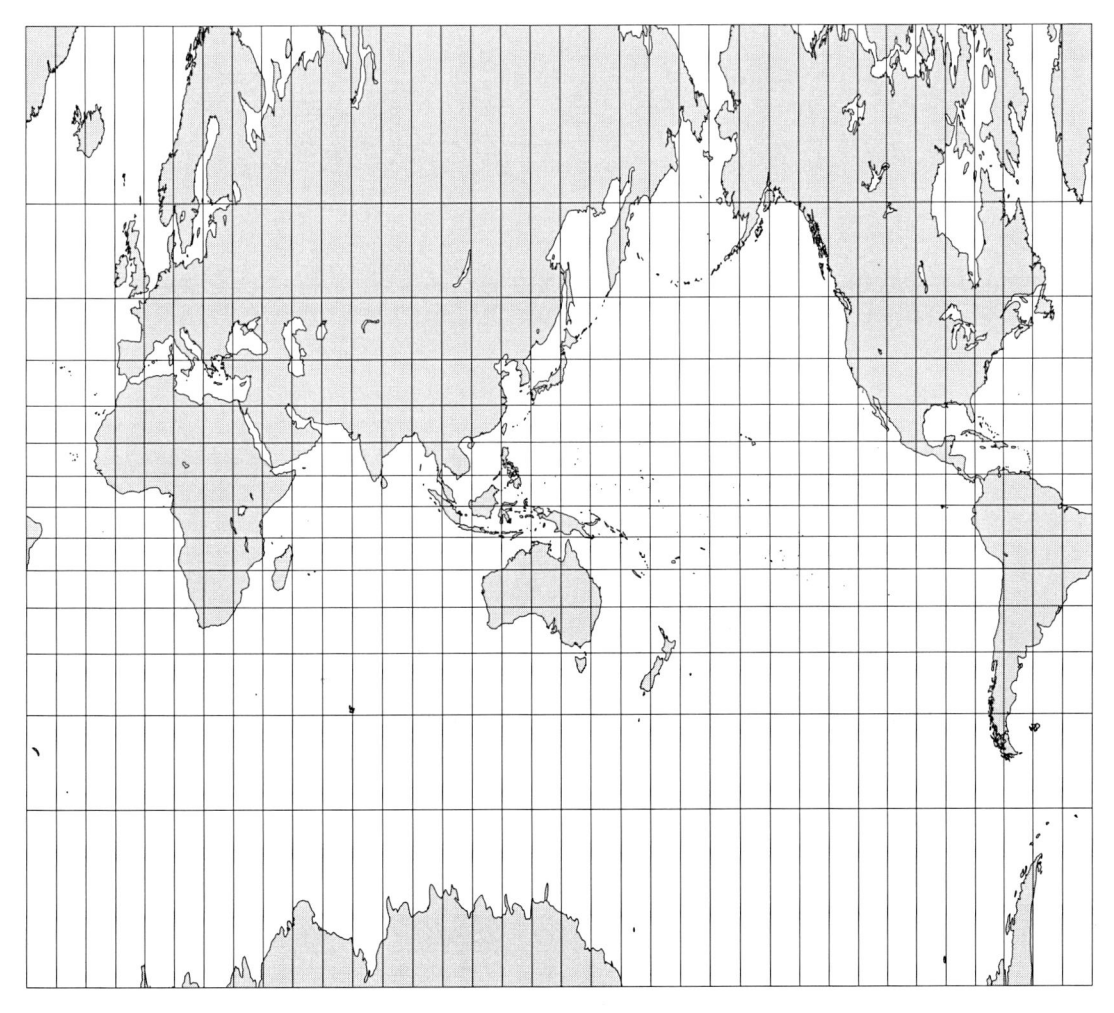

図 5.12 心射円筒図法による地図 (経緯線網は 10° 間隔，南北緯度 70° 以内の範囲，中央経線は 140°E)

されることがある．しかし，実際にメルカトル図法の地図と心射円筒図法の地図を作図して比較するとメルカトル図法のほうが高緯度での拡大が心射円筒図法よりもずっと穏やかであることがわかる．この意味で，心射円筒図法の地図は地図投影の教科書においてそれが**メルカトル図法と相違する**ことを示す教育目的にのみ有用といわれる (Snyder, 1993, p.106)．

5.3 擬円筒図法に属する各種投影法

擬円筒図法は，緯線が赤道に平行な直線群であるという円筒図法の条件を残して，経線が曲線で表されるような投影法の総称である．これを数式で表すと

$$\begin{cases} x = f(\phi, \lambda) \\ y = g(\phi) \end{cases}$$

となる．オルテリウスの地図帳『世界の舞台』の世界地図に用いられた投影法（第1章【注1】参照）のような近世初期に広く用いられた図法は別として，現在用いられている擬円筒図法では，ある緯度において二つの経線に挟まれる部分の緯線の長さはその経度差に比例するのがふつうであるので，これを一般的な数式に反映させると，

$$\begin{cases} x = \dfrac{\lambda f(\phi)}{\pi} \\ y = g(\phi) \end{cases}$$

と書ける．ここで関数 $f(\phi)$ は中央経線から経度差 π ラジアン隔たった経線の x 座標を緯度の関数として表したものである．f という同じ文字を用いたが一つ上の数式の $f(\phi, \lambda)$ とは別のものである．なお，関数 $f(\phi)$ の独立変数は緯度 ϕ としてあるので，地図上の曲線を表す関数形がそのままこの関数になるわけではないことに注意．たとえば，経線が放物線で表される放物線図法 (クラスター図法) では $x = -ay^2 + b$ (a, b は定数) であるが正積図法にするために緯線間隔を調整するので y 座標が緯度 ϕ に正比例しない．このため，x は ϕ の2次関数ではない．通常，関数 $f(\phi)$ は偶関数であり，関数 $g(\phi)$ は円筒図法の緯線距離式と同じように奇関数であって，地図は赤道を挟んで南北に対称である．

5.3.1 サンソン図法 (sinusoidal projection または Sanson–Flamsteed projection)

中央経線とこれに直交する各緯線が正距で表される図法．地球上で緯度 ϕ における緯線円の半径は $R\cos\phi$ であるから，経度差を λ とすると中央経線からの緯線の長さは $R\lambda\cos\phi$ となる．このため，経線の形状は正弦曲線 (sine curve，ここでは $\sin\theta$ の θ が $0°$ から $180°$ の範囲をグラフに表した曲線．$\cos\theta$ ならば θ が $-90°$ から $90°$ までの範囲の曲線) となる．それゆえ正弦曲線図法 (sinusoidal projection) ともいう．緯線は赤道に平行な等間隔の直線である．中央経線と赤道の長さの比は

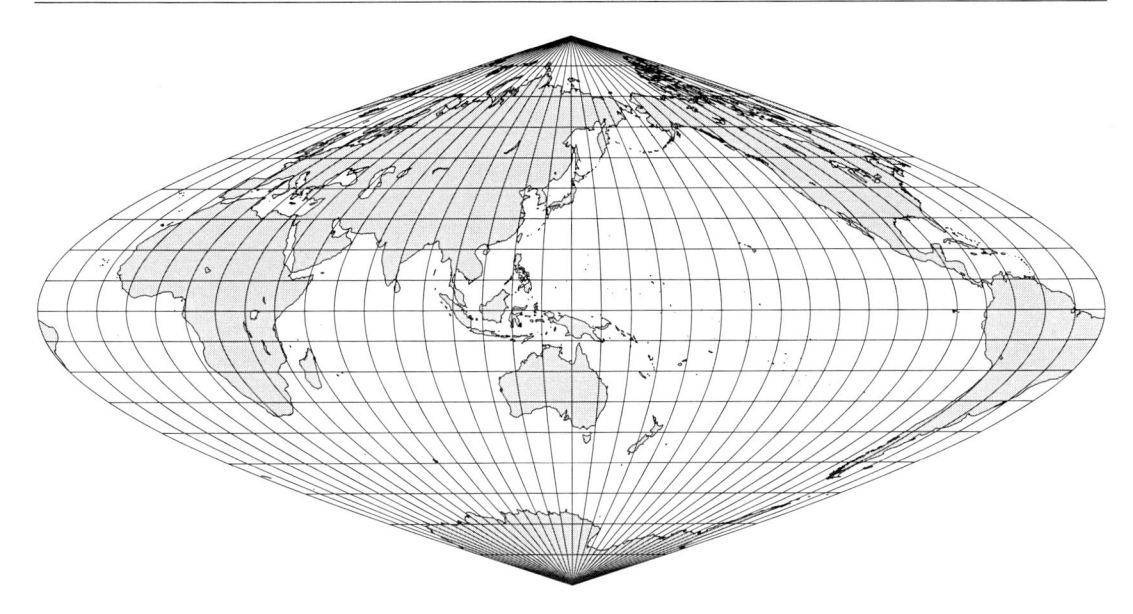

図 5.13 サンソン図法による世界地図 (経緯線網は 10° 間隔，中央経線は 140°E)

1:2 になる．正積図法であり，中央経線と赤道上では，あらゆる方向に長さひずみがなく，それゆえに角ひずみもないが，これらから離れると角のひずみが大きい．世界地図のほか，アフリカ大陸や南米大陸のように赤道を挟む地域の表現に適していることからこれらの大陸の地図によく用いられてきた．この図法が正積であることは第 3 章で説明した．

投影式は次のようになる．

$$x = R\lambda \cos\phi$$

$$y = R\phi$$

この投影法の使用は，知られている限りでは，フランスのコッシン (Jean Cossin) が 1570 年に世界地図に用いたのが最初である．17 世紀はじめにはメルカトル地図帳の出版を引き継いだホンディウス (Jodocus Hondius, 1563–1612) が地図帳の南米やアフリカの地図に使用している．このため，メルカトル正積図法と呼ばれることがある．サンソン図法といわれるのは，フランスのサンソン (Nicolas Sanson, 1600–67) が 1650 年以降出版した地図帳の地図に多く用いたためである．メルカトル–サンソン図法とも呼ばれる．一方，初代グリニジ天文台長でもあったイギリスの天文学者フラムスチード (John Flamsteed, 1646–1719) は星図にこの投影法を用いた．このため，サンソン–フラムスチード図法の名称も多く用いられている．

5.3.2 ◆ モルワイデ図法 (Mollweide projection)

経線を楕円弧で，緯線を平行直線群で表して，正積図法としたもの．直線である中央経線と赤道の地図上での長さの比を 1:2 とし，正積の条件に基づき緯線距離式を定める．なお，それぞれの緯度において緯線長は経度差に比例する．中緯度で角

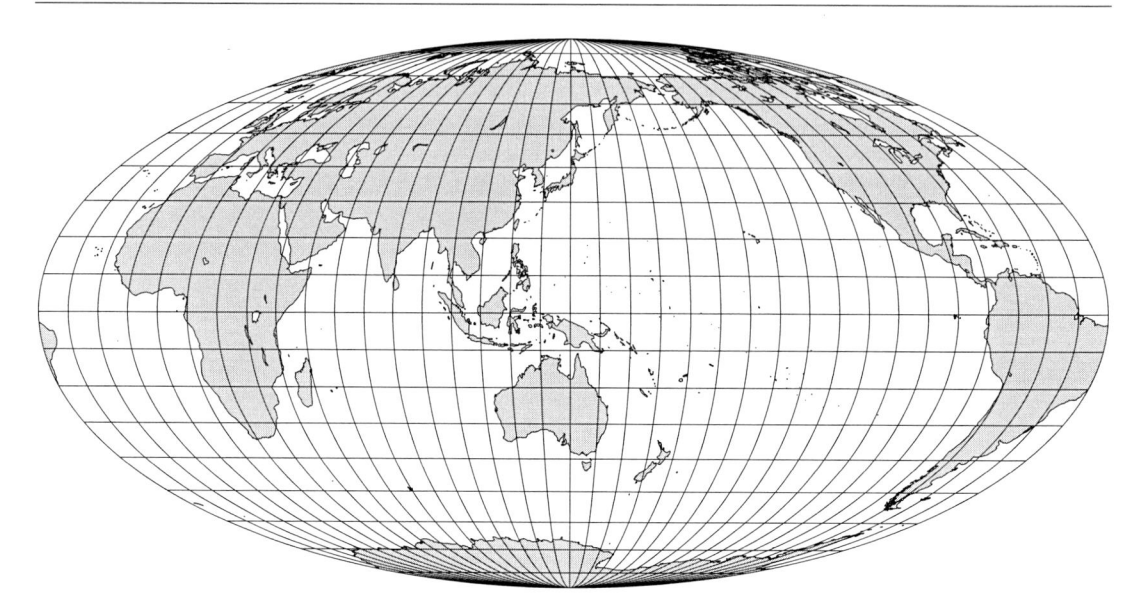

図 5.14 モルワイデ図法による世界地図 (経緯線網は 10° 間隔, 中央経線は 140°E)

のひずみが比較的小さい. サンソン図法とは異なり, 中央経線や赤道は正距ではない. また, 緯線間隔が等間隔ではないことに注意.

投影式は次式で定義されるパラメーター θ を用いて表される.

$$2\theta + \sin 2\theta = \pi \sin \phi$$
$$x = \frac{2\sqrt{2}}{\pi} R\lambda \cos \theta$$
$$y = \sqrt{2} R \sin \theta$$

パラメーター θ を定める式は, 次の考察から求められる. 中央経線から経度差 $\pm \pi/2$ の経線は円として表され, この円内に半球が表現される. ゆえに円の半径は地球半径を R として $\sqrt{2}R$ である. この円内の緯度 ϕ の緯線, 赤道および円弧で挟まれた図形の面積は, 中心角 θ の扇形が二つと, 斜辺が円の半径で一つの角が θ である直角三角形二つ

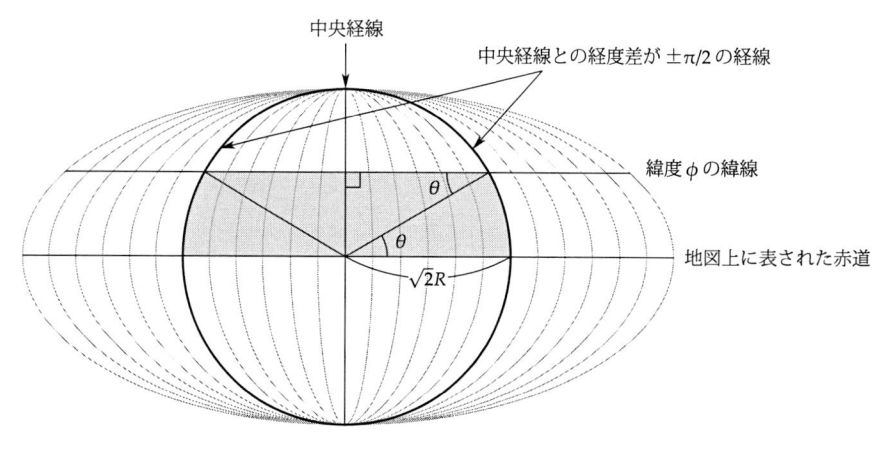

図 5.15 モルワイデ図法の投影式に関する説明図

からなる (図 5.15 参照) ので $2 \times (1/2)\theta(\sqrt{2}R)^2 + 2 \times (1/2)(\sqrt{2}R)^2 \sin\theta\cos\theta = 2\theta R^2 + R^2 \sin 2\theta$ である．これが地球上で赤道から緯度 ϕ の緯線までで囲まれる帯状領域の面積 $S(\phi) = 2\pi R^2 \sin\phi$ (第 3 章参照) の半分に等しいから，これらを等しいとおき R^2 で割り算して $2\theta + \sin 2\theta = \pi \sin\phi$ を得る．この式を ϕ をある値に固定して θ を求める方程式と見なそう (右辺はこのとき定数となる)．左辺が θ の多項式であれば代数方程式であるが，この式では θ の三角関数を含む式になっている．このような方程式は超越方程式と呼ばれ，解を初等関数 (代数関数，指数関数，対数関数，三角関数，逆三角関数およびそれらの合成関数) で表すことができず，数値的に解くしかない．緯度 ϕ に対するパラメーター θ は今日ではコンピューターを用いてニュートン法などの繰り返し法のアルゴリズムで簡単に求めることができるが，以前はあらかじめ計算して作成された表を参照し，内挿して必要な値を求めるほかなかった．

　モルワイデ図法はドイツの天文学者・数学者のモルワイデ (Karl Brandan Mollweide, 1774–1825) が 1805 年に発表した．サンソン図法のように極がとがっておらずすべての経線が丸みのある楕円弧 (ただし，中央経線は直線であり，中央経線から東西に 90° 離れた経線は円弧である) で表される点が好まれて，世界地図の図法として広く用いられている．なお，この図法が広く知られるようになったのは，フランスのバビネ (Jacques Babinet) が 1857 年にホマログラフ図法の名で紹介してからである．このため，バビネ図法，ホマログラフ図法，ホモログラフ図法，楕円図法と呼ばれることがある．

　なお，地図投影法の分野で，日本では楕円あるいは楕円弧の意味で「楕円曲線」と記している書物をしばしば見かけるが，数学用語として楕円と楕円曲線はまったく別物である．楕円のつもりで「楕円曲線」と書くのは誤りである．

5.3.3 ◆ グード図法 (Goode homolosine projection)

　世界地図において図の周辺でのひずみの増大を緩和する一つの方法として断裂図法 (interrupted projection) がある．これは一つの投影で全世界を表すのではなく，地表面を部分に分けて (断裂させて) それぞれについてたとえば異なる中央経線を適用して投影するものである．アメリカのグード (John Paul Goode, 1862–1932) は断裂擬円筒図法を工夫し北半球と南半球で別の経線で断裂させることによって全体としては一繋がりになるようにし，海洋部で断裂させることにより大陸が繋がった図，逆に海洋を主題とした図用に大陸で断裂させた図を発表した．さらに低緯度側ではサンソン図法，高緯度側ではモルワイデ図法を使うことにより，赤道付近ではひずみが小さいが極がとがって表現されるサンソン図法の欠点をなくして極が楕円弧で表されるようにした．この両図法の接合はこれらの図法の緯線長が等しくなる緯度約 40°44′ で行われる．二つの図法を接合するのでこの緯度で経線は多少屈曲する．モルワイデ図法はホモログラフ (homolographic) 図法とも呼ばれるため，サンソン図法を意味する sinusoidal projection と合わせてホモロサイン図法 (homolosine

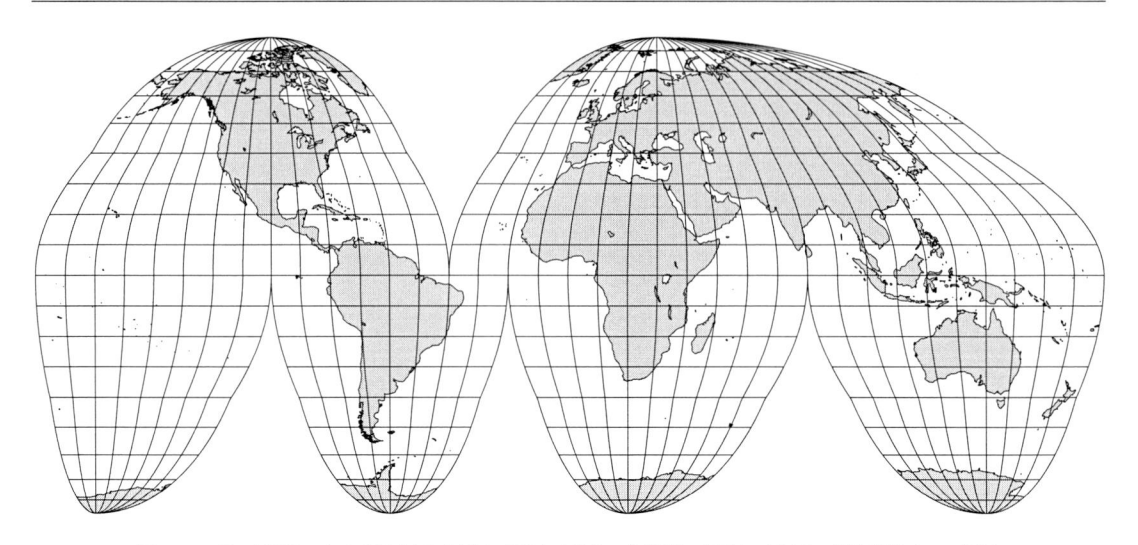

図 5.16 グード図法による世界地図 (陸域を表現する目的で海洋部で断裂させた図，経緯線網は 10° 間隔)

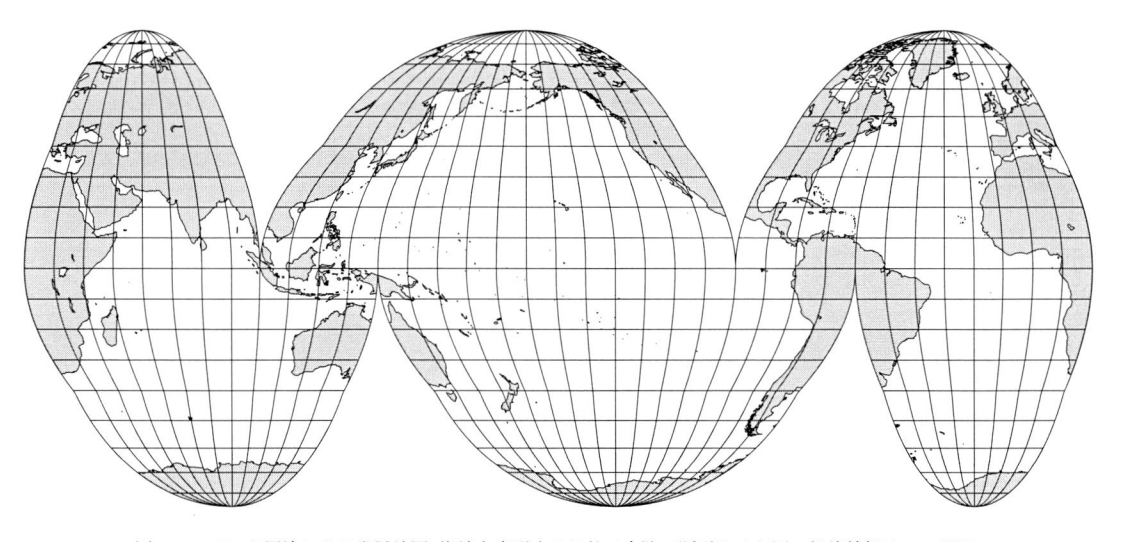

図 5.17 グード図法による世界地図 (海域を表現する目的で大陸で断裂させた図，経緯線網は 10° 間隔)

projection) と名付けられた．今日我が国でグード図法と呼ばれるのは，通常この断裂ホモロサイン図法である．これは正積図法である．

この図法を使うときの注意点として，図の外周を表す経線 (断裂した箇所の経線を含む) を地図に明示することが必要である．経緯線を表示していれば問題ないが，経緯線を表示せず海岸線だけを表示したような図では海を含む地球表面を表しているのが図上のどの領域であるかが，この図法ではとくに不明確になる．このような使い方は図の読者に海陸の面積関係を誤解させるおそれがある．

なお，大陸部で断裂させて海洋が繋がるように表現したグード図法のことを我が国では「スベルドロップの海洋図 (海洋中心の世界地図)」と呼び習わしている (たとえば野村, 1983, p.75) が，グード本人がこの断裂法を開発しており，投影法の名称としては海洋中心のものを含めグード図法と呼ぶべきである (政春, 2001c).

グード図法の投影式は，緯度 $\pm 40°44'$ ($40.73666°$) 以内では地域ごとに中央経線を変えたサンソン図法を適用すればよい．しかし，この緯度より絶対値が大きい緯度でモルワイデ図法を適用するときにはこの緯度におけるモルワイデ図法とサンソン図法の y 座標値の差 $0.0528035R$ を y 座標から減算する必要がある．数式で書くと

$$y = R(\sqrt{2}\sin\theta - 0.0528035\operatorname{sign}\phi)$$

となる．なお θ はモルワイデ図法の投影式で定義したパラメーターである．$\operatorname{sign}\phi$ は ϕ の符号の正負に応じて $+1$ あるいは -1 を返す関数である．また，$\operatorname{sign} 0 = 0$ である．

5.3.4 ◆ 台形図法 (trapezoidal projection)

台形図法は以下のように作図される．緯線は等間隔の平行直線群，中央経線はこれに垂直な直線とし，中央経線上で正距となるように緯線間隔を定める．図の上辺と下辺の緯線上に中央経線からの距離が正しく表されるようにそれぞれ経線の間隔を目盛り，上と下の対応する点を直線で結んで経線とする．この結果，経線は 1 点に収束する直線群となり，経緯線網の形は台形になる．以上は図の上辺と下辺で緯線の長さを正しく表した場合であるが，図の範囲のそれぞれ若干内側の緯線で長さを正しくすることによって全体としてひずみを小さくするように工夫される場合もある．

作図法はごく単純であり古代から知られていたが，15～16 世紀の地図帳の地域図として多く用いられた．

この投影法の数式は以下のようになる．長さを正しく表す緯線の緯度を ϕ_1, ϕ_2 とする．ただし，これらは北半球あるいは南半球の同一半球内にあるとする．赤道を含む範囲を台形図法で表す場合は，赤道を一方の正長緯線として南北各半球ごとに作図するので，後述のエッケルト第 1 図法と同じように経線が赤道で折れ曲がる直

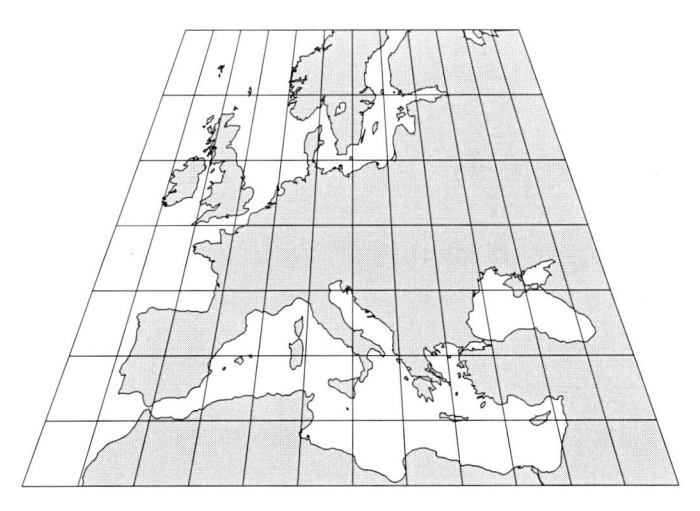

図 5.18 台形図法によるヨーロッパと北アフリカ (経緯線網は 5° 間隔，中央経線は 15°E，30°N～65°N，15°W～45°E の範囲，正長緯線は 30°N および 60°N)

線で表される．λ は中央経線からの経度差である．

$$x = R\lambda \cdot \frac{(\phi_1 - \phi)\cos\phi_2 + (\phi - \phi_2)\cos\phi_1}{\phi_1 - \phi_2}$$

$$y = R(\phi - \phi_2)$$

なお，図に描く範囲の緯度差が小さい場合，サンソン図法で本来正弦曲線となるべき経線が直線で近似できて，サンソン図法と台形図法の区別がつかない場合がある．しかし，サンソン図法は中央経線以外の経線が直線ではなく正弦曲線となることを特徴としているから，明らかに経線が直線で描かれている場合はサンソン図法ではなく，台形図法と見なすべきであろう．図 5.18 と同じ範囲をサンソン図法で表した地図を図 5.19 に示したので比較するとよい．この図では緯度差はそれほど小さくないので，経線が曲線であり，台形図法とはかなり違うことが十分に見て取れる．

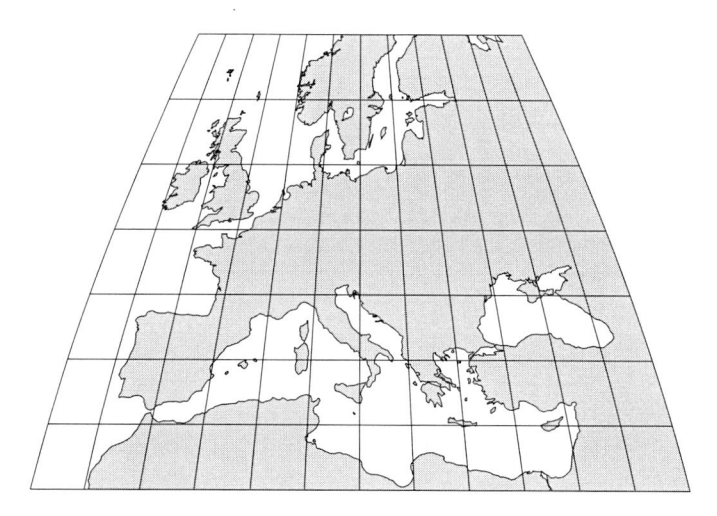

図 5.19 サンソン図法によるヨーロッパと北アフリカ (図 5.18 と同じ範囲を 15°E を中央経線とするサンソン図法で表したもの)

5.3.5 エッケルト図法 (Eckert projection)

サンソン図法やモルワイデ図法では極が地図上で点として表されるためすべての経線が極に収束し高緯度で図が見づらく，また角ひずみも大きくなる．これを緩和するために極を点ではなく一定の長さをもった直線として表すことが工夫された．このような投影法を，平極擬円筒図法 (flat-polar pseudocylindrical projection) という．極を表す線の長さを赤道の長さに対してどのような比にするかは投影法によりさまざまある．円筒図法はこの比が 1 であることに相当するが (極が地図上に表現できないメルカトル図法などを除く)，平極擬円筒図法では 1 より小さな数にする．

ドイツのエッケルト (Max Eckert, 1868–1938) は極と中央経線がともに赤道の 1/2 の長さで表される 6 種類の擬円筒図法を 1906 年に発表した．これらはローマ数字の番号を付けて Eckert I, Eckert II のように表される (日本語では「エッケルト第 1 図法」のようにいう)．I と II，III と IV，V と VI はそれぞれ経線形状が同一

であり，奇数番号のものは緯線が等間隔，偶数番号のものは緯線間隔を調整して正積図法にしたものである．経線が曲線で表される正積図法のIVとVIは世界地図の投影法として比較的よく用いられる．

IとIIは外周になる経線(中央経線から180°隔たった経線)が直線である．すなわち，極を表す線の端点と赤道を表す線の端点を直線で結んだものになり，各経線は中央経線からの経度差に比例した極の線上の位置と赤道上の位置を結ぶ直線となる．経線は赤道で屈曲する．極と赤道と二つの経線で挟まれた図形は北半球では上辺が下辺の1/2の長さの台形，南半球では上辺が下辺の2倍の長さの台形である．投影式は，

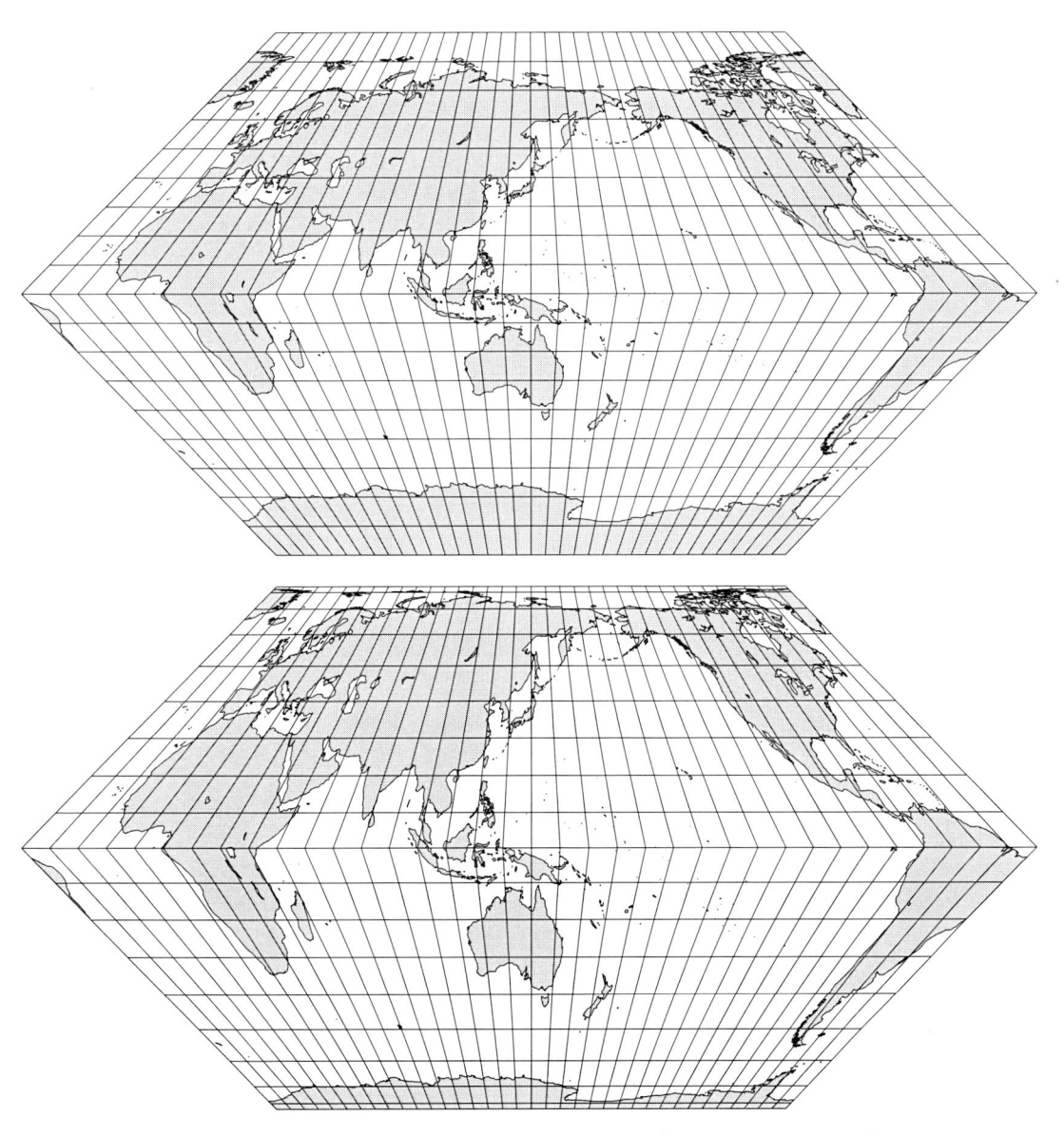

図 5.20 エッケルト第1図法(上)と第2図法(下)による世界地図(経緯線網は10°間隔，中央経線は140°E)

エッケルト第 1 図法 (Eckert I)
$$x = \sqrt{\frac{8}{3\pi}} R\lambda \left(1 - \frac{|\phi|}{\pi}\right)$$
$$y = \sqrt{\frac{8}{3\pi}} R\phi$$
エッケルト第 2 図法 (Eckert II)
$$x = \sqrt{\frac{2}{3\pi}} R\lambda \sqrt{4 - 3\sin|\phi|}$$
$$y = \sqrt{\frac{2\pi}{3}} R(2 - \sqrt{4 - 3\sin|\phi|}) \operatorname{sign}\phi$$

である．なお，第 1 図法は正積ではないが図の全体の面積が正しくなるように係数を定めて表している．以下奇数番号の図法について同様である．(偶数番号の図法は正積だから，図の全体の面積も当然正しい．)

投影式の導出について説明する．地図上での赤道の長さを $2a$ とおくと，極を表す線分の長さが a，中央経線の赤道から北極までの長さが $a/2$ だから，北半球を表す台形の面積は $(2a + a) \times (a/2) \times (1/2) = 3a^2/4$ となる．これが半球の表面積 $2\pi R^2$ に等しいから $a = \sqrt{8\pi/3}R$ が求まる．第 1 図法では y 座標は緯度 ϕ に比例するので，$\phi = \pi/2$ において $a/2$ の値になるように係数を定めて $y = (a/2)(2/\pi)\phi = a\phi/\pi = \sqrt{8/(3\pi)}R\phi$ を得る．x 座標については中央経線からの経度差 π ラジアンに相当する右側の外周の経線形状を表す数式を求めて，ほかの λ (中央経線からの経度差) における x の値は，これに λ/π を掛ければよい．右側の外周経線の x 座標は，赤道上では a，極では $a/2$ となる緯度 ϕ の 1 次関数として与えられるから，$x = a(1 - |\phi|/\pi)$ である．一般の λ に対してはこれに λ/π を掛け a の値を代入して $x = \sqrt{8/(3\pi)}R\lambda(1 - |\phi|/\pi)$ を得る．

第 2 図法では，外周の形と大きさおよび経線を変えずに緯線間隔だけを変えることによって，正積図法にする．赤道から距離 y (> 0 とする) の緯線までの地図上の面積は下辺が $2a$，上辺が $2a(1 - y/a)$，高さが y の台形の面積として $[2a + 2a(1 - y/a)]y/2 = (4a - 2y)y/2 = 2ay - y^2$ で与えられるから，これを $2\pi R^2 \sin\phi$ と等しいとおくことにより，$2ay - y^2 = 2\pi R^2 \sin\phi$．この y についての 2 次方程式を解いて ($\phi = 0$ のとき $y = 0$ となるほうの解だけをとる)，$y = a - \sqrt{a^2 - 2\pi R^2 \sin\phi} = \sqrt{8\pi/3}R(1 - \sqrt{1 - (3/4)\sin\phi}) = \sqrt{2\pi/3}R(2 - \sqrt{4 - 3\sin\phi})$．これは北半球 ($y > 0$) についての式なので，南北両半球を一つの数式で表すには，符号の正負について考慮して $y = \sqrt{2\pi/3}R(2 - \sqrt{4 - 3\sin|\phi|}) \operatorname{sign}\phi$ となる．x 座標は先の上辺の長さの式を応用して $x = a(1 - y/a)\lambda/\pi = \sqrt{2/(3\pi)}R\lambda\sqrt{4 - 3\sin|\phi|}$ となる．

III と IV は外周経線を円弧としたもので，ほかの経線は楕円弧になる (ただし中央経線は直線)．投影式は以下のとおり．

エッケルト第 3 図法 (Eckert III)
$$x = \frac{2[1 + \sqrt{1 - (2\phi/\pi)^2}]R\lambda}{\sqrt{4\pi + \pi^2}}$$

$$y = \frac{4R\phi}{\sqrt{4\pi + \pi^2}}$$

エッケルト第4図法 (Eckert IV)

$$\theta + \sin\theta\cos\theta + 2\sin\theta = \frac{(4+\pi)\sin\phi}{2}$$ により θ を定めて

$$x = \frac{2R\lambda(1+\cos\theta)}{\sqrt{4\pi + \pi^2}}$$

$$y = \frac{2\sqrt{\pi}R\sin\theta}{\sqrt{4+\pi}}$$

投影式の導出は，先のIとIIと同様に考える．まず，赤道の長さを $2a$ とおき，地図上の世界の範囲の図の面積と球面の面積を等しいとおいて a を求める．地図では全世界

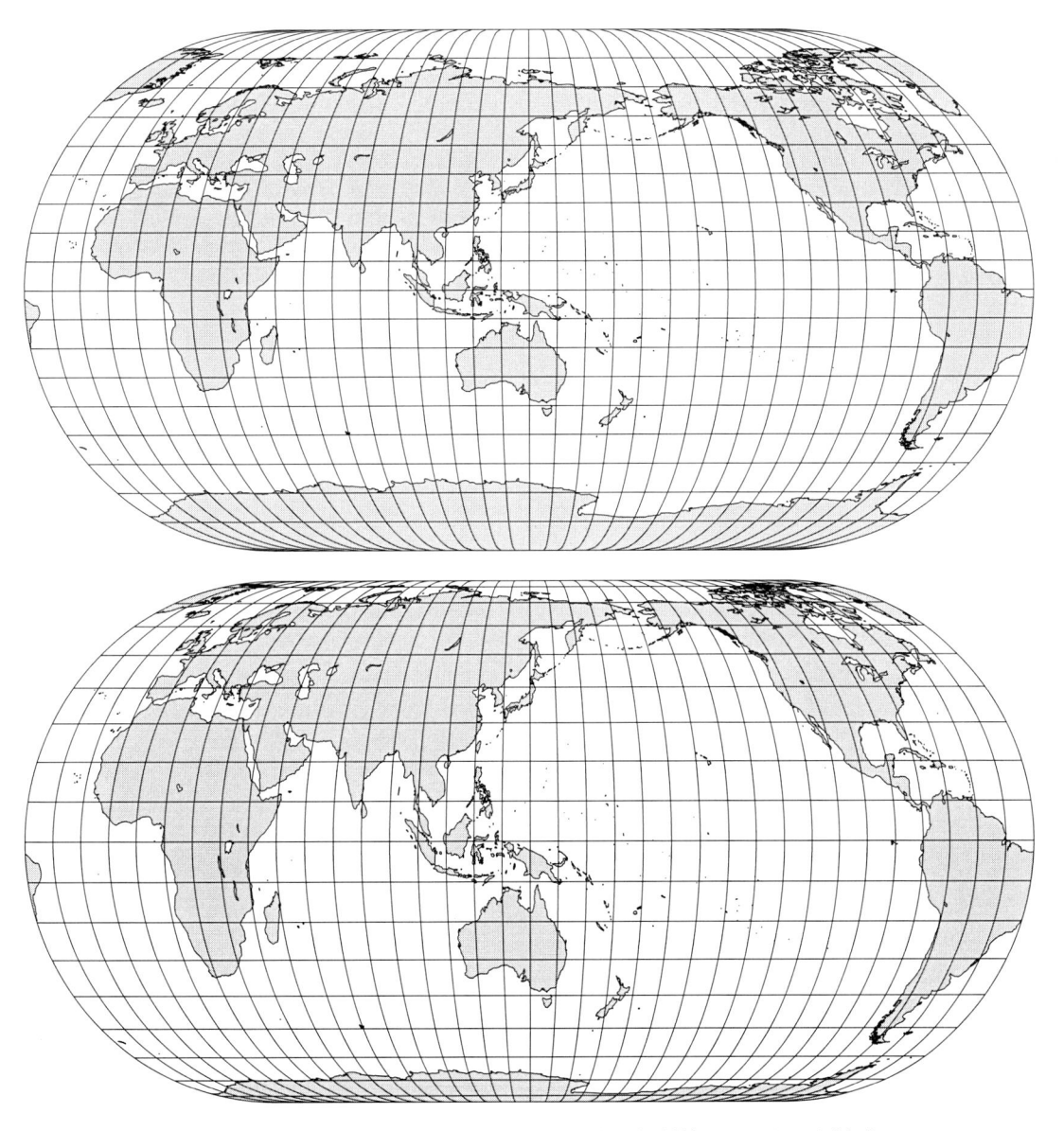

図 5.21 エッケルト第3図法(上)と第4図法(下)による世界地図(経緯線網は 10° 間隔，中央経線は 140°E)

が直径 a の半円 2 個と辺の長さが a の正方形で表されるので，その面積は $\pi a^2/4 + a^2$ である．これを地球の表面積 $4\pi R^2$ と等しいとおいて $\pi a^2/4 + a^2 = 4\pi R^2$ から，$a = 4\sqrt{\pi}R/\sqrt{4+\pi}$ となる．第 3 図法の y 座標は緯度に正比例し，緯度 $\pi/2$ で $a/2$ になるから，

$$y = \frac{2\phi}{\pi} \cdot \frac{a}{2} = \frac{\phi}{\pi} \cdot \frac{4\sqrt{\pi}}{\sqrt{4+\pi}} R = \frac{4R\phi}{\sqrt{4\pi + \pi^2}}.$$

x 座標については，最外周経線は半円であるから，第 3 図法では右側の最外周経線の x 座標を緯度 ϕ を変数として表すと $x = (a/2)[1 + \sqrt{1-(2\phi/\pi)^2}]$ となる．ほかの経度の x 座標は中央経線からの経度差 λ に比例するから，この式に λ/π を掛け算して，

$$x = \frac{\lambda a}{2\pi}\left[1 + \sqrt{1 - \left(\frac{2\phi}{\pi}\right)^2}\right] = \frac{2R\lambda}{\sqrt{4\pi+\pi^2}}\left[1 + \sqrt{1 - \left(\frac{2\phi}{\pi}\right)^2}\right]$$

となる．

第 4 図法は，緯線間隔を調整して正積にするために，円弧で囲まれた図形の面積をモルワイデ図法と同じ要領で求める．図 5.22 に示したパラメーター θ を使って，赤道からある緯線までの地図上の面積は，外周経線の半円の半径が $a/2$ であることに注意して，頂角が θ の直角三角形と扇形それぞれ 2 個と底辺 a，高さ $(a/2)\sin\theta$ の長方形の面積の和 $(\sin\theta\cos\theta + \theta)(a/2)^2 + (a^2/2)\sin\theta$ であり，これが球上の対応する部分の面積 $2\pi R^2 \sin\phi$ に等しい．ゆえに，

$$(\sin\theta\cos\theta + \theta)\left(\frac{a}{2}\right)^2 + \frac{a^2}{2}\sin\theta = 2\pi R^2 \sin\phi$$

$$\sin\theta\cos\theta + \theta + 2\sin\theta = \frac{8\pi R^2}{a^2}\sin\phi$$

$$\sin\theta\cos\theta + \theta + 2\sin\theta = \frac{4+\pi}{2}\sin\phi$$

この式により，パラメーター θ を決める．y 座標は

$$y = \frac{a}{2}\sin\theta = \frac{2\sqrt{\pi}}{\sqrt{4+\pi}} R \sin\theta,$$

x 座標は

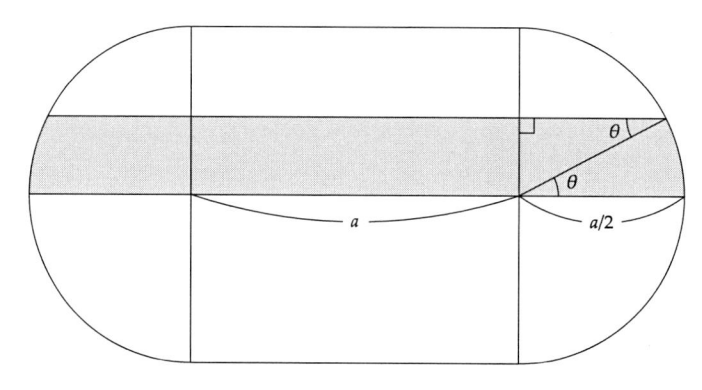

図 5.22 エッケルト第 4 図法の数式のパラメーター θ

$$x = \frac{a}{2} \cdot \frac{\lambda}{\pi}(1+\cos\theta) = \frac{2R\lambda(1+\cos\theta)}{\sqrt{4\pi+\pi^2}}$$

となる.

VとVIは外周経線を正弦曲線としたものである. 直線である中央経線以外の経線はやはり正弦曲線になる.

投影式は以下のとおり.

エッケルト第5図法 (Eckert V)

$$x = \frac{R\lambda(1+\cos\phi)}{\sqrt{2+\pi}}$$

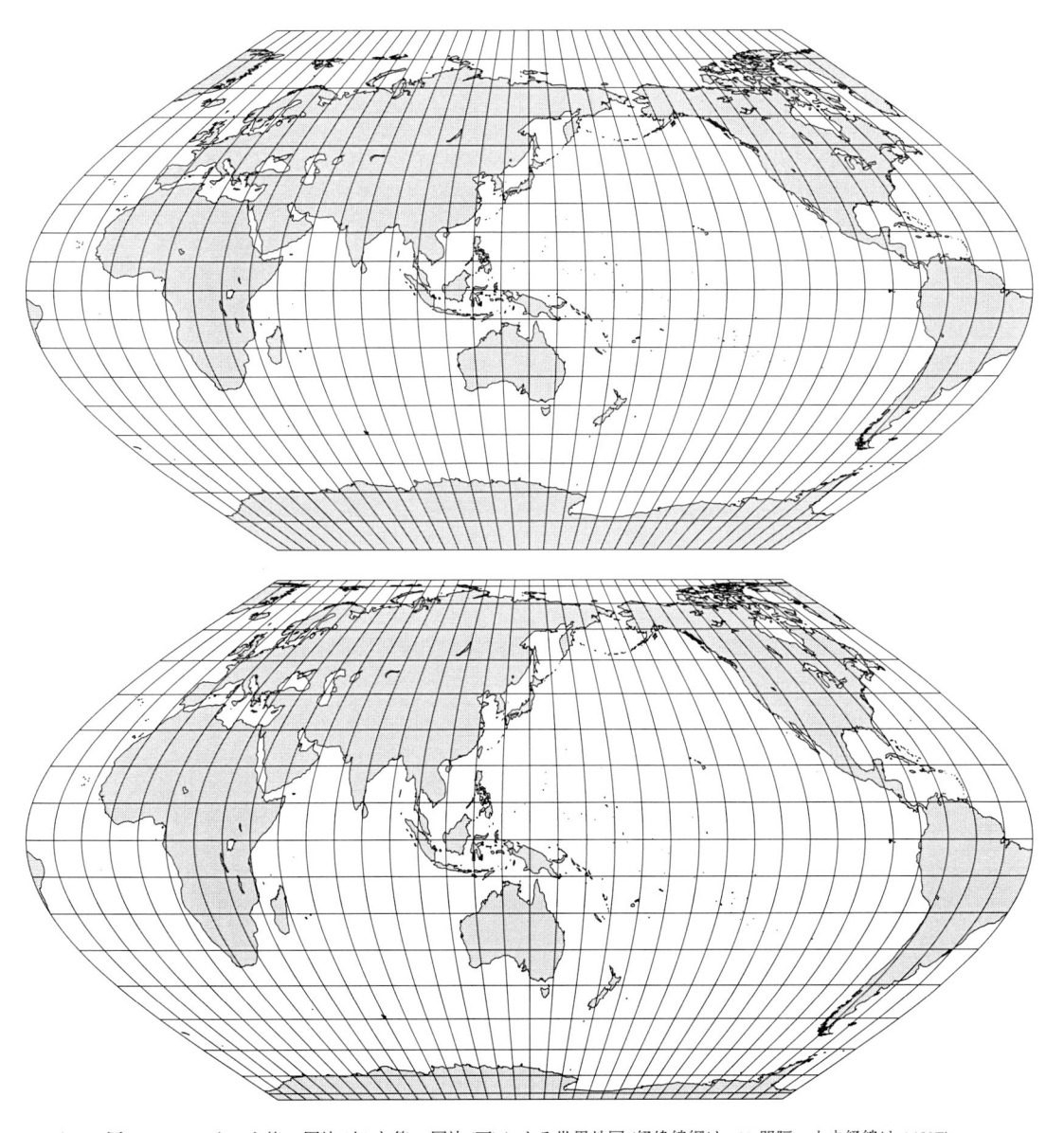

図 5.23 エッケルト第5図法(上)と第6図法(下)による世界地図 (経緯線網は10° 間隔, 中央経線は 140°E)

$$y = \frac{2R\phi}{\sqrt{2+\pi}}$$

エッケルト第6図法 (Eckert VI)

$$\theta + \sin\theta = \left(1 + \frac{\pi}{2}\right)\sin\phi \text{ により } \theta \text{ を定めて}$$

$$x = \frac{R\lambda(1 + \cos\theta)}{\sqrt{2+\pi}}$$

$$y = \frac{2R\theta}{\sqrt{2+\pi}}$$

なお，第6図法の式のパラメーター θ は，y 座標に正比例して，地図上の赤道で 0，極で $\pm\pi/2$ に変化する量であり，第5図法での緯度に当たる量である．

投影式の導出にあたり，ここでも地図上の赤道の長さを $2a$ とおく．地図を中央の辺の長さ a の正方形と左右二つの外周経線をなす正弦曲線と正方形の縦の辺で囲まれた部分に分ける．$\int_{-\pi/2}^{\pi/2} \cos\phi\,d\phi = [\sin\phi]_{-\pi/2}^{\pi/2} = 2$ だから，後者の面積は $2 \times (a/2) \times (a/2) \div (\pi/2) = a^2/\pi$ となる．よって地図の面積は，これが二つと正方形の面積を加えて $(1 + 2/\pi)a^2$ である．これを球の表面積 $4\pi R^2$ に等しいとおいて，$a = 2\pi R/\sqrt{2+\pi}$ となる．第5図法の y 座標は緯度に正比例し，緯度 $\pi/2$ で $a/2$ になるから，$y = (2\phi/\pi)(a/2) = (\phi/\pi)(2\pi R/\sqrt{2+\pi}) = 2R\phi/\sqrt{2+\pi}$．$x$ 座標は，$x = (1 + \cos\phi) \cdot (a/2) \cdot (\lambda/\pi) = (R\lambda/\sqrt{2+\pi})(1 + \cos\phi)$ となる．

第6図法では，先に書いたように第5図法での緯度に当たるパラメーターを θ とおく．赤道から θ までの面積は第5図法の $\lambda = \pi$ を代入した x と y の式を用いて表すと (すぐ上の式の第2項を参照) $2\int x\,dy = 2\int_0^\theta (1 + \cos t)(a/2)(a/\pi)\,dt = \int_0^\theta [4\pi R^2/(2+\pi)](1 + \cos t)\,dt = [4\pi R^2/(2+\pi)](\theta + \sin\theta)$ であり，これを球上の対応する部分の面積と等しいとおいて $[4\pi R^2/(2+\pi)](\theta + \sin\theta) = 2\pi R^2 \sin\phi$．ゆえに

$$\theta + \sin\theta = \left(1 + \frac{\pi}{2}\right)\sin\phi$$

が θ の満たすべき式である．この θ を第5図法での緯度 ϕ の代わりに用いることにより，第6図法の式として

$$x = \frac{R\lambda(1 + \cos\theta)}{\sqrt{2+\pi}}$$

$$y = \frac{2R\theta}{\sqrt{2+\pi}}$$

ただし，$\theta + \sin\theta = \left(1 + \frac{\pi}{2}\right)\sin\phi$

を得る．

5.3.6 ◆ 放物線図法 (parabolic projection, クラスター図法 Craster parabolic projection)

20世紀前半には数多くの擬円筒図法に属する地図投影法が提案された．経線を表すためにさまざまな曲線が試みられ，また極をエッケルト図法のように線で表すものではその長さを赤道の長さに対してどのような割合にするかなどさまざまな試み

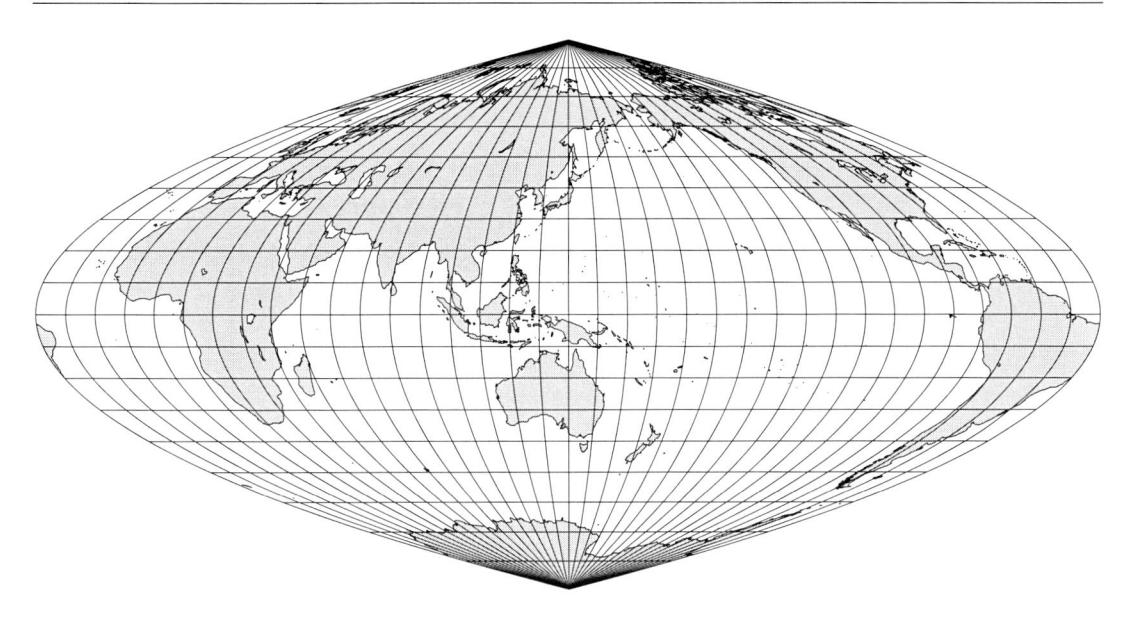

図 5.24 放物線図法 (クラスター図法) による世界地図 (経緯線網は 10° 間隔, 中央経線は 140°E)

が行われた．この放物線図法は，イギリスのクラスター (J. E. E. Craster) が 1929 年に発表したもので，経線に双曲線，楕円，放物線を用いた正積擬円筒図法を相互に比較し，放物線図法を推奨したものである．この図法では，極は点で，中央経線の長さは赤道の 1/2 に表される．緯線間隔は正積になるように定める．形状はサンソン図法に似ているが，より丸みを帯びている．投影式は以下のようになる．

$$x = \sqrt{\frac{3}{\pi}} R\lambda \left(2\cos\frac{2\phi}{3} - 1\right)$$
$$y = \sqrt{3\pi} R \sin\frac{\phi}{3}$$

この投影式の導出は，エッケルト図法やモルワイデ図法で行ったのと同様に行うことができる．

中央子午線に関して対称だから $x \geq 0$ で考える．地図上の赤道の長さを $2a$ とおくと，右側の外周経線を表す方程式は $x = a - (4/a)y^2$ である．この放物線と中央経線で挟まれた部分の面積を，赤道の $y = 0$ から y まで x の式を積分して求めると，$\int_0^y x\,dt = \int_0^y (a - 4t^2/a)\,dt = ay - 4y^3/(3a)$ となる．これが，球面上で赤道から緯度 ϕ までの帯状部分の面積の 1/2 に等しいことが正積図法の条件となるから，$ay - 4y^3/(3a) = \pi R^2 \sin\phi$ である．地図の中心から北極までの中央経線の長さは $a/2$ であり，$\phi = \pi/2$ のとき $y = a/2$ を代入して，$a^2/3 = \pi R^2$，すなわち $a = \sqrt{3\pi}R$ である．これを代入して，y 座標と緯度 ϕ との関係式は $y - 4y^3/(9\pi R^2) = \sqrt{\pi/3}R\sin\phi$ となる．これは y についての 3 次方程式であり，これを解いて y を ϕ の関数として表せばよい．野村 (1983, pp.75–90) には 3 次方程式を解く方法が詳しく記されているが，ここでは発見的方法を試みる．一般に $\sin 3x = 3\sin x - 4\sin^3 x$ だから右辺は $\sqrt{3\pi}R\sin(\phi/3) - 4\sqrt{\pi/3}R\sin^3(\phi/3)$ と表すことができる．

すなわち，$y - 4y^3/(9\pi R^2) = \sqrt{3\pi}R\sin(\phi/3) - 4\sqrt{\pi/3}R\sin^3(\phi/3)$. この両辺の第 1 項を比較して $y = \sqrt{3\pi}R\sin(\phi/3)$ とおいてみる．これを左辺の第 2 項に代入すると右辺の第 2 項に等しいことがわかる．すなわち $y = \sqrt{3\pi}R\sin(\phi/3)$ はこの 3 次方程式の一つの解である．ほかの二つの解は $\phi = 0$ において $y \neq 0$ となる解であり，この問題の解として適当ではない．

x 座標は，外周経線の式が $x = a - (4/a)y^2$ だったから，これに λ/π を掛け算することにより一般の経度 (中央子午線からの経度差) λ に対する x 座標を与える式が得られる．上で求めた a と y の式を代入して整理すると

$$x = \frac{\lambda}{\pi}\left[\sqrt{3\pi}R - \frac{4}{\sqrt{3\pi}R} \cdot \left(\sqrt{3\pi}R\sin\frac{\phi}{3}\right)^2\right] = \lambda R\sqrt{\frac{3}{\pi}}\left(1 - 4\sin^2\frac{\phi}{3}\right)$$
$$= \lambda R\sqrt{\frac{3}{\pi}}\left[2\left(1 - 2\sin^2\frac{\phi}{3}\right) - 1\right] = \lambda R\sqrt{\frac{3}{\pi}}\left(2\cos\frac{2\phi}{3} - 1\right)$$

エッケルト第 4・第 6 図法やモルワイデ図法では，補助パラメーターを表す方程式が超越方程式になって数式の形では解けず，数値的に求めなければならなかった．しかし，放物線図法では 2 次式の積分として得られる 3 次方程式を解くことにより，上のような形で数式が求まる．(参考: エッケルト第 2 図法では y 座標をパラメーターとして x が y の 1 次式だったので，これを積分した 2 次式が赤道からある緯度 ϕ までの球の表面積に等しいとおいた 2 次方程式を解くことで数式が求まった．)

5.3.7 ◆ ロビンソン図法 (Robinson projection)

アメリカの地図学者ロビンソン (Arthur H. Robinson, 1915–2004) が世界地図の表現に適した投影法として 1963 年に開発した図法である (Robinson, 1974)．正積でも正角でもないが，ひずみが過大になる箇所がないように全体としてのバランスが考慮されている．

ロビンソンは地図投影は地図のデザインの一部であって地図表現の目的に適合したものであるべきことを指摘し，単なる幾何学的・数学的関心による地図投影法の開発を批判した．既往の各種図法を検討した結果，開発すべき投影法の仕様を，断裂なしの平極擬円筒図法とした．また正積図法だと極付近が扁平になりすぎて形状ひずみが大きいことから非正積図法とした．そして，大陸の形状が大きな変形なく見た目に正しく表されるような緯線間隔と経線形状を，実際に地図を描いて試行錯誤的に決定するというプロセスで作成した図法である．このため，ロビンソン図法の経線や赤道からの緯線距離は数学的な関数で表されるのではなく，表として数値が与えられ，表に示された値以外ではこれを滑らかに補間して求める．補間法に何を用いるかはとくに指定されていない．ロビンソンの与えた経緯線網の表を表 5.1 に示す．表に与えた緯度では表に示した赤道からの緯線の距離 (極の緯線距離を 1 とする相対値) をもち，それ以外の緯度ではこれらの値を補間した値をもつ関数を $Y(\phi)$，同様に緯線の長さ (赤道の長さを 1 とする相対値) の関数を $X(\phi)$ とすると投影式は以下のように書ける．なお，数式の係数数値は表 5.1 の注釈による．

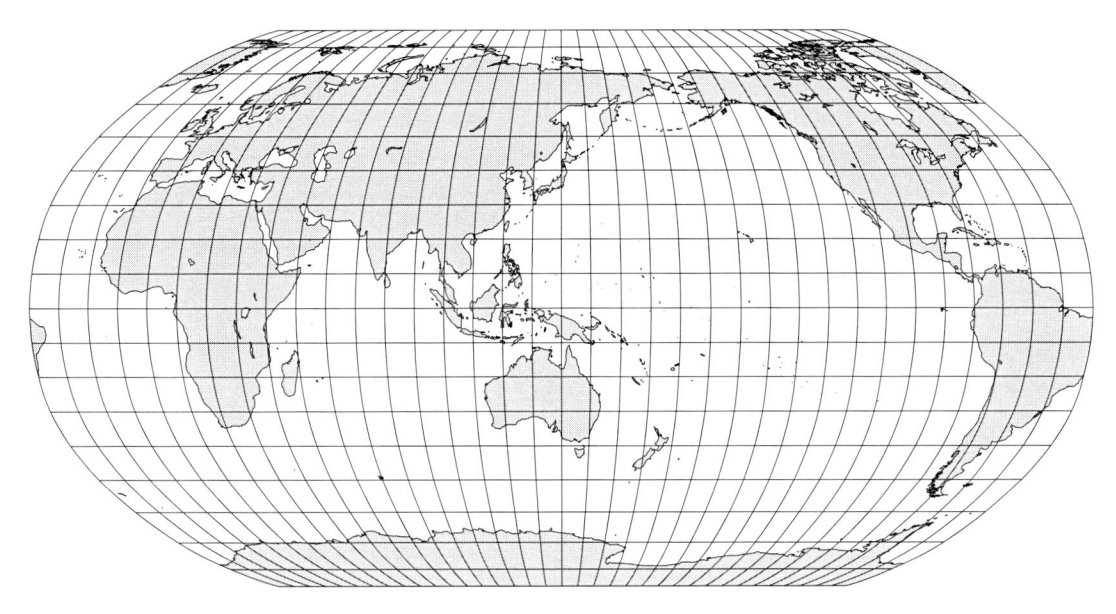

5.3 擬円筒図法に属する各種投影法

図 5.25 ロビンソン図法による世界地図 (経緯線網は 10° 間隔，中央経線は 140°E)

$$x = 0.8487 R X(\phi) \lambda$$
$$y = 0.8487 \times 0.5072 \pi R Y(\phi)$$

この図法による世界地図を図 5.25 に示す．図 5.25 の作成に際しては，表 5.1 をラグランジュ補間 ($n+1$ 個の点で関数値が与えられたとき，これらすべての点を通るように n 次多項式の係数を定めて，これら以外の点における値を求める方法) して緯度の関数を計算した．$5° < |\phi| < 85°$ では，前後の四つの値を用いた 3 次多項式

表 5.1 ロビンソン図法の経緯線網の数表 (Robinson (1974) Table 1 から)

緯度 (度)	赤道からの緯線の距離 (緯度 90° の距離を 1 とする相対値)	緯線の長さ (赤道の長さを 1 とする相対値)
90	1.0000	0.5322
85	0.9761	0.5722
80	0.9394	0.6213
75	0.8936	0.6732
70	0.8435	0.7186
65	0.7903	0.7597
60	0.7346	0.7986
55	0.6769	0.8350
50	0.6176	0.8679
45	0.5571	0.8962
40	0.4958	0.9216
35	0.4340	0.9427
30	0.3720	0.9600
25	0.3100	0.9730
20	0.2480	0.9822
15	0.1860	0.9900
10	0.1240	0.9954
5	0.0620	0.9986
0	0.0000	1.0000

赤道の長さは，地球上の長さの 0.8487 倍とする．中央経線の長さは地図上の赤道の長さの 0.5072 倍とする．

により補間し，$|\phi| < 5°$ では，$0°$，$5°$，$10°$ の値を用いた 2 次式により，$|\phi| > 85°$ では $80°$，$85°$，$90°$ の値を用いた 2 次式で補間している．

ロビンソン図法は，Rand McNally 社の要請をきっかけとしてロビンソンが開発したもので，同社の各種地図帳に用いられたほか，1988 年に米国の National Geographic Society が世界地図の投影法に選定し，1998 年にヴィンケル図法に置き換えるまで用いられた．

5.3.8 ◆ 超楕円図法 (hyperelliptical projection)

楕円の方程式は $(x/a)^2 + (y/b)^2 = 1$ で与えられる ($a > 0, b > 0$ とする) が，$n > 2$ のとき方程式 $|x/a|^n + |y/b|^n = 1$ で与えられる平面曲線を超楕円 (hyperellipse) という．アメリカの地理学者トブラー (Waldo R. Tobler, 1930–) は正積円筒図法と正積擬円筒図法の x 座標または y 座標の平均によって構成される正積擬円筒図法を一般的に論じた論文 (Tobler, 1973) の中で，経線形状に超楕円を用いた投影法を発表し，パラメーターを変えて比較検討した上で $n = 2.5$ の超楕円を経線とする投影法を推奨した．この図法では正積図法となるように緯線間隔を定める．

この投影法の式は，中央経線からの経度差を λ とすると経線は γ を定数として次の式で表される．ただし，縦横比は後で 1:2 のような好みの値に調整するものとしている．また，地球の半径は 1 であるとしている．

$$\left|\frac{x}{\lambda}\right|^n + \left|\frac{y}{\gamma}\right|^n = 1$$

これを x について解くと $x = \lambda(1 - |y/\gamma|^n)^{1/n}$ となる．正積図法であるためには $\lambda = \pi$ のときに $\int_0^y x\,dt$ が赤道から緯度 ϕ までの球面上の帯状部分の面積の半分に等しくなければならないので

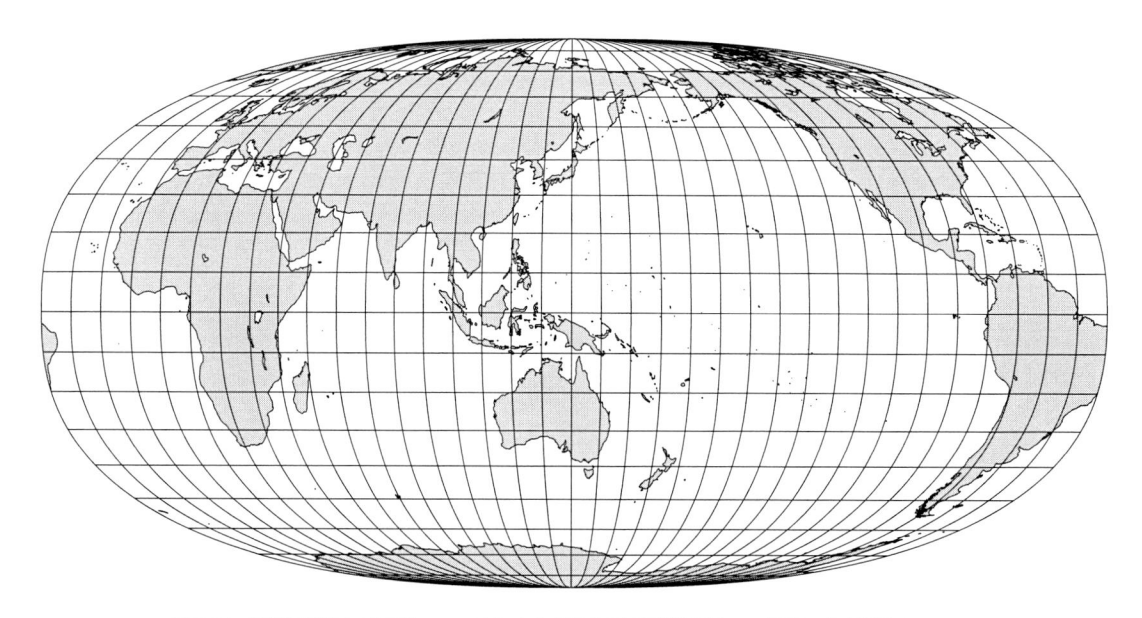

図 5.26 超楕円図法 (べき指数 $n = 2.5$) による世界地図 (経緯線網は $10°$ 間隔，中央経線は $140°$E)

$$\int_0^y x\,dt = \pi \int_0^y \left(1 - \left|\frac{t}{\gamma}\right|^n\right)^{1/n} dt, \quad \int_0^\phi \pi \cos u\,du = \pi \sin\phi$$

$$\therefore \int_0^y \left(1 - \left|\frac{t}{\gamma}\right|^n\right)^{1/n} dt = \sin\phi$$

を満たす必要がある．この式は，緯度 ϕ に対応する y 座標の値を定める式になっているが，まず，定数 γ の値を求める必要がある．$\phi = \pi/2$ のとき $y = \gamma$ であり右辺 $= 1$ である．このとき $t/\gamma = t'$ と変数変換すると左辺の積分は以下のように変形できる．

$$\int_0^\gamma \left(1 - \left|\frac{t}{\gamma}\right|^n\right)^{1/n} dt = \gamma \int_0^1 (1 - t'^n)^{1/n} dt'$$

この右辺の積分を $n = 2.5$ の場合に数値積分で求めると 0.8452338 という値が得られる．ゆえに $\gamma = 1/0.8452338 = 1.183105$ である【注1】．

次に，外周経線の超楕円の縦横比は以上の式では $\gamma : \pi$ である．図形の面積を変えずにこれをサンソン図法やモルワイデ図法と同じように $1 : 2$ にするには $\sqrt{2\gamma/\pi} = 0.8678639$ を x 座標に乗算し，かつ y 座標をこの値で除すればよい．

以上を整理すると，$\gamma = 1.183105$ として，$\int_0^y (1 - |t/\gamma|^n)^{1/n} dt = \sin\phi$ の式で，細かな刻みで y の値を変化させて左辺の積分を計算しそれらに対応する ϕ を求めておく．これから逆に内挿して緯度 ϕ に対応する y の値を求める．次に $x = \lambda(1 - |y/\gamma|^n)^{1/n}$ で x を計算する．地球の半径を R とするときは R を x と y に乗算する．最後に，外周図形の縦横比を $1 : 2$ にするのであれば，0.8678639 を x に乗算し，かつ y をこの値で除す．

5.4 円錐図法に属する各種投影法

一般に円錐図法は標準緯線に沿ってその付近ではひずみが小さく抑えられるから中緯度の地域，とりわけ東西に拡がった地域の表現に適している．

5.4.1 正距円錐図法 (equidistant conic projection)

正距円錐図法は経線が正距となる円錐図法である．極は，緯線と同心の円弧として表現される．単純な図法であるが標準緯線上ではひずみがなく，その近傍もひずみが小さい．1標準緯線の正距円錐図法は，プトレマイオス（トレミー）がその著『地理学』に記した三つの投影法のうちの第 1 図法に相当するのでトレミー図法とも呼ばれる．ただし，プトレマイオスの図法では赤道で経線が折れ曲がるが，近代の正距円錐図法ではそのようなことはしない．投影式は以下のようになる．

$$k = \sin\phi_0$$
$$r = R[\cot\phi_0 + (\phi_0 - \phi)]$$
$$x = r\sin(k\lambda)$$

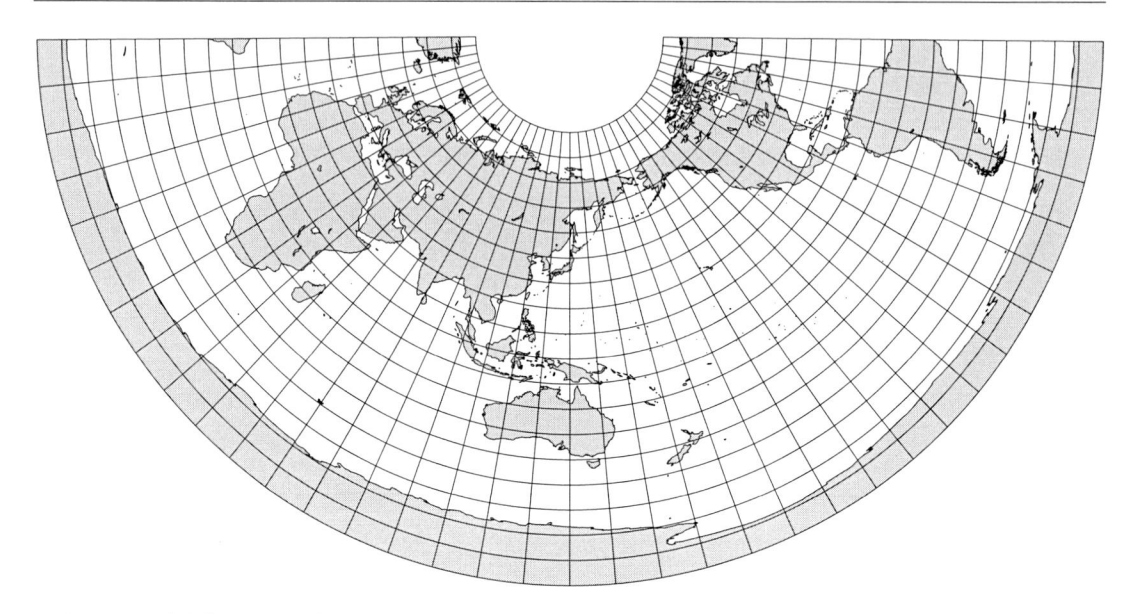

図 5.27 2 標準緯線正距円錐図法による世界地図 (標準緯線の緯度は 20°N と 40°N, 経緯線網は 10° 間隔, 中央経線は 140°E)

$$y = -r\cos(k\lambda)$$

以下，円錐図法の数式では k と r から x 座標と y 座標を計算する部分は共通なので記述を省略する．また，標準緯線の緯度を ϕ_0 (1 標準緯線の場合) または ϕ_1 および ϕ_2 (2 標準緯線の場合) で表すことも共通である．

投影式について図 5.28 を用いて説明する．この図は，球に対して地軸の延長上に頂点を置いた円錐がかぶさって球面に接している状況の断面を示したものだが，図のキャプションに書いたように，接円錐図法では円錐図法の係数は $k = \sin\phi_0$ で与えられる．そして PQ $= R\cot\phi_0$ (R は地球の半径) であるから，任意の緯度 ϕ

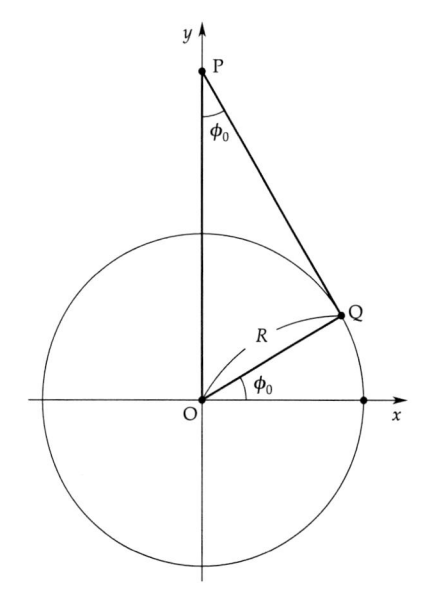

図 5.28 接円錐図法の地軸を通る断面
地点 Q の緯度を $\angle$QO$x = \phi_0$ とし，PQ は Q における接線であるとすると，接線 PQ と半径 QO $(= R)$ は直交するから $\angle$OQP $= \angle$R (直角) である．ゆえに △PQO は直角三角形であり，$\angle$OPQ $= 90° - \angle$POQ $= \angle$QO$x = \phi_0$ となる．$\angle$OPQ は円錐の半頂角だから，円錐図法の係数 k は $k = \sin\phi_0$ となる (5.1 節参照)．母線の長さ PQ は PQ $= R\cot\phi_0$ である．

における円錐上の緯線半径は点 Q からの子午線に沿った距離 $R(\phi_0 - \phi)$ を PQ に加えることによって，子午線にそって正距という条件を満足できる．その結果が，$r = R[\cot\phi_0 + (\phi_0 - \phi)]$ という緯線半径式に表されている．

2 標準緯線の正距円錐図法の投影式は以下のように導かれる．経線にそって正距であるから，C を定数として緯線半径式は $r = R(C - \phi)$ と表される．二つの標準緯線において $kr(\phi_1) = R\cos\phi_1, kr(\phi_2) = R\cos\phi_2$ が成り立つからそれぞれ左辺に緯線半径式を代入して

$$kR(C - \phi_1) = R\cos\phi_1$$
$$kR(C - \phi_2) = R\cos\phi_2$$

両辺を引き算して $kR(\phi_2 - \phi_1) = R(\cos\phi_1 - \cos\phi_2)$ から $k = (\cos\phi_1 - \cos\phi_2)/(\phi_2 - \phi_1)$ を得る．これを第 1 式に代入して $C = \phi_1 + [(\phi_2 - \phi_1)/(\cos\phi_1 - \cos\phi_2)] \cdot \cos\phi_1 = (\phi_2\cos\phi_1 - \phi_1\cos\phi_2)/(\cos\phi_1 - \cos\phi_2)$．ゆえに $r = R[(\phi_2\cos\phi_1 - \phi_1\cos\phi_2)/(\cos\phi_1 - \cos\phi_2) - \phi]$ となる．以上で 2 標準緯線正距円錐図法の円錐図法の係数 k と緯線半径式 r が求まった．2 標準緯線の正距円錐図法は，ドリール図法と呼ばれる．これは，18 世紀フランスのドリール (Joseph Nicolas De l'Isle, 1688–1768) が二つの緯線で正距となる，正距円錐図法の改良を発表したことによるが，ドリールが発表した図法は経線が正確には 1 点で交わらないものであって，2 標準緯線の正距円錐図法とは実は異なるものであった．

5.4.2 ランベルト正角円錐図法 (Lambert conformal conic projection)

ランベルトが 1772 年に発表した七つの投影法の一つで，100 万分の 1 国際図や航空図などに今日も広く用いられている投影法である．この図法は円錐図法かつ正角図法として特徴づけられる．極は円錐の頂点に表されここでは例外的に正角性が成立しない．また，反対側の極は緯線半径が無限大となって図に表されない．1 標準緯線の図法と 2 標準緯線の図法があるが，2 標準緯線のほうが広範囲でひずみを小さくすることができるので広く用いられている．なお，投影式の形からわかるように 2 標準緯線の図法の地図は，二つの標準緯線の緯度の間にある緯度を標準緯線とする 1 標準緯線の図法の地図と相似形である．

以下には，数式の結果だけを示すが，数式の導出については地球を球として扱う場合は 4.3.3 項を，楕円体として扱う場合は 8.2.3 項を参照されたい．

$$k = \frac{\log\cos\phi_2 - \log\cos\phi_1}{\log\tan(\pi/4 - \phi_2/2) - \log\tan(\pi/4 - \phi_1/2)}$$
$$r = \frac{R\cos\phi_1}{k[\tan(\pi/4 - \phi_1/2)]^k}\left[\tan\left(\frac{\pi}{4} - \frac{\phi}{2}\right)\right]^k$$

1 標準緯線の場合の式は

$$k = \sin\phi_0$$
$$r = \frac{R[\tan(\pi/4 - \phi/2)]^k}{\tan\phi_0[\tan(\pi/4 - \phi_0/2)]^k}$$

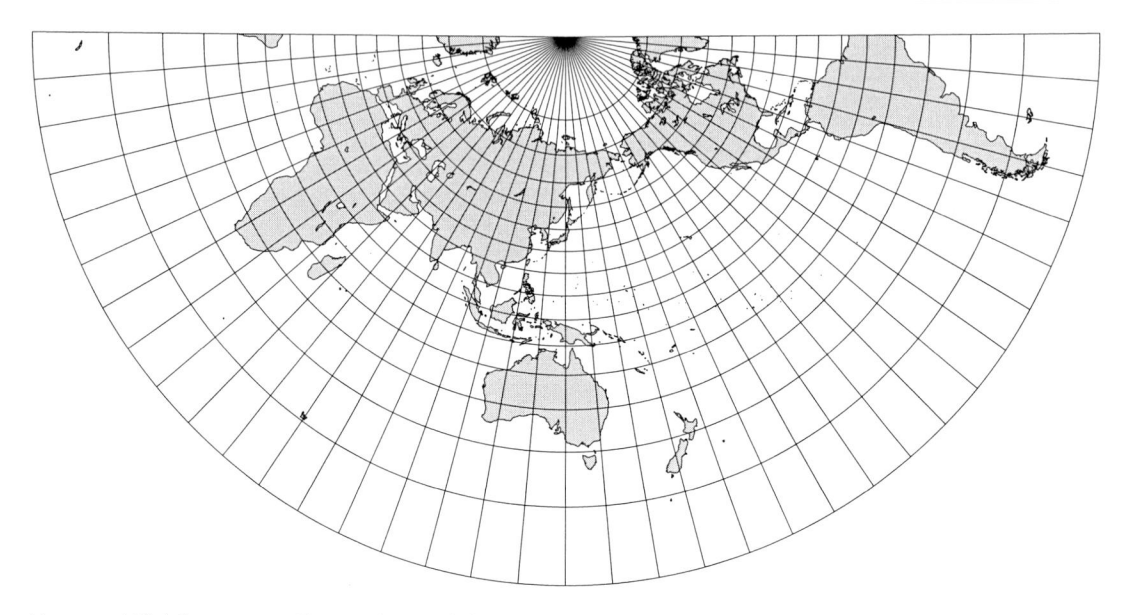

図 5.29 2 標準緯線ランベルト正角円錐図法による南緯 60° 以北の地図 (標準緯線の緯度は 20°N と 40°N，経緯線網は 10° 間隔，中央経線は 140°E)

となる．

楕円体に適用した 2 標準緯線の式は以下のようになる．楕円体の場合も 1 標準緯線では，$k = \sin\phi_0$ が成立する．なお，以下の式で ξ_1, N_1 のように添え字のついた量は，ξ や N を緯度 ϕ の関数として定義している第 1 行目と第 2 行目の式に，標準緯線の緯度 ϕ_1, ϕ_2 を代入して得られる値を意味する．

$$\tan\frac{\xi}{2} = \tan\left(\frac{\pi}{4} - \frac{\phi}{2}\right)\left(\frac{1 + e\sin\phi}{1 - e\sin\phi}\right)^{e/2}$$

$$N = \frac{a}{\sqrt{1 - e^2\sin^2\phi}}$$

$$k = \frac{\log\cos\phi_2 - \log\cos\phi_1 + \log N_2 - \log N_1}{\log\tan(\xi_2/2) - \log\tan(\xi_1/2)}$$

$$r = \frac{N_1\cos\phi_1}{k[\tan(\xi_1/2)]^k}\left(\tan\frac{\xi}{2}\right)^k$$

5.4.3 ◆ アルベルス正積円錐図法 (Albers equal-area conic projection)

2 標準緯線の正積円錐図法．極は，緯線と同心の円弧で表される．ドイツのアルベルス (Heinrich Christian Albers, 1773–1833) が 1805 年に発表した．単にアルベルス図法ともいう．正積図法であり，標準緯線付近の比較的広い範囲で角のひずみも小さいという点で利用価値が高い．とくに，中緯度にあって東西に広く伸びまた南北にもある程度の幅を有する地域全体を表現するのに適している．アルベルスは球に対する数式を導いたが，1927 年にアメリカのアダムズ (Oscar Adams) が楕円体に対する数式を導き，アメリカ合衆国を正積図法で表現する際にこの図法が広く用いられるようになった．

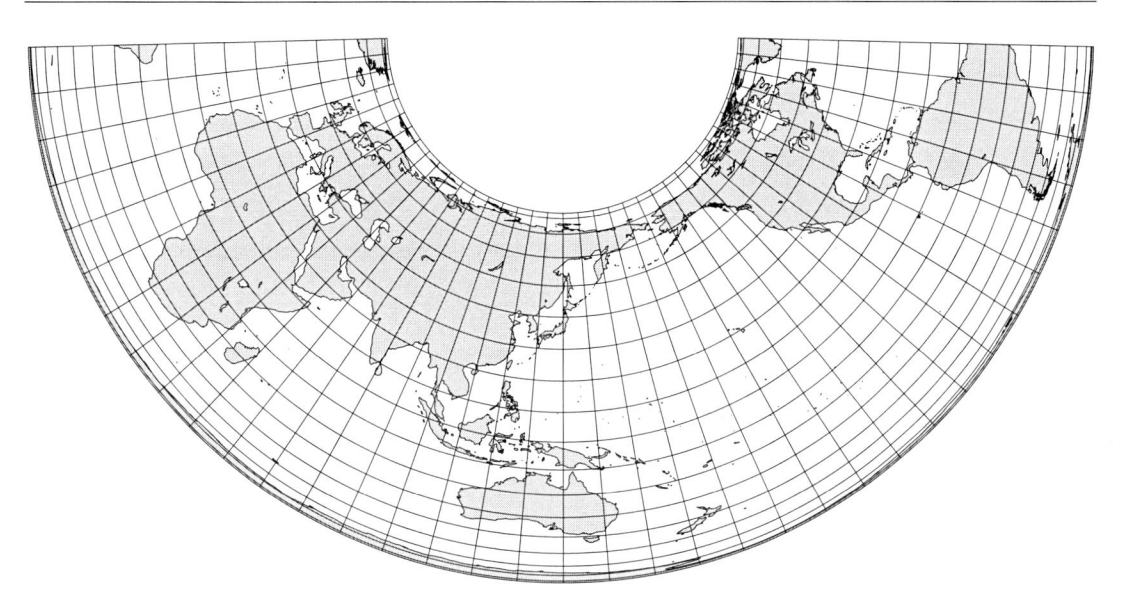

5.4 円錐図法に属する各種投影法

図 5.30 アルベルス正積円錐図法による世界地図 (標準緯線の緯度は 20°N と 40°N,経緯線網は 10° 間隔,中央経線は 140°E)

投影式の導出は,緯度が減少するときに図上の緯線半径が増加することに注意して,緯度が ϕ から $\phi - d\phi$ に減少したときの地球上での面積変化と,これに対応して緯線半径が r から $r + dr$ に増加するとして地図における面積増加が等しいとおいた $-2\pi R^2 \cos\phi\, d\phi = 2\pi k r\, dr$ を積分し,$-R^2 \sin\phi = (1/2)kr^2 + C$ (C は積分定数) を得る.

これを $k^2 r^2 = -2k(R^2 \sin\phi + C)$ と変形し,この左辺に標準緯線において成立する $kr(\phi_1) = R\cos\phi_1, kr(\phi_2) = R\cos\phi_2$ を代入すると,

$$R^2 \cos^2 \phi_1 = -2k(R^2 \sin\phi_1 + C)$$
$$R^2 \cos^2 \phi_2 = -2k(R^2 \sin\phi_2 + C)$$

となるので,両辺引き算すると C が消去でき,これを R^2 で割って

$$\cos^2 \phi_1 - \cos^2 \phi_2 = -2k(\sin\phi_1 - \sin\phi_2)$$

これから

$$k = -\frac{\cos^2 \phi_1 - \cos^2 \phi_2}{2(\sin\phi_1 - \sin\phi_2)} = \frac{\sin^2 \phi_1 - \sin^2 \phi_2}{2(\sin\phi_1 - \sin\phi_2)} = \frac{\sin\phi_1 + \sin\phi_2}{2}$$

を得る.これを次の式の 1 箇所に代入して $R^2 \cos^2 \phi_1 = -2kR^2 \sin\phi_1 - 2kC = -R^2(\sin\phi_1 + \sin\phi_2)\sin\phi_1 - 2kC$ から $-2kC = R^2(1 + \sin\phi_1 \sin\phi_2)$ となり,$C = -(R^2/(2k))(1 + \sin\phi_1 \sin\phi_2)$ と C が求まる.これを $-R^2 \sin\phi = (1/2)kr^2 + C$ に代入して,緯線半径式が

$$r = R\sqrt{\frac{2}{k}}\sqrt{\frac{1 + \sin\phi_1 \sin\phi_2}{2k} - \sin\phi} = \frac{R}{k}\sqrt{1 + \sin\phi_1 \sin\phi_2 - 2k\sin\phi}$$

と求まる.以上をまとめてアルベルス正積円錐図法の投影式は

$$k = \frac{\sin\phi_1 + \sin\phi_2}{2}$$

$$r = \frac{R}{k}\sqrt{1 + \sin\phi_1 \sin\phi_2 - 2k\sin\phi}$$

である.

楕円体に対する式は以下のとおり (8.2.4 項参照). ただし, m_1, m_2, q_1, q_2 のように添え字が付いた量は最初の二つの式で緯度の関数として定義される m と q にそれぞれ標準緯線の緯度 ϕ_1 と ϕ_2 の値を代入した量を意味する.

$$m = \frac{\cos\phi}{\sqrt{1 - e^2 \sin^2\phi}}$$

$$q = (1 - e^2)\left(\frac{\sin\phi}{1 - e^2 \sin^2\phi} - \frac{1}{2e}\log\frac{1 - e\sin\phi}{1 + e\sin\phi}\right)$$

$$k = \frac{m_1^2 - m_2^2}{q_2 - q_1}$$

$$r = \frac{a\sqrt{m_1^2 + kq_1 - kq}}{k}$$

なお, アルベルス正積円錐図法において二つの標準緯線が一致する場合は1標準緯線の正積円錐図法になる. このとき円錐図法の係数の式 $k = (\sin\phi_1 + \sin\phi_2)/2$ に $\phi_1 = \phi_2 = \phi_0$ を代入すると $k = \sin\phi_0$ となることから接円錐図法であることがわかる. 緯線半径式は $r = (R/k)\sqrt{1 + k^2 - 2k\sin\phi}$ (球として扱う場合) である. この投影法はアルベルス正積円錐図法から導かれる1標準緯線の正積円錐図法という以外特段の名称はない.

5.4.4 ◆ ランベルト正積円錐図法 (Lambert equal-area conic projection)

ランベルトは, ランベルト正積方位図法 (後述 5.5.6 項) から出発して経線のなす角が実際の経度間隔の k 倍となる場合の正積図法を考えた. 球面上で緯度が ϕ 以上の部分の面積とこれに対応する地図上の緯線半径 r の扇形の面積が等しいという条件は $k\pi r^2 = 2\pi R^2(1 - \sin\phi)$ と表され, 緯線半径式 $r = R\sqrt{2(1 - \sin\phi)/k}$ を得る. 一方, 球面上の緯線の長さは $2\pi R\cos\phi$ であり, これが地図に表された扇形の弧の長さは $2\pi kr$ である. 標準緯線の緯度ではこの両者が等しい, すなわち $2\pi kr_0 = 2\pi R\cos\phi_0$ であるから, $r_0 = R\cos\phi_0/k$ である. 緯線半径式の ϕ に ϕ_0 を代入して r_0 を求め, これら二つの式を等値すると $R\sqrt{2(1 - \sin\phi_0)/k} = R\cos\phi_0/k$ となり, これから k と ϕ_0 の関係式として $k = (1 + \sin\phi_0)/2$ を得る. 整理すると, ランベルト正積円錐図法の投影式は,

$$k = \frac{1}{2}(1 + \sin\phi_0)$$

$$r = R\sqrt{\frac{2(1 - \sin\phi)}{k}} = \frac{2R\sin(\pi/4 - \phi/2)}{\sqrt{k}}$$

となる. 最後の式への変形は, $1 - \sin\phi = 1 - \cos(\pi/2 - \phi) = 2\sin^2(\pi/4 - \phi/2)$ による.

この式は, アルベルス正積円錐図法において $\phi_1 = \pi/2, \phi_2 = \phi_0$ とおいた式に相

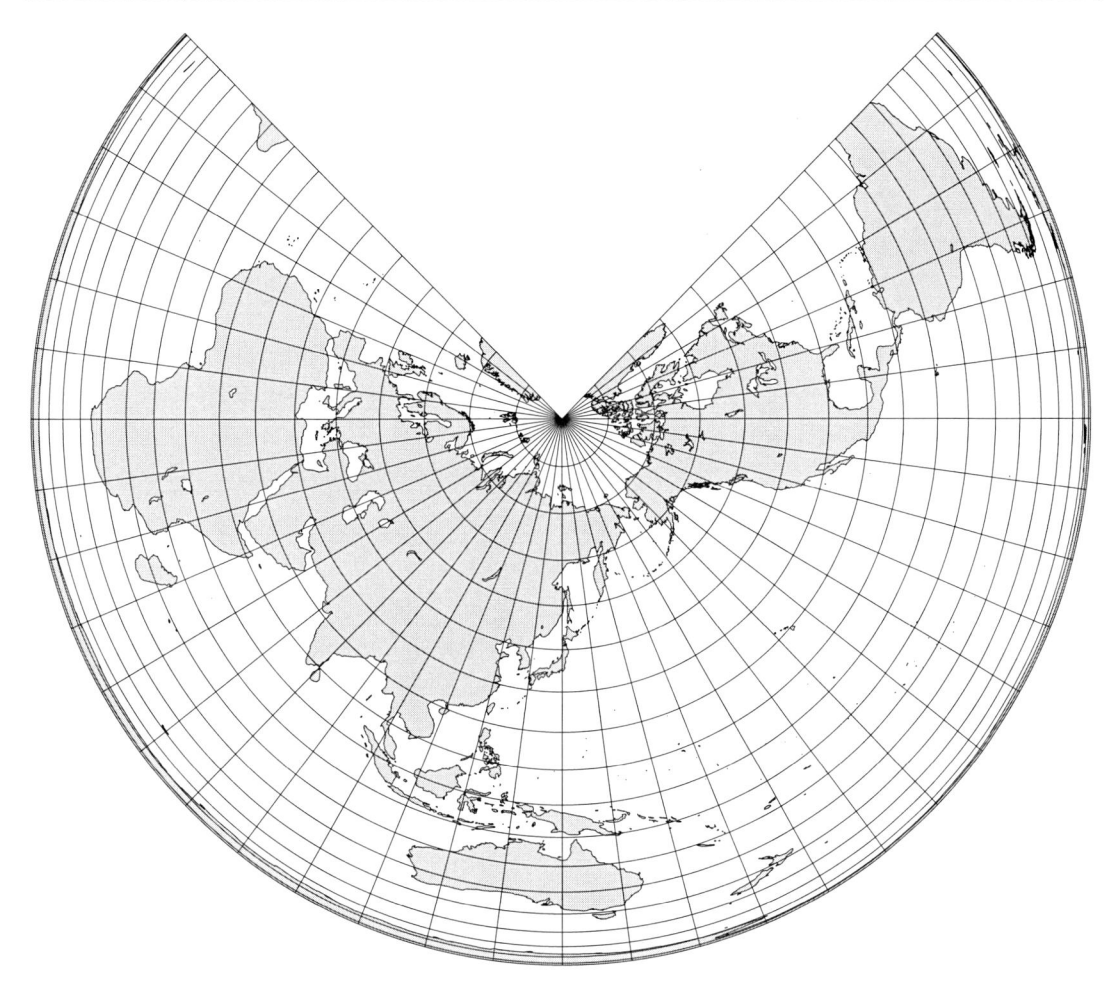

図 5.31 ランベルト正積円錐図法による世界地図 (標準緯線の緯度は 30°N (および 90°N)，経緯線網は 10° 間隔，中央経線は 140°E)

当する．つまり，2 標準緯線の正積円錐図法において一方の標準緯線が極に一致した場合がランベルト正積円錐図法である．他方の標準緯線がランベルト正積円錐図法の標準緯線となる．ゆえにランベルト正積円錐図法は一見 1 標準緯線の図法に見えるが，本質的には 2 標準緯線の図法であり，ひとつの標準緯線が極に固定されたものということができる．だから，通常の 1 標準緯線の図法のように接円錐図法ではなく円錐図法の係数の式が異なっているのである．また，極は緯線長 0 だから極が円弧ではなく円錐の頂点として表されることも自然に理解できる．

なお，一部の文献では，前項の最後に「アルベルス正積円錐図法から導かれる 1 標準緯線の正積円錐図法」として紹介した投影法を，ランベルト正積円錐図法の一種として分類するものがある．これは，ランベルト正積円錐図法を 1 標準緯線の正積円錐図法であると誤解した上で，正積円錐図法を，「ランベルト」= 1 標準緯線，「アルベルス」= 2 標準緯線，のように機械的に分類しようとする考えに由来すると思われるが，ランベルトが発表した正積円錐図法は本質的には 1 標準緯線ではないうえに，同じ「ランベルト正積円錐図法」の名称のもとにまったく性質の異なる 2

種類の投影法を含めるという点で分類として妥当性を欠いている．用語におけるこのような混乱を避けるためには，(1) ランベルト正積円錐図法は 1 標準緯線の図法ではないことをつねに明確にすること，(2)「アルベルス正積円錐図法から導かれる 1 標準緯線の正積円錐図法」には特段の名称がないのが現状であり，それがこの混乱の背景にあるが，今後は単に「1 標準緯線正積円錐図法」といえばこれを指すことにするというのが，一つの解決法であろう．

5.4.5 ◆ 円錐図法の標準緯線が南半球にある場合の投影式

以上の 4 種類の正軸法円錐図法の投影式は，円錐の頂点が赤道よりも北側に位置することを前提に導いてきたものである．すなわち，1 標準緯線の図法でこの標準緯線が北半球にある場合，2 標準緯線の図法で二つの標準緯線がすべて北半球にある場合，あるいは南北両半球に標準緯線が各 1 本で北半球の標準緯線の緯度が南半球の標準緯線の緯度よりも高緯度である場合に相当する．これと逆に円錐の頂点が赤道よりも南側に位置する場合の投影式について検討する．これを，変数の正負に注意して導くことは可能だが，実はランベルト正積円錐図法を除く 3 種類の円錐図法 (正距円錐図法，ランベルト正角円錐図法，アルベルス正積円錐図法) については，5.4.1～5.4.3 項で導いた投影式がそのまま適用できる．標準緯線が南半球にある場合，負の値をもつその緯度をそのまま数式に与えればよい．これにより，北を上 (y 座標の正の方向) とする上方に拡がった扇形の地図が描かれる (例：図 5.32)．なお，円錐の頂点が赤道より南にある場合のランベルト正積円錐図法は，二つあるうちの一つの標準緯線を南極とするアルベルス正積円錐図法と考えればよい．

それぞれの投影式を 2 標準緯線の図法について再掲すると以下のとおりである．

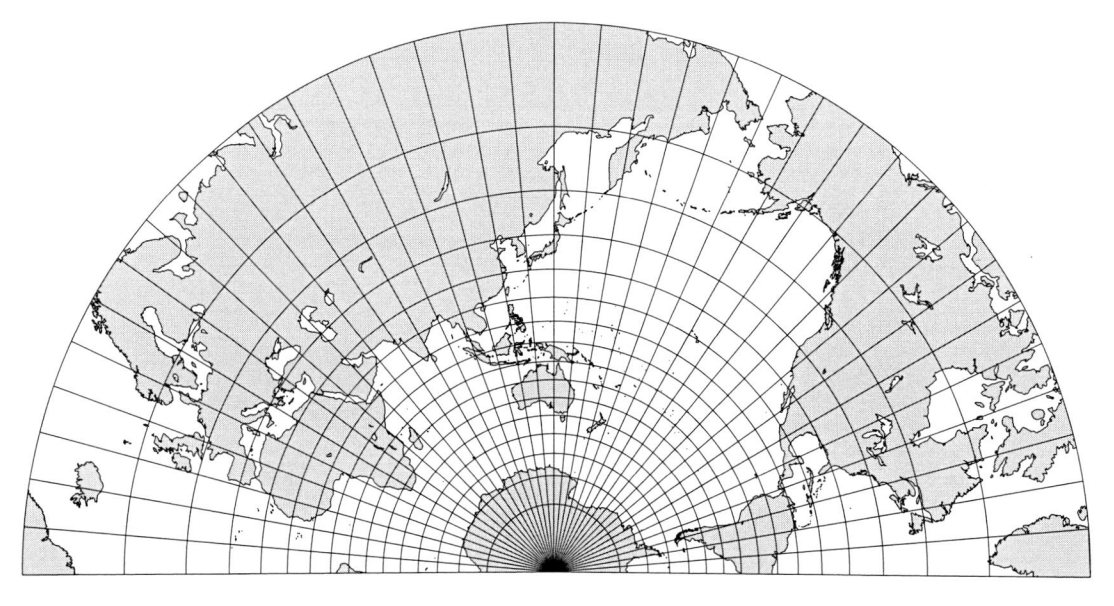

図 5.32 2 標準緯線ランベルト正角円錐図法による 70°N 以南の地図 (標準緯線の緯度は 20°S と 40°S，経緯線網は 10° 間隔，中央経線は 140°E)

正距円錐図法
$$k = \frac{\cos\phi_1 - \cos\phi_2}{\phi_2 - \phi_1}$$
$$r = R\left(\frac{\phi_2\cos\phi_1 - \phi_1\cos\phi_2}{\cos\phi_1 - \cos\phi_2} - \phi\right)$$

ランベルト正角円錐図法
$$k = \frac{\log\cos\phi_2 - \log\cos\phi_1}{\log\tan(\pi/4 - \phi_2/2) - \log\tan(\pi/4 - \phi_1/2)}$$
$$r = \frac{R\cos\phi_1}{k[\tan(\pi/4 - \phi_1/2)]^k}\left[\tan\left(\frac{\pi}{4} - \frac{\phi}{2}\right)\right]^k$$

アルベルス正積円錐図法
$$k = \frac{\sin\phi_1 + \sin\phi_2}{2}$$
$$r = \frac{R}{k}\sqrt{1 + \sin\phi_1\sin\phi_2 - 2k\sin\phi}$$

これらの式において，ϕ_1 と ϕ_2 両方の符号の正負がそれぞれ逆転したとすると k は絶対値が等しく符号が逆の値になることが簡単に確認できる．そして，緯度 ϕ についても符号を逆転すると，緯線半径 r も同様に絶対値が等しく符号が逆転する．(ランベルト正角円錐図法の式では $\tan(\pi/4 - (-\phi)/2) = \tan(\pi/4 + \phi/2) = 1/\tan(\pi/4 - \phi/2)$ であることに注意すれば，このことが導ける．) r と $k\lambda$ から x, y 座標を求める数式で，r と $k\lambda$ の符号が逆になることによって点の位置がどのように変わるかを考えると (図 5.33 参照)，r の符号の逆転で原点に関して対称の位置に

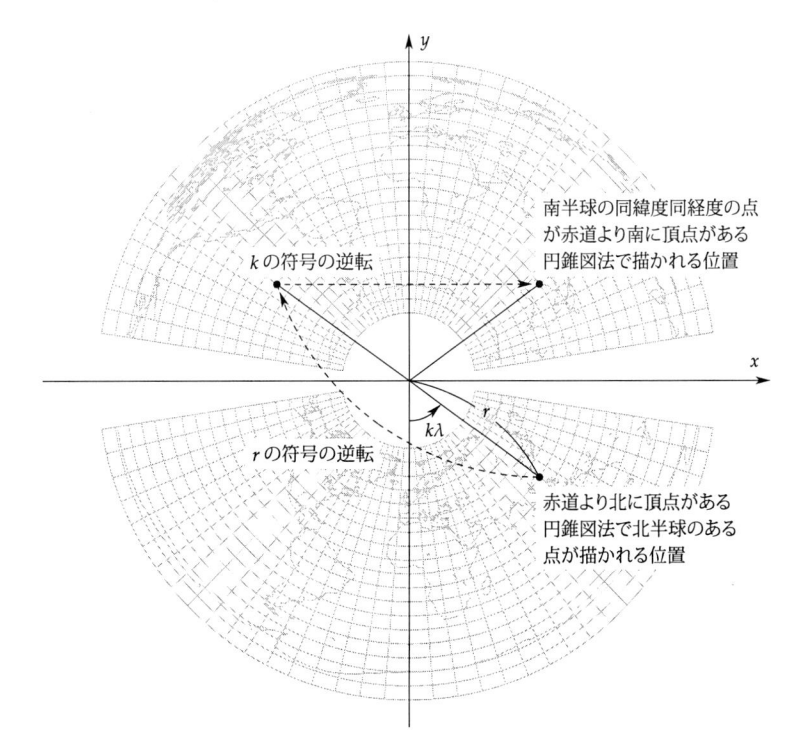

図 5.33 r と k の符号の逆転により描かれる点の位置の変化

移され，$k\lambda$ の符号の逆転で y 軸に関して対称の位置に移される．南半球では地球中心から南極に向かう軸を左回りに回転する方向に経度が増加するから，$k\lambda$ の符号の逆転で正しい位置関係になる．この結果，正しい地図が描かれるのである．

なお，r と k は本来はそれぞれ正の数として定義したものである．ここでは両者が負の数になることを許容し意味を拡張して用いたが，これにより地図投影のプログラムにおいて円錐の頂点が南側にある場合もそのまま一つのプログラムで扱えるという大きなメリットがある．

5.5 ◆ 方位図法に属する各種投影法

5.5.1 ◆ 正距方位図法 (azimuthal equidistant projection)

正軸法において経線が正距となる方位図法である．斜軸法の場合は，ある地点を中心としてこの点からの距離と方位が地球上のすべての点について正しくなるようにした図法となる．ただし，この正距性が成立するのは地図主点とその他の点の間についてのみである．このような特徴から，ある都市を地図の中心においた斜軸法の地図としてよく用いられる (図 1.11 参照)．世界全体の表示も可能である．このとき，地図主点の対蹠点(たいせきてん)は地図の外周円 (半径は πR) となる．正距方位図法の地図では地図主点からの等距離圏が地図縮尺倍した半径の円として表示することができる．逆にこれ以外の図法によった場合は，等距離圏はこの半径の円にはならず，また必ずしも円でさえもない．用いている地図投影法が何であるかに注意を払わずに安易に等距離圏を円で表示するような間違った地図の使い方はよく見かけるところなので注意が必要である．

北極を地図主点とした正軸法の投影式はラジアン単位の余緯度 p を用いて $r = Rp$ で表される．ここで，r は緯線の半径，R は地球の半径である．緯度 ϕ による式も合わせて記すと以下のようになる．ただし，角度の単位はラジアンとする．この図法は正積でも正角でもない．

$$r = Rp = R\left(\frac{\pi}{2} - \phi\right)$$
$$x = r \sin \lambda$$
$$y = -r \cos \lambda$$

以下，緯線半径 r と経度 λ から x, y 座標を求める数式は方位図法に共通なので省略する．ただし，経度 λ は極から下方に描かれた経線を基準にして測るものとする．

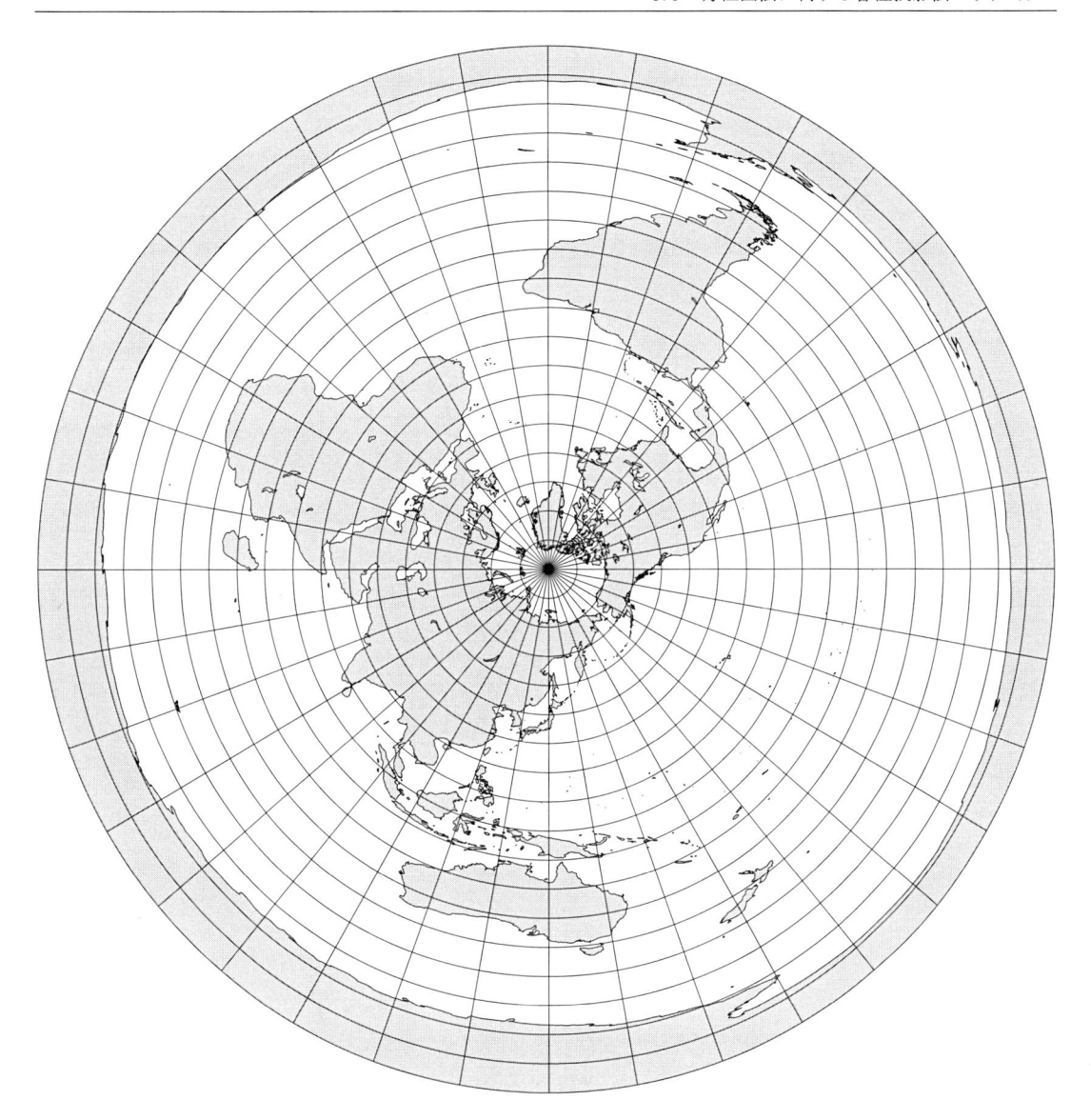

図 5.34 北極を地図主点とした正距方位図法による世界地図 (経緯線網は 10° 間隔)

5.5.2 ◆ 心射図法 (gnomonic projection)

　ある点 (正軸法の場合は極) で地球に接する平面を投影面とし，球の中心と球面上の投影したい点を直線で結び，この直線の延長が投影面に交わる位置に投影する図法．地球上の大円が直線として表されるのが特徴である．なぜなら，大円は中心を通る平面が球面と交わってできる円であり，心射図法では大円の投影はこの平面が投影面と交わる切り口となるからである．このため，任意の 2 地点を結ぶ大圏航路 (地球上の 2 地点間の最短経路，great circle track) が地図上でこれらの点を結ぶ直線として表される．ただし，2 地点間の距離が地図上で直接計測できるわけではない．経線はすべて球面上の大円であるから直線となる．心射図法は半球より小さい範囲しか表現できない．投影式は以下のようになる．

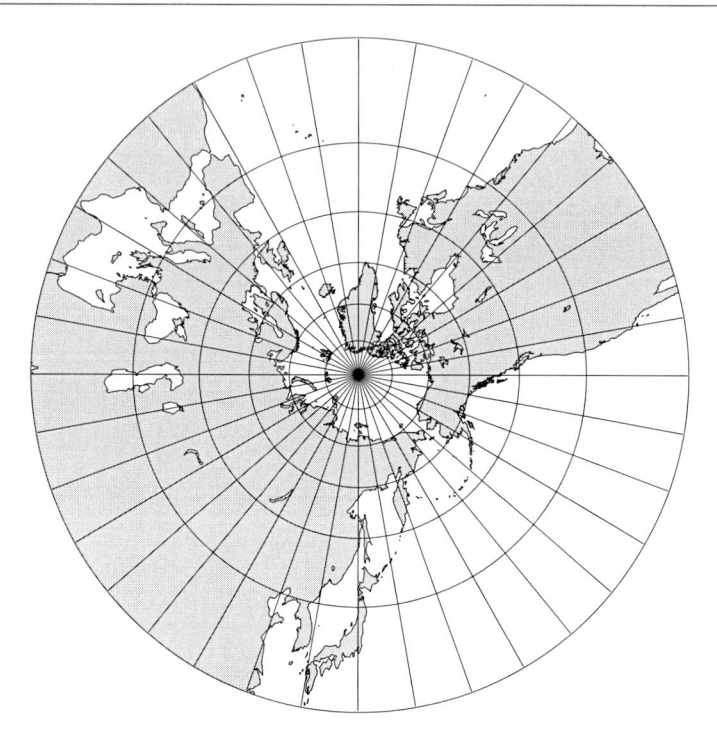

図 5.35 北極を地図主点とした心射図法による 30°N 以北の地図 (経緯線網は 10° 間隔)

$$r = R \tan p = R \cot \phi$$

5.5.3 ◆ 平射図法 (stereographic projection)

投影面 (平面) と地球との接点 (地図主点) と，直径を挟んで反対側の地球上の点 (主点の対蹠点) から地図に表したい地球上の点を直線で結んでこの延長が投影面と交わる位置に投影する図法．4.3.2 項で述べたように，正角図法であることが特長であり，この性質のゆえに広く応用される．なお，証明は略すが平射図法では球面上の円は，大円，小円ともに地図上で円になる (ただし主点の対蹠点を通る円は直線となる)．この証明はたとえば吉田 (1965, pp.129–130) 参照．このため，正軸法でない一般の場合を含め一般に経緯線は円または直線となり，経緯線網が定規とコンパスで作図できる．このことも以前は重要な特長であった．ただし，球面上の円の中心はこの円が投影された平面上の円の中心とは一般に一致しない．投影の中心となる地図主点の対蹠点そのものは投影できないが，この 1 点を除く全球が原理的には投影可能である．投影式は以下のとおり (4.3.2 項参照).

$$r = 2R \tan \frac{p}{2} = 2R \tan\left(\frac{\pi}{4} - \frac{\phi}{2}\right) = 2R \sqrt{\frac{1 - \sin\phi}{1 + \sin\phi}}$$

横軸平射図法の半球図を二つ用いて東西両半球を表す世界地図の表現法は，16 世紀末から 18 世紀にかけて広く行われた (横軸平射図法の例は図 5.37).

以上の投射図法の一種としての説明は球に対してのみ成立する．回転楕円体に対する平射図法は，正角図法となる条件から導かれるが，これは球の場合のような投射

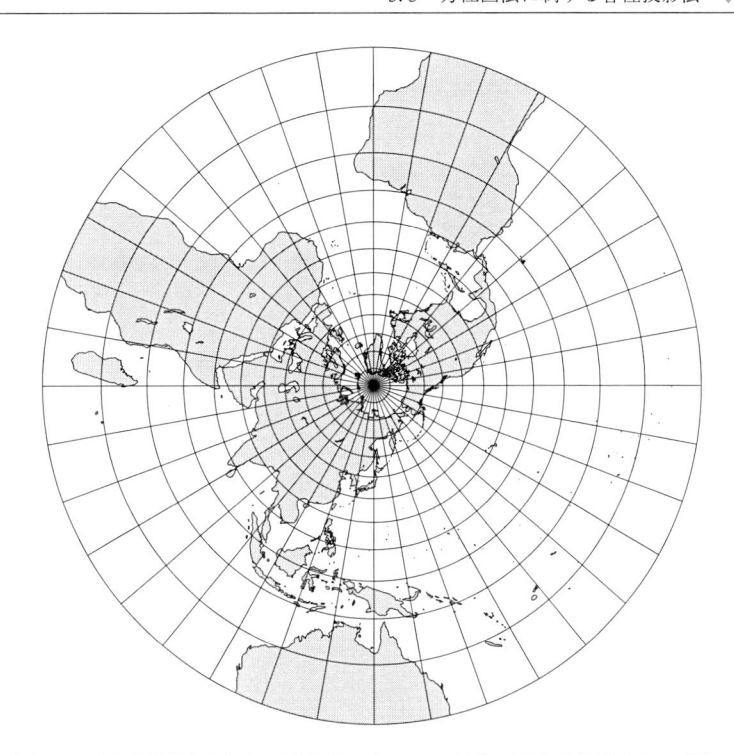

図 5.36 北極を地図主点とした平射図法による 30°S 以北の地図 (経緯線網は 10° 間隔)

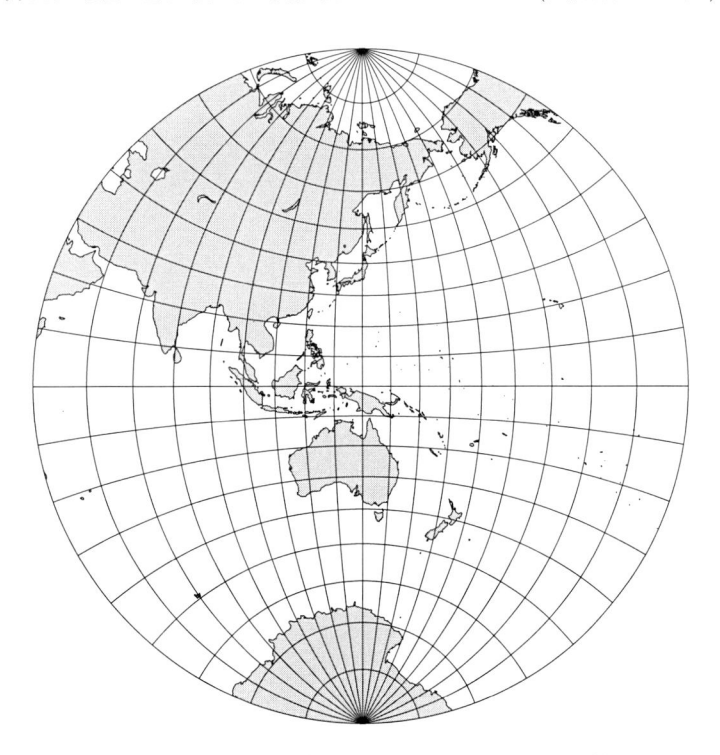

図 5.37 横軸平射図法による半球図 (地図主点は緯度 0°, 140°E, 経緯線網は 10° 間隔)

図法ではない．つまり，回転楕円体に対しては正角方位図法のことを平射図法と呼んでいる．北極を地図主点とする式は次のようになる (この式の導出は 8.2.2 項).

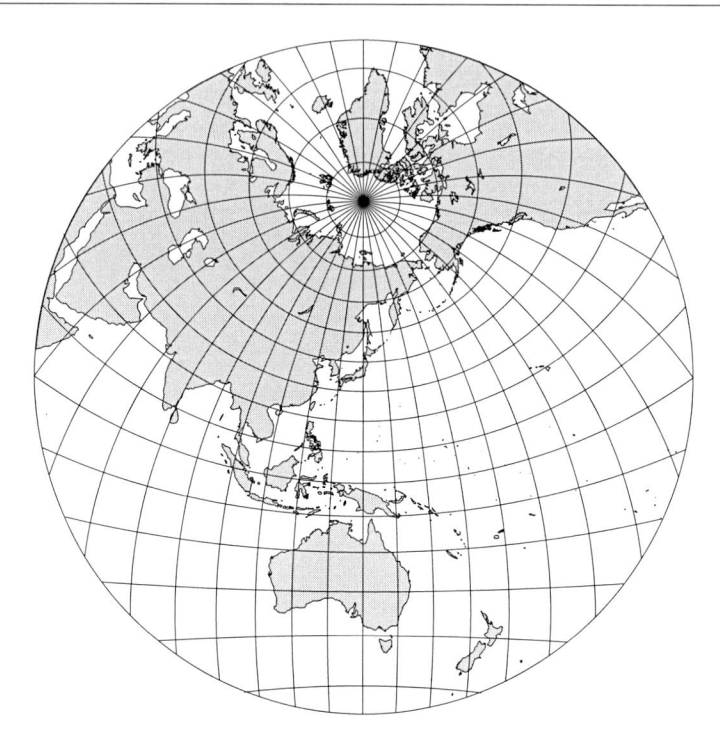

図 5.38 斜軸平射図法による半球図 (地図主点は 35°N, 140°E, 経緯線網は 10° 間隔). 平射図法の地図では経緯線がすべて円 (弧) または直線で表されていることに注意

$$r = \frac{2a}{\sqrt{(1+e)^{1+e}(1-e)^{1-e}}}\sqrt{\left(\frac{1-\sin\phi}{1+\sin\phi}\right)\left(\frac{1+e\sin\phi}{1-e\sin\phi}\right)^e}$$

この式では，極において長さのひずみがないように係数を定めている．

楕円体に対する平射図法の適用例として，極を主点とする平射図法である UPS 図法 (Universal Polar Stereographic projection, UPS projection) がある．UPS 図法は UTM 図法が適用されない極地域を表すために用いられ，上記の式に 0.994 という係数を掛けて緯度 81°06′52.3″ が標準緯線となるように定めている．UPS 図法には座標系が定義されており，0° と 180° の経線を y 軸，西経 90° と東経 90° の経線を x 軸とし，原点すなわち極の座標値を (2000 km, 2000 km) とする規約になっている．北極では 180° の経線に沿って南下する方向が y 軸の正の方向であり，南極では 0° の経線に沿って北上する方向が y 軸の正の方向である．x 軸の正の方向は両極とも東経 90° の方向である (Defence Mapping Agency, 1989, pp.3–3～3–4).

5.5.4 ◆ 正射図法 (orthographic projection)

視点が投影面に垂直な方向の無限の距離にあるとした場合で，投影面への正射影である．半球より広い範囲は表せず，また図の周辺ではひずみが大きい．地球を無限遠から眺めたときの姿を表し，半球図は絵画的な説明図や自転する地球を表した動画にも用いられる．周辺部のひずみが大きいため，広範囲を表す地図のための投影法として用いられることは少ない．

図 5.39　斜軸正射図法による半球図 (地図主点は 20°N, 140°E, 経緯線網は 10° 間隔)

$$r = R \sin p = R \cos \phi$$

5.5.5 ◆ 外射図法 (external perspective projection)

　正射図法では無限遠の距離から地球を見たが，地球の外部の有限の距離に視点を置いた投射図法が，外射図法である．人工衛星から直下方向に撮った写真は外射図法による地球の姿になっている．

　なお，外射図法には図 5.41 に示した視点 O 側の地表面 ACB (A, B は O を通る球の接線が球に接する点) を C で接する平面 a に投影する場合と，O の反対側 ADB を平面 b に投影する場合の 2 通りが考えられる．ここで，ACB 側を投影する場合

図 5.40　外射図法の例：140°E 赤道上空 35,800 km の静止衛星からみたほぼ半球図 (経緯線網は 10° 間隔)

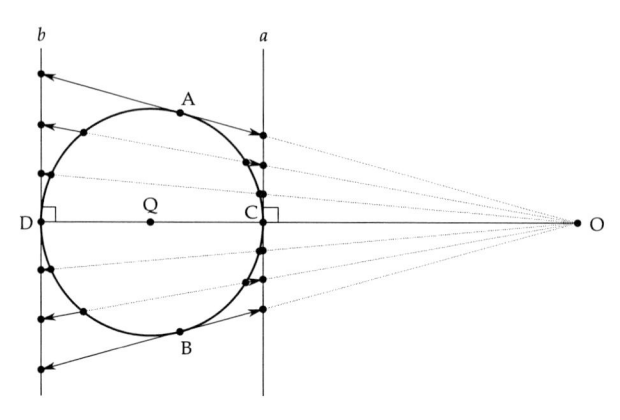

図 5.41 外射図法

はCで接する平面 a に，ADB 側を投影する場合は D で接する平面 b に投影する理由は，それぞれ方位図法における地図の中心 (地図主点) において長さが正しく投影されるようにするためである．2通りがあるけれども，実際に外射図法が有用なのは衛星からみた姿をそのまま表示することに置かれることが多いので，視点O側のACBを平面 a に投影する場合についてのみ以下では記述する．正射図法においても同じように，視点側を投影するのかそれとも視点の反対側を投影するのかという問題があったのだが，正射図法ではこれらが地球を半回転させた場合の他方とまったく同じ図になるので区別する必要がなかったのである．

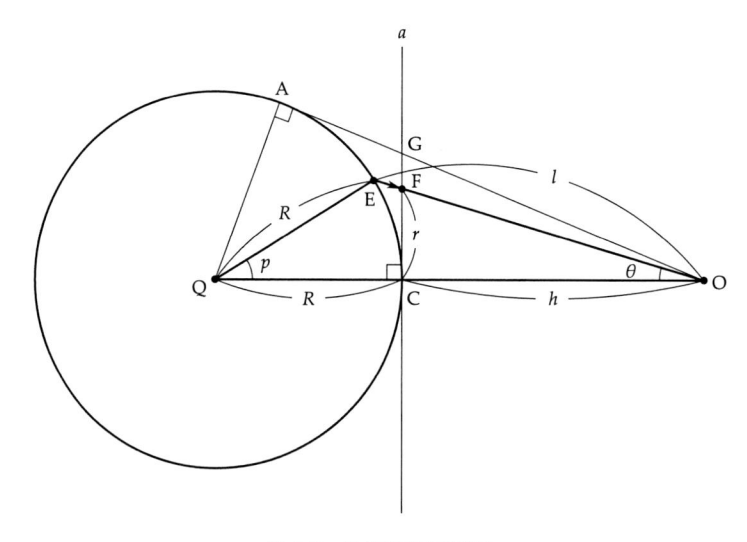

外射図法の投影式を図 5.42 で説明しつつ導いてみよう．O は視点 (投影中心)，Q は地球の中心，G, F, C は視線が投影面と交わる点である．視点 O は地表の点 C から高度 h のところにあり，地球の半径を R とする．正軸法で C が北極とする．余緯度 p の地上の点 E が，E と O を結ぶ直線 OE と投影面との交点 F に投影される．このときの緯線の半径 r は線分 CF の長さである．課題は，p を与えて r を求める式を導くことである．OE と OC のなす角を θ とすると，$r = h\tan\theta$ だから，$\angle EOC = \theta$

図 5.42 外射図法の説明図

がわかればよい．△OEQ で平面三角法により θ を求める．OE の長さを l とすると，余弦定理と正弦定理を用いて

$$l^2 = R^2 + (R+h)^2 - 2R(R+h)\cos p$$

$$\frac{R}{\sin\theta} = \frac{l}{\sin p}$$

第 2 式から $\sin\theta = R\sin p/l$．これを $r = h\tan\theta$ に代入する．

$$r = h\tan\theta = h\cdot\frac{\sin\theta}{\cos\theta} = h\cdot\frac{R\sin p/l}{\sqrt{1-R^2\sin^2 p/l^2}} = \frac{hR\sin p}{\sqrt{l^2-R^2\sin^2 p}}$$

$$= \frac{hR\sin p}{\sqrt{R^2+(R+h)^2-2R(R+h)\cos p - R^2\sin^2 p}}$$

$$= \frac{hR\sin p}{\sqrt{R^2\cos^2 p + (R+h)^2 - 2R(R+h)\cos p}} = \frac{hR\sin p}{R+h-R\cos p}$$

以上で外射図法の投影式が求まった．なお，視点 O を通る円との接線が円に接する点 A より遠くは表現できない．このとき △OAQ は直角三角形であり，角 p の最大値 p_{MAX} は以下の式で与えられる．

$$p_{\mathrm{MAX}} = \cos^{-1}\left(\frac{R}{R+h}\right)$$

5.5.6 ◆ ランベルト正積方位図法 (Lambert azimuthal equal-area projection)

方位図法において緯線間の距離を調節して，正積性をもたせた図法．正距方位図法と同じく世界全図を描くことが可能であり，かつ正積図法としての有用性がある．斜軸法を用いれば，東西・南北ともに同程度の拡がりのある地域を正積図法で描くのに適している．

先に第 3 章で導いたように，極を中心にして余緯度 p の緯線で囲まれた球面上の領域の面積は $2\pi R^2(1-\cos p)$ であり，平面上の緯線半径 r の円の面積は πr^2 であるから，これらを等しいとおいて $r = R\sqrt{2(1-\cos p)} = 2R\sin(p/2) =$

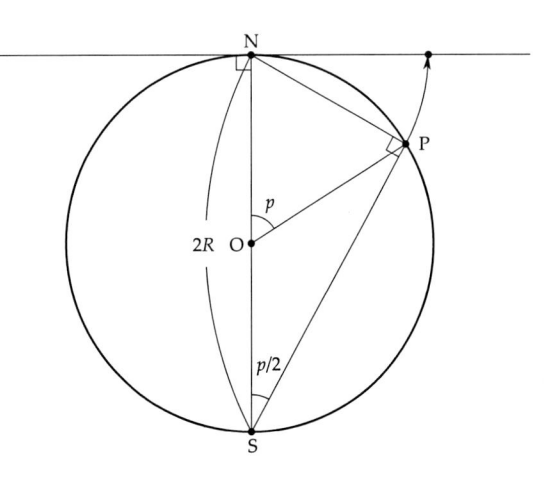

図 5.43 ランベルト正積方位図法の図解的作図法

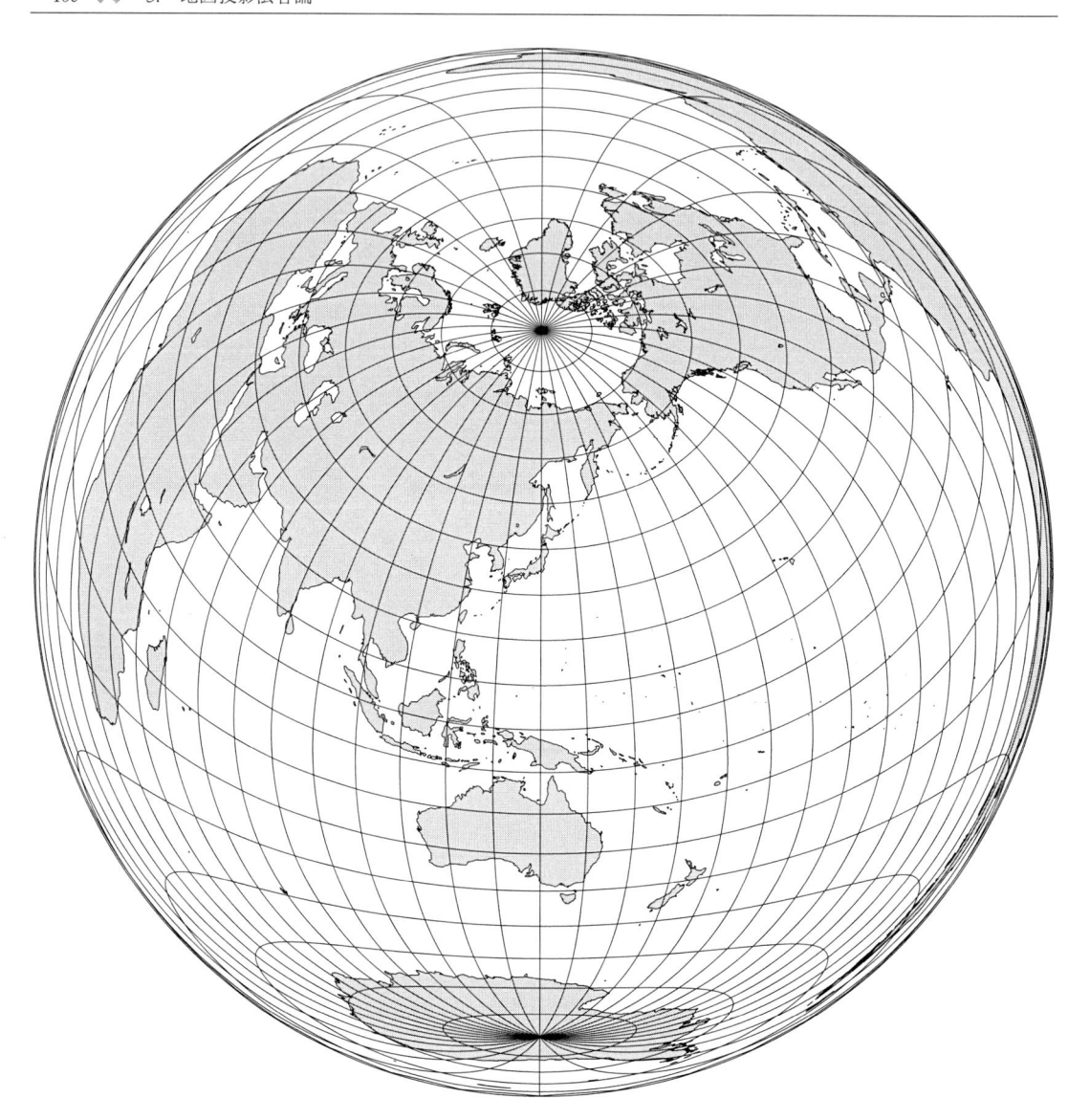

図 5.44 斜軸ランベルト正積方位図法による全球図 (地図主点は北緯 35°N, 140°E, 経緯線網は 10° 間隔)

$2R\sin(\pi/4 - \phi/2)$ と緯線半径式が求まる.

　先にランベルト正積円筒図法は，地軸を含む平面内で対象となる地点を赤道面に平行な直線で円筒面に投影するという図解的な作図が可能であることを述べたが，ランベルト正積方位図法も図解的に描くことができる．コンピュータープログラムで描くのがふつうの時代には不要かもしれないが，参考までに述べておこう．図 5.43 は地軸を含む断面を表示したもので，N と S は北極と南極，O は地球の中心である．投影したい点 P の余緯度 p は ∠NOP である．地球の半径は R とする．図から明らかなように ∠NSP = $(1/2)$∠NOP = $p/2$ である．△NPS は直角三角形だから辺 NP の長さは $2R\sin(p/2)$ であり，ランベルト正積方位図法における地図主点からの距離になる．だからコンパスを用いて点 N に中心を置き半径 NP の円弧を描いて

この長さを平面に移せば点Pが平面上にランベルト正積方位図法で作図できたことになる.

5.6 ◆ その他の投影法

5.6.1 ◆ ボンヌ図法 (Bonne projection) とヴェルネル図法 (Werner projection)

緯線が同心円弧で経線が曲線となる擬円錐図法の代表的な図法であり，正積図法である．緯線間隔は，正距円錐図法と同様に等間隔である．

ボンヌ図法は中緯度地域を表す正積図法としてかつて広く用いられたが，この目的のためにはアルベルス正積円錐図法のほうが，経緯線形状が単純である (経線が直線，緯線は円弧) 点からも，ひずみ分布が経度によらない点からも優れており，今日ボンヌ図法を採用する理由はほとんどないと考えられる．

ボンヌ図法の構成は次のように考えるとわかりやすいであろう．まず，1標準緯線の正距円錐図法から出発する．この図法の緯線がボンヌ図法の緯線となり，また

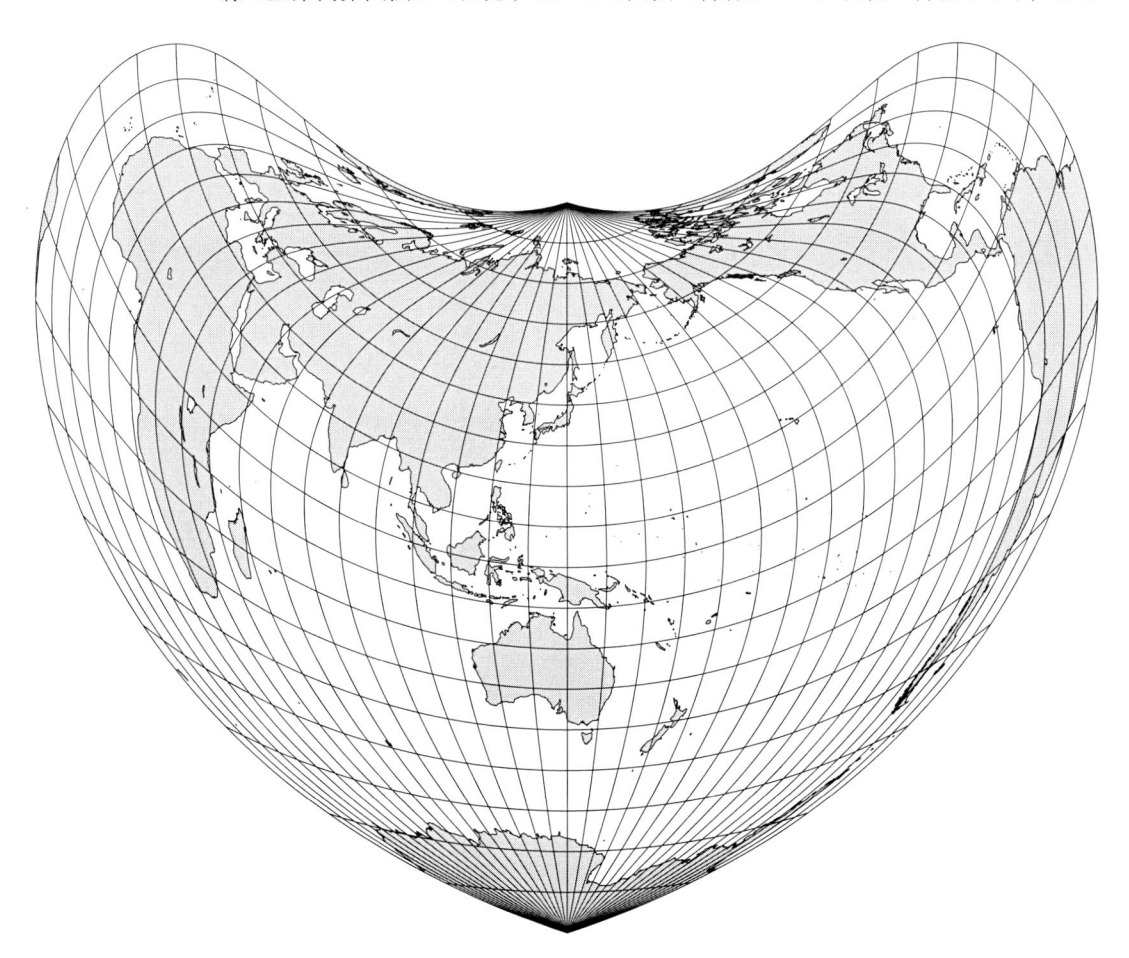

図 5.45 ボンヌ図法による世界地図 (標準緯線の緯度は 30°N，経緯線網は 10° 間隔，中央経線は 140°E)

正距円錐図法の標準緯線がボンヌ図法の標準緯線にもなる．そして，緯線円弧の中心を通る直線として表される中央経線を基点としてすべての緯線上で緯線に沿った長さが正しくなるように経度を目盛る．経線はこの一定経度の点を結ぶ曲線となる．この構成法からこれが正積図法であることがわかる．ボンヌ図法の標準緯線を赤道に近づけた極限がサンソン図法ということができる．一方，標準緯線が極になった極限がヴェルネル図法 (後述) である．

投影式は以下のように導かれる．緯度 ϕ で中央経線からの経度差 λ の点の地球上での中央経線からの緯線に沿っての距離は $R\lambda\cos\phi$ であり，地図上の緯線の半径は正距円錐図法と同じ $r = R(\cot\phi_0 + \phi_0 - \phi)$ である．この半径の円周に沿って距離 $R\lambda\cos\phi$ 動いた位置に投影するので，同心円弧の中心と投影された点を結んだ直線が中央経線となす角を θ とすると $\theta = \lambda\cos\phi/(\cot\phi_0 + \phi_0 - \phi)$ の位置に投影されることになる．整理すると，

$$\theta = \frac{\lambda\cos\phi}{\cot\phi_0 + \phi_0 - \phi}$$

$$r = R(\cot\phi_0 + \phi_0 - \phi)$$

である．これは極座標表示であるが，直交座標にするには

$$x = r\sin\theta$$

$$y = R(\cot\phi_0 + \phi_0) - r\cos\theta$$

とすればよい．ただし，ここで原点を中央経線と赤道の交点とした．

ボンヌ図法の名前は，フランスのボンヌ (Rigobert Bonne, 1727–95) がフランス海岸の海洋地図帳に用いたことに由来するが，ボンヌが発明したものではない．この図法はすでに 1511 年のシルヴァーノ (Bernardo Sylvano) の世界地図に用いられており，16 世紀から 20 世紀に至るまでドリールはじめ多くの地図作製者に用いら

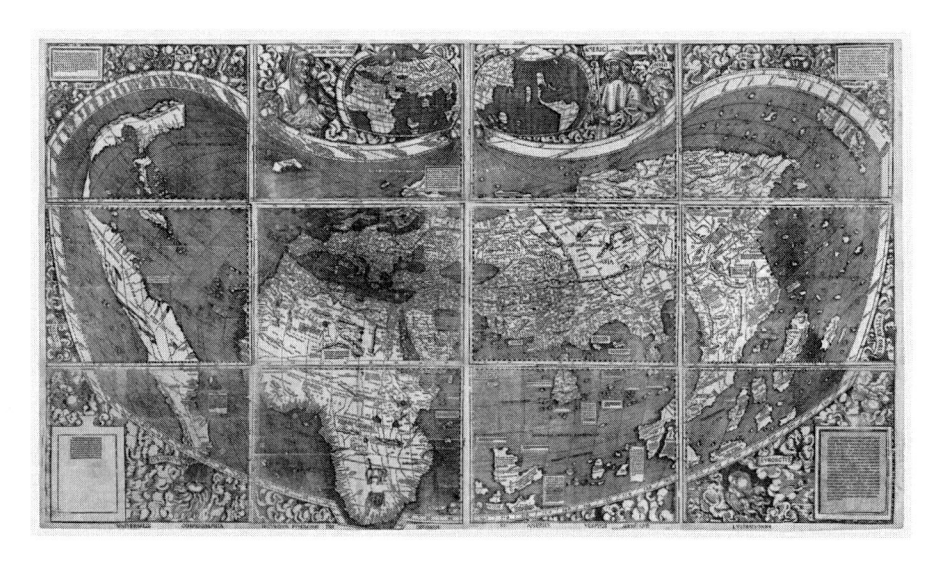

図 5.46 ヴァルトゼーミュラーの世界地図 (1507 年)

れた.

　ボンヌ図法の由来に関して，2世紀のプトレマイオスの第2図法との関連が指摘されている．プトレマイオスの第2図法は緯線が同心円弧で経線が曲線であるところはボンヌ図法と共通しているが，プトレマイオスの図法は正積図法を意図したものでもなくまた実際にもそうではない．経線はボンヌ図法のような曲線ではなく，円弧である．このようにこれら二つの図法はまったく異なるものであることをまず押えておく必要がある．プトレマイオスの地図は世界地図といっても全球を表すものではなく，当時知られていた人間が住める地域としての経度差180°，63°Nから16°25′Sまでの範囲に限られていた．そして彼の第2図法における経線は，これら北端と南端の緯線および23°50′Nの3本の緯線上で中央経線からの経度差に対応す

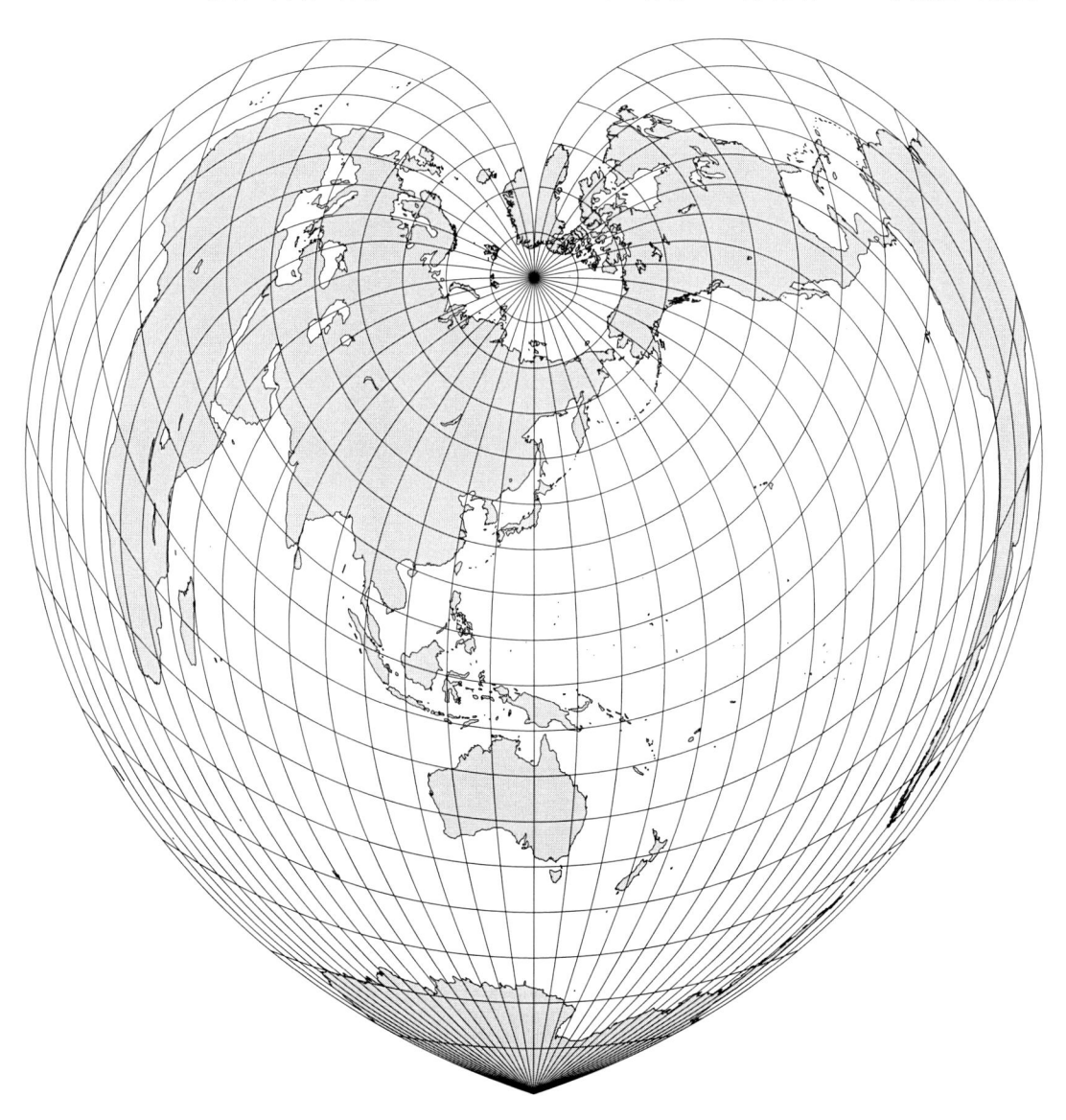

図 5.47 ヴェルネル図法による世界地図 (経緯線網は10°間隔，中央経線は140°E)

る緯線の長さをとり，これら 3 点を通る円弧で表したものである．プトレマイオスにおいては，球体である地球の経線を地図上でも円弧で表現することに意味があった．しかし，15 世紀後半～16 世紀はじめになると地理的知識の拡大に伴い世界地図に表すべき範囲は拡大した．表現すべき緯度範囲を拡大しようとすると経線を一つの円弧で表現することが不適当になる．1507 年のヴァルトゼーミュラー (Martin Waldseemüller, 1470–1518) の世界地図 (図 5.46．この地図は「アメリカ」という地名がはじめて表示された世界地図として有名である) では三つの円弧を用いている．すなわち北極圏は中央経線に向かって凸な円弧となりそれより以南ではプトレマイオスと同じく中央経線に凹な円弧だが，赤道以北と以南とで別の円弧を用いている．このように緯線上でなるべく距離が正しくなるようにして円弧を用いようとすると複数の円弧を用いざるを得ず，円弧にこだわらずにすべての緯線上で距離が正しくなるような曲線の経線を採用することにすればボンヌ図法になる．ボンヌ図法の成立に影響を与えたものとしては，このほか 16 世紀はじめのスタビウスとヴェルネルによる投影法 (今日いうところのヴェルネル図法を含む) の開発がある．ボンヌ図法はこのような歴史をたどって開発されたようである．

　ヴェルネル図法はボンヌ図法の標準緯線の緯度を 90° としたものに相当する．この図法は以下のように構成される．一つの経線を中央経線として選びこれを正距の直線として表す．緯線は極を中心とし極からの球面に沿った距離を半径とする円弧とする．経線は中央経線から緯線に沿った距離が正しくなるような点を通る曲線とする．ドイツのヴェルネル (Johannes Werner, 1468–1522) がオーストリアのスタビウス (Johannes Stabius, スタプ Stab ともいう, 1460?–1522) の研究を発展させて 1514 年に発表した図法の一つで，スタプ-ヴェルネル図法ともいう．16～17 世紀に世界地図の投影法として広く用いられた．その形からハート形図法とも呼ばれる．

$$\theta = \frac{\lambda \cos\phi}{\pi/2 - \phi}$$
$$r = R\left(\frac{\pi}{2} - \phi\right)$$

上の極座標表示から直交座標への変換はボンヌ図法と同じである．

5.6.2 ◆ ラグランジュ図法 (Lagrange projection)

　この図法は，ランベルトが 1772 年に発表した七つの投影法の一つで，全球を円の中に正角図法で表現するものである．すべての経線と緯線は円弧 (半径無限大の円弧である直線を含む) として表現される．数学者ラグランジュ (Joseph Louis Lagrange, 1736–1813) がこの投影法についてさらに研究を進めたことから，ラグランジュ図法と呼ばれている．

　この投影法の原理は，球面上の等角写像により緯度経度を変換し半球以内に全球表面を写した上で，平射図法の横軸法でこの半球を投影するものである．

　球面上の等角写像を得る方法の一つを，平面へのメルカトル投影を介した方法で説明する．メルカトル図法の投影式は，$x = \lambda, y = \log\tan(\phi/2 + \pi/4)$ で与えられ

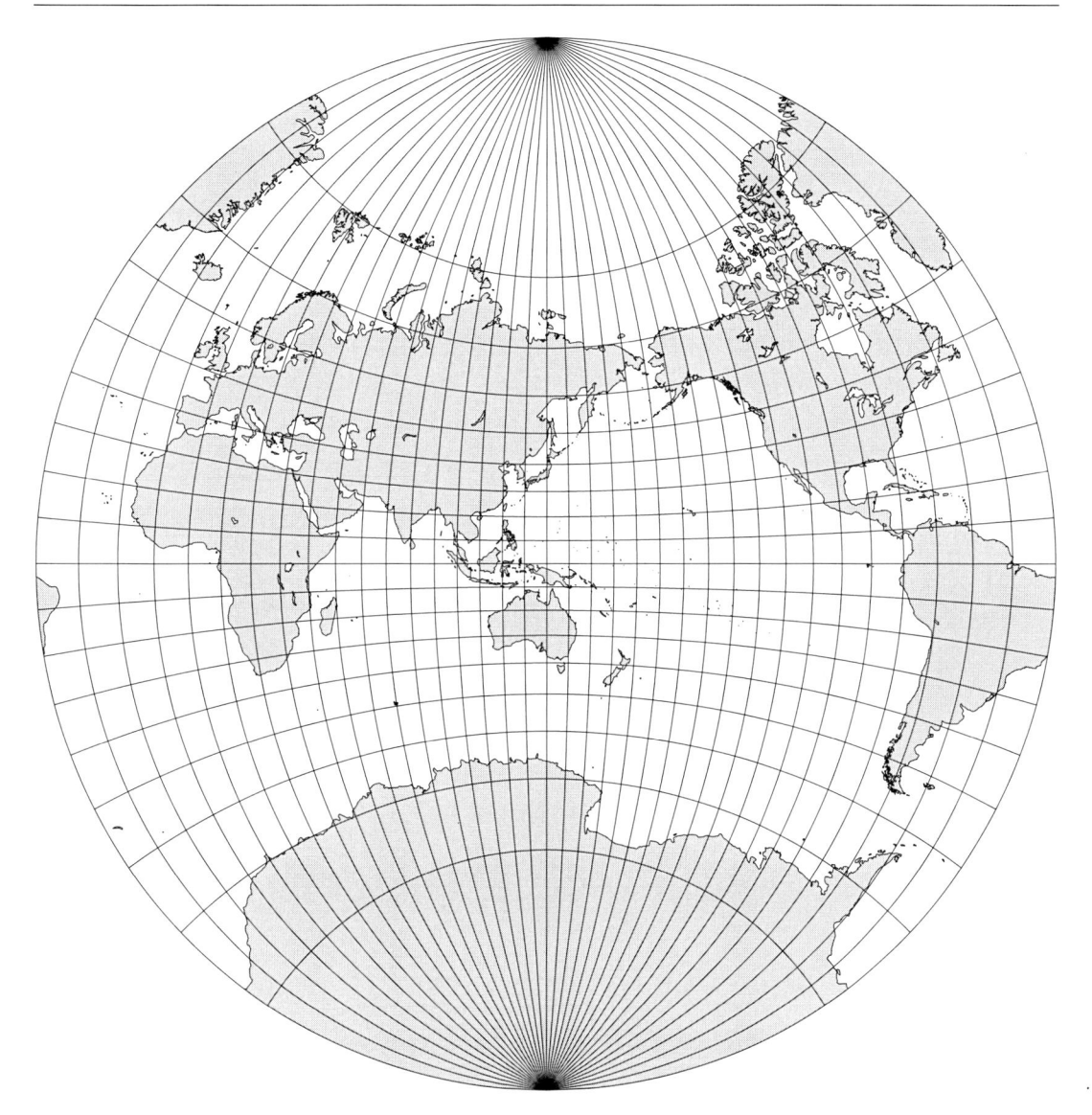

図 5.48 ラグランジュ図法による世界地図 (経緯線網は 10° 間隔,中央経線は 140°E)

る.ただし,球面間の等角写像の議論では地球半径の大きさは関係しないので 1 であるとしておく.平面上で $x' = nx, y' = n(y - y_0)$ (n と y_0 は変換のパラメーターで定数) に座標変換すると,平面上の地図は相似形に変換される.ここまでの過程で球面上の図形が平面に正角で写されていることに注意されたい.この x', y' にメルカトル図法で対応する球面上の経度と緯度をそれぞれ λ', ϕ' とすると,経度の変換式は $\lambda' = n\lambda$ となる.緯度については,y_0 に対応する緯度を α とおいて,ϕ' と ϕ の関係式は $\log\tan(\phi'/2 + \pi/4) = n[\log\tan(\phi/2 + \pi/4) - \log\tan(\alpha/2 + \pi/4)]$ から $\tan(\phi'/2 + \pi/4) = [\tan(\phi/2 + \pi/4)/\tan(\alpha/2 + \pi/4)]^n$ となる.このように緯度経度を変換して,これを正角図法で平面に投影すれば正角性が保たれた投影,すなわち正角図法が得られる.

$\alpha = 0$, $n = 1/2$ の場合，すなわち赤道が赤道に移され，半球内にちょうど全球が表現される場合は $\lambda' = \lambda/2$, $\sin \phi' = \tan(\phi/2)$ となる．これらを，図の中心での縮尺が正しくなるように，平射図法横軸法の式 (7.2.2 項参照) $x = 2R \sin \lambda \cos \phi/(1 + \cos \phi \cos \lambda)$, $y = 2R \sin \phi/(1 + \cos \phi \cos \lambda)$ の係数を 2 倍にした式に代入して

$$x = \frac{4R \sin(\lambda/2) \cos \phi'}{1 + \cos \phi' \cos(\lambda/2)}$$

$$y = \frac{4R \tan(\phi/2)}{1 + \cos \phi' \cos(\lambda/2)}$$

が，ラグランジュ図法の投影式となる．なお，$\sin \phi' = \tan(\phi/2)$ により，$\cos \phi' = \sqrt{1 - \tan^2(\phi/2)}$ である．

なお，この図法では極では例外的に正角性が保たれない．

5.6.3 ◆ エイトフ図法 (Aitoff projection) とエイトフ変換

ロシアの地図学者エイトフ (David A. Aitoff, 1854–1933) は横軸正距方位図法の半球図を変形して縦横比 1 : 2 の楕円内に世界地図を描くエイトフ図法を 1889 年に考案した．

球面上で中央経線からの経度差を実際の経度差の 1/2 にして全球表面の情報を半球部分に描く．この半球を方位図法横軸法で平面に表示すると円の中に描かれた全球図が得られる．次にこれを赤道方向に 2 倍に拡大すると，長径である赤道の長さと短径である中央経線の長さの比が 2:1 の楕円内部に全世界が描かれた地図を得る．エイトフは正距方位図法横軸法にこの方法を適用した図法を発表したが，このようにして方位図法横軸法の半球図を基に全球図を構成する方法は，半球を円内に描くことが可能なほかの方位図法に対しても適用できる．これをエイトフ変換 (Aitoff

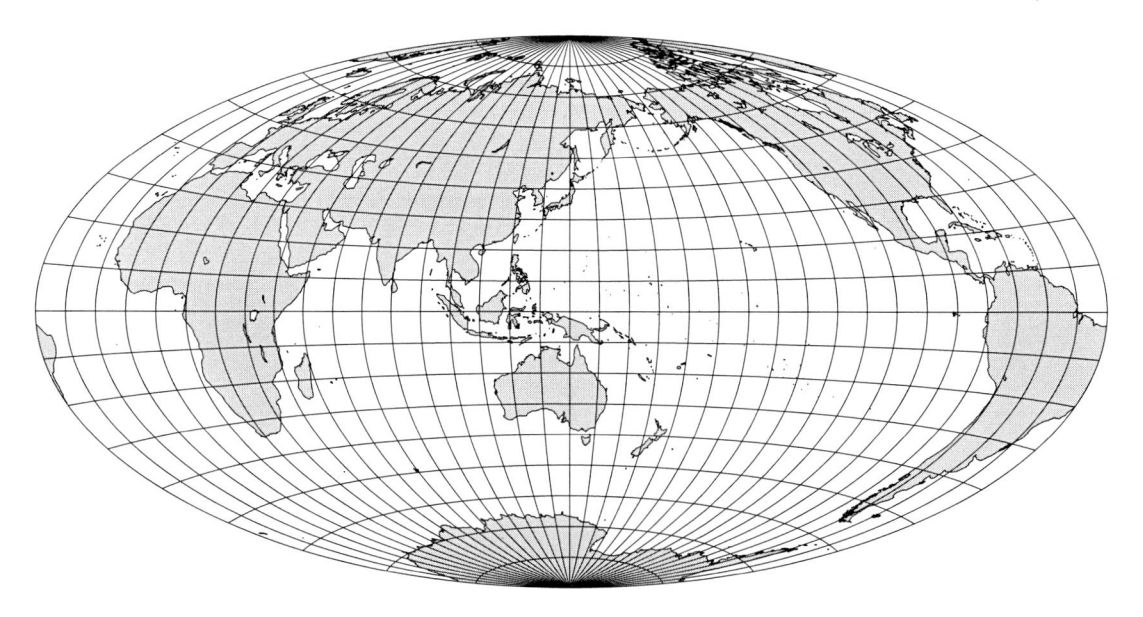

図 5.49 エイトフ図法による世界地図 (経緯線網は 10° 間隔，中央経線は 140°E)

transformation) という.

エイトフ図法では上記の構成方法からわかるように中央経線と赤道は正距の直線として描かれる. しかし, 図の中心における正方位の性質は失われている. また, この図法は正積でも正角でもない.

エイトフ図法の投影式は以下のように求められる.

はじめに, 横軸方位図法の投影式を求める. 横軸方位図法の地図主点は赤道上に位置しこの点を通る子午線が中央子午線となる. 緯度 ϕ, 中央子午線からの経度差 λ の点の, 地図主点からの角距離 p と, 地図主点とこの点を結ぶ大円の劣弧 (球面上の 2 点を結ぶ大円はこれらの点で二つに分けられ短いほうの弧を劣弧という) が中央子午線となす角 β は, $\cos p = \cos\phi\cos\lambda, \cos\beta = -\sin\phi/\sin p$ により求められる (7.2.1 項参照). 角距離 p は極から測った角であれば余緯度に相当する量である. ここではこれまで余緯度に用いたのと同じ記号 p を用いたが, 余緯度ではなく主点から測った量である. また角 β は中央子午線の南側を基準として測った角であるとする.

正距方位図法では地図上での主点からの距離は $r = Rp$ (R は地球半径) であり, 平面座標は $x = r\sin\beta, y = -r\cos\beta$ で得られる. エイトフ変換は以上の式において λ を $\lambda/2$ に置き換え, x 座標の値を 2 倍にすればよい.

x 座標は

$$x = 2r\sin\beta = 2Rp\sqrt{1-\cos^2\beta} = 2Rp \cdot \frac{\sqrt{\sin^2 p - \sin^2 \phi}}{\sin p}$$

$$= 2Rp \cdot \frac{\sqrt{1 - \cos^2\phi\cos^2(\lambda/2) - \sin^2\phi}}{\sin p}$$

$$= 2Rp \cdot \frac{\sqrt{\cos^2\phi[1-\cos^2(\lambda/2)]}}{\sin p} = \frac{2Rp\cos\phi\sin(\lambda/2)}{\sin p}$$

と計算できる. なお, 途中で x 座標が負になる場合を場合分けして符号をつけるべきであるが, 最終的に x の正負は $\sin(\lambda/2)$ の正負と同じになるべきなので, 上の式は x が負の場合にも成立する. よって, エイトフ図法の投影式は, 以下のようになる.

$$\cos p = \cos\phi\cos\frac{\lambda}{2}$$
$$x = \frac{2Rp\cos\phi\sin(\lambda/2)}{\sin p}$$
$$y = \frac{Rp\sin\phi}{\sin p}$$

ただし, $p = 0$ において, $x = 0, y = 0$ とする.

5.6.4 ◆ ハンメル図法 (Hammer projection)

ドイツのハンメル (Ernst Hammer, 1858–1925) はエイトフ図法に刺激を受けてランベルト正積方位図法の横軸法にエイトフ変換を適用した図法を 1892 年に発表した.

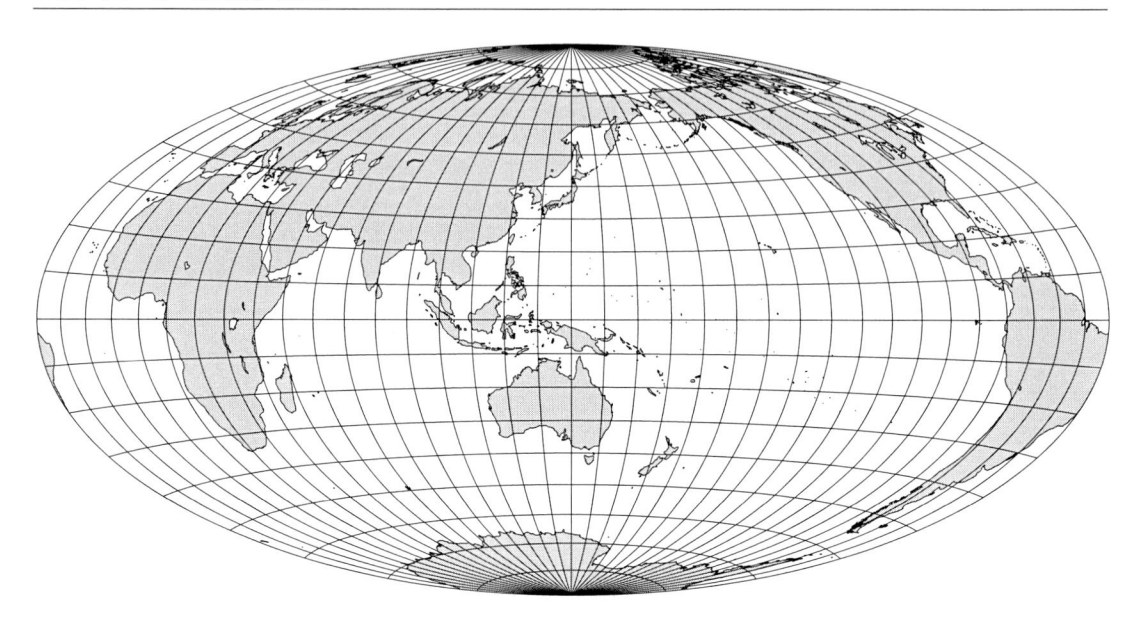

図 5.50　ハンメル図法による世界地図 (経緯線網は 10° 間隔，中央経線は 140°E)

これをハンメル図法またはハンメル–エイトフ図法 (Hammer–Aitoff projection) という．

　エイトフ図法は正積ではないが，ハンメル図法はこの構成方法からわかるように正積図法である．なぜなら，球面上において経度を 1/2 にするとき地球上の図形の面積比は保存される．これをランベルト正積方位図法で平面に投影するのでここでも面積比が保存され，最後に赤道方向に 2 倍に拡大する過程でも面積比は保存される (第 3 章参照)．よって，地図投影のすべての過程で地球上の図形の面積比が保存されているので，この図法は正積図法である．

　ハンメル図法は，外郭の経線は形状・大きさともにモルワイデ図法と同じ楕円になるが，一般の経線はモルワイデ図法のような楕円弧ではなく，赤道と交わる点も等間隔ではない．また緯線は赤道に対して凸の外側に反った曲線となる．モルワイデ図法では極に近い高緯度で角ひずみが非常に増大するのに対してハンメル図法では緯線が湾曲しているため高緯度で比較的角ひずみが小さいという特徴がある．正積図法であり，このような特徴を有するので，各種事物の分布を表現した主題図の世界地図にときどき用いられる．ただし，緯線は平行ではないので緯度による分布の違いを表現するには必ずしも適さない．ハンメル図法の地図とエイトフ図法の地図とは一見よく似ているが，エイトフ図法は赤道と中央経線にそって正距なので，赤道上で経線は等間隔で交わるが，ハンメル図法では図の外側ほど間隔が小さくなる．

　ハンメル図法の投影式は，エイトフ図法における $r = Rp$ の代わりにランベルト正積方位図法の $r = 2R\sin(p/2)$ を適用して以下のように表される．

$$x = \frac{2\sqrt{2}R\cos\phi\sin(\lambda/2)}{\sqrt{1+\cos\phi\cos(\lambda/2)}}$$

$$y = \frac{\sqrt{2}R\sin\phi}{\sqrt{1+\cos\phi\cos(\lambda/2)}}$$

これらの式はエイトフ図法の式において p の 1 次式の部分を $2\sin(p/2)$ に置き換えることにより得られる．たとえば x 座標は，sine の半角公式を用いて $\sin(p/2)$ を変形することにより

$$x = \frac{4R\sin(p/2)\cos\phi\sin(\lambda/2)}{\sin p}$$
$$= \frac{2\sqrt{2}R\cos\phi\sin(\lambda/2)\sqrt{1-\cos\phi\cos(\lambda/2)}}{\sqrt{1-\cos^2\phi\cos^2(\lambda/2)}}$$
$$= \frac{2\sqrt{2}R\cos\phi\sin(\lambda/2)}{\sqrt{1+\cos\phi\cos(\lambda/2)}}$$

と求まる．y 座標も同様である．

5.6.5 ◆ ヴィンケル図法 (Winkel projection, Winkel Tripel projection)

ドイツのヴィンケル (Oswald Winkel, 1873–1953) は 1921 年に三つの投影法を発表した．一般にはこのうちの第 3 図法を指してヴィンケル図法と呼ぶことが多い．この第 3 図法は作者の命名によりトリペル図法 (Tripel projection「3 重図法」の意味) ともいわれ *The Times Atlas* に用いられたことから有名である．また，1998 年以来米国の National Geographic Society が世界地図の標準的な投影法に採用している．

ヴィンケルの 3 つの投影法はいずれも既知の 2 種類の投影法の投影式の平均により平面座標を計算するもので，このような方法により作られる投影法を混合図法と

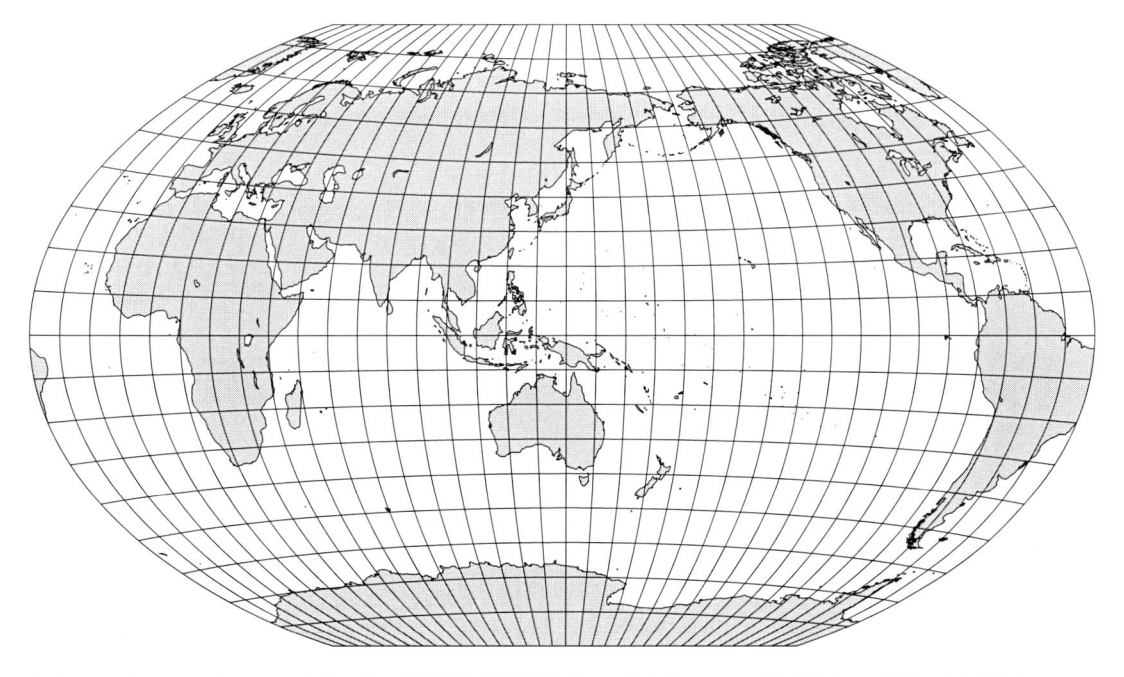

図 5.51 ヴィンケル (トリペル) 図法による世界地図 (正距円筒図法の標準緯線は 40°，経緯線網は 10° 間隔，中央経線は 140°E)

いう．第1図法はサンソン図法と正距円筒図法 (標準緯線の緯度は選択可能，以下同じ) の混合，第2図法は緯線を等間隔に変更したモルワイデ図法と正距円筒図法の混合，第3図法はエイトフ図法と正距円筒図法の混合である．混合図法では座標平均をとる元の図法がともに正積図法あるいは正角図法であってもこれらの性質が保存されるわけではない．ヴィンケルの三つの図法はいずれも正積でも正角でもない．第1図法で赤道を正距円筒図法の標準緯線とした図法は，エッケルト第5図法と相似である．第3図法(トリペル図法)は極と赤道は直線，ほかの緯線は赤道に凸な曲線となる．中央経線上で緯線の交点は等間隔であり，赤道上での経線の交点も等間隔になる．ヴィンケル自身が与えた例では正距円筒図法の標準緯線の緯度を $50°28'$ ($=\cos^{-1}(2/\pi)$) としているが，$\textit{The Times Atlas}$ に用いられたトリペル図法は正距円筒図法の標準緯線の緯度を $40°$ としたものである．トリペル図法の投影式は以下のとおりである．ϕ_1 は正距円筒図法の標準緯線の緯度である．

$$x = \frac{R}{2} \cdot \left[\lambda \cos\phi_1 + \frac{2p \cos\phi \sin(\lambda/2)}{\sin p}\right]$$

$$y = \frac{R}{2}\left(\phi + \frac{p \sin\phi}{\sin p}\right)$$

ただし，$\cos p = \cos\phi \cos\frac{\lambda}{2}$

5.6.6 ◆ ファン・デル・グリンテン図法 (van der Grinten projection)

ファン・デル・グリンテン図法と呼ばれる投影法には4種類あるが，単にファン・デル・グリンテン図法という場合はその中でも広く知られている第1図法を指すことが多いのでここでもファン・デル・グリンテン第1図法を解説する．これは，アメリカのファン・デル・グリンテン (Alphons J. van der Grinten, 1852–1921) が1904年に発表した投影法で，円の中に全球を表現する．この投影法では，中央経線と赤道は外枠となる円の中心を通る互いに直交する直線で表され，これ以外の経緯線はすべて円弧である．極は外枠の円と中央経線との交点，すなわち中央経線の両端に表される．経線は赤道を等間隔に分割し，これらの点と極を通る円弧として表される．緯線は，図5.52に示す方法で，外枠円上の位置と中央経線上の位置を図解的に定めて，この3点を通る円弧で表される．

図5.52で，点Aは円の中心，BCが赤道を表し，点Dは北極を表す．CとDを

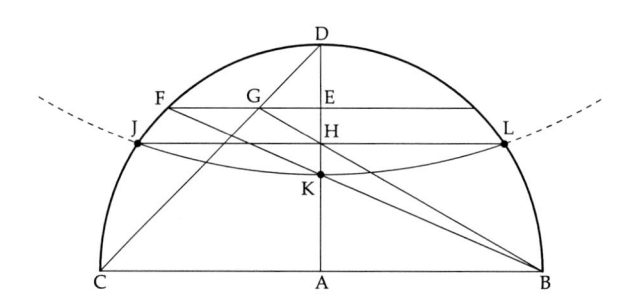

図 5.52 ファン・デル・グリンテン図法の緯線の構成 (Snyder (1987) p.241 の図を一部改変)

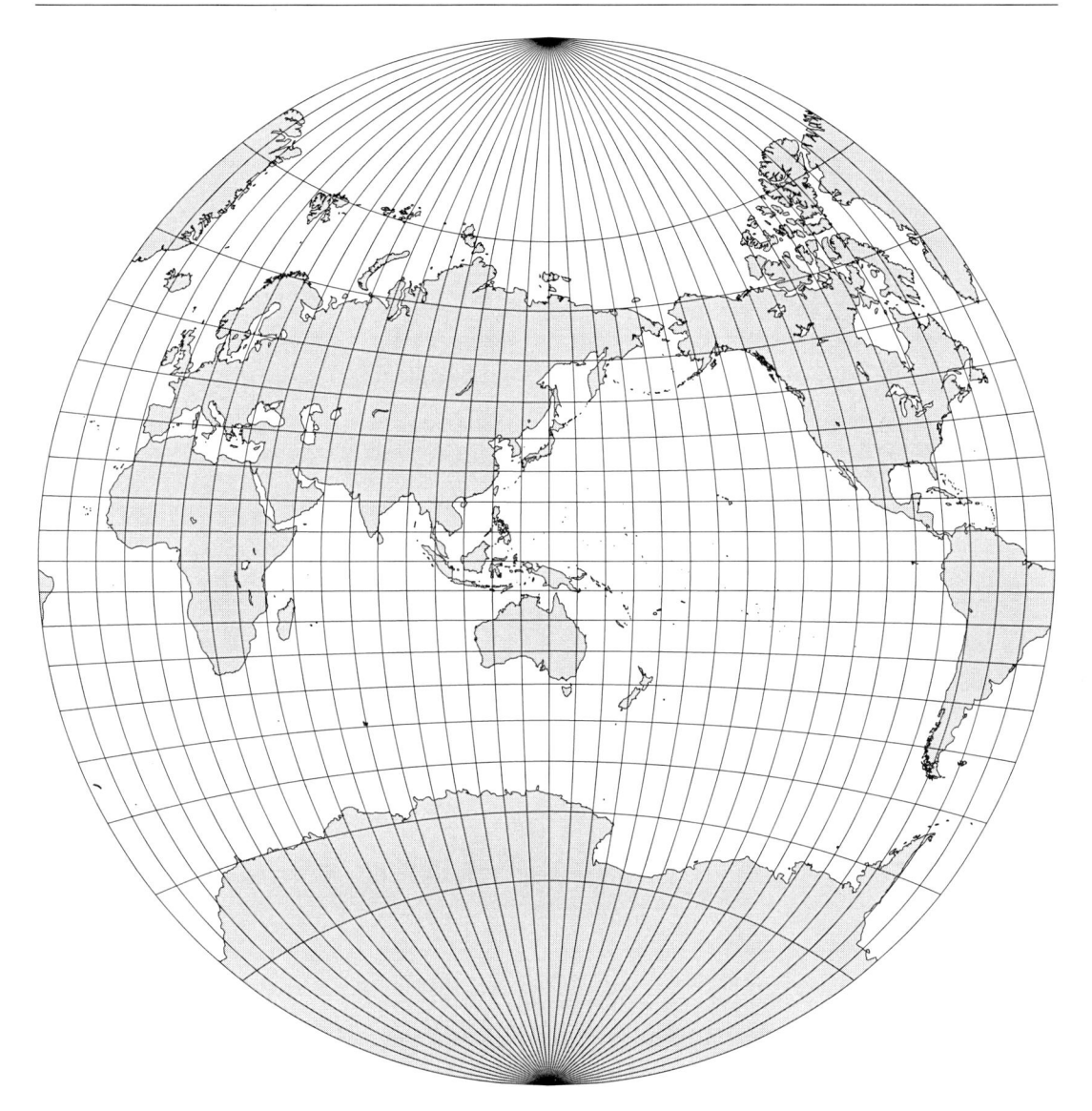

図 5.53 ファン・デル・グリンテン図法による世界地図 (経緯線網は 10° 間隔, 中央経線は 140°E)

直線で結ぶ. 緯度を ϕ として, $AE : AD = \phi : \pi/2$ となるように線分 AD 上に点 E をとり, 点 E を通って赤道 BC に平行に直線を引き CD との交点を G, 外枠の円との交点を F とする. G と B を直線で結んで AD との交点を H とし, H を通って BC に平行線を引き円との交点を J, L とする. また, F と B を直線で結んで AD との交点を K とする. この J, K, L の 3 点を通る円弧として緯度 ϕ の緯線を描く.

この投影法で, 図解的な経緯線の作図は比較的簡単に行えるが, これを数式で表現するとかなり複雑になる. しかし, コンピューターで作図するためには平面座標を緯度経度の関数の数式で表すことが必要なので以下に記す (Snyder and Voxland, 1989). 以下の数式では, 赤道の長さを正しく表すため, 外周円の半径を πR にしている.

$$B = \left|\frac{2\phi}{\pi}\right|$$
$$C = \sqrt{1-B^2}$$

とおく．

$\phi = 0$ の場合　$x = R\lambda, y = 0$

$\phi = \pm\pi/2$ の場合　$x = 0, y = \pm\pi R$ (符号は ϕ と同じにする)

$\lambda = 0$ の場合　$x = 0, y = \pm\pi RB/(1+C)$ (符号は ϕ と同じにする)

上記以外の場合 ($-\pi \leqq \lambda \leqq \pi$ とする)

$$A = \frac{1}{2}\cdot\left|\frac{\pi}{\lambda} - \frac{\lambda}{\pi}\right|$$
$$G = \frac{C}{B+C-1}$$
$$P = G\left(\frac{2}{B} - 1\right)$$
$$Q = A^2 + G$$
$$S = P^2 + A^2$$
$$T = G - P^2$$
$$x = \pm\frac{\pi R[AT + \sqrt{A^2T^2 - S(G^2 - P^2)}]}{S}$$
$$y = \pm\frac{\pi R[PQ - A\sqrt{(A^2+1)S - Q^2}]}{S}$$

ただし，複号は x は λ と同符号，y は ϕ と同符号にする．

ファン・デル・グリンテン図法は，円の中に地球全体を表現すること，経緯線が円弧であることに加えて，高緯度が拡大されメルカトル図法による大陸の形状と似通っていることなどから好まれ，とくに米国の National Geographic Society の世界地図の投影法として，1922 年から，ロビンソン図法に変更される 1988 年まで用いられた．円の中に全球を表現し，経緯線が円弧で表される点はラグランジュ図法とも類似するが，ラグランジュ図法が正角図法であるのに対し，ファン・デル・グリンテン図法は正角図法ではない．このことは経緯線が一般に直交していないことからも明確である．また，正積図法でもない．

5.6.7 ◆ 多面体図法 (polyhedric projection)

これまで紹介してきた投影法は世界地図や半球図など広域を表現できるものであったが，多面体図法は中縮尺の地形図 1 図葉の範囲ごとに異なる平面に投影する投影法である．つまり適用範囲が地球上のごく狭い範囲に限定される．しかし，一定の緯度経度間隔で区切られた地形図の図郭ごとに投影するというシステムを含めて一つの地図投影の仕組みと捉えればよいであろう．

まず，地形図の図郭が緯度経度で区切られていれば図郭 4 隅の経緯度に対応する

地球上の 4 点を通る平面が一つ決まる．この平面に，図郭の緯線経線で区切られた地球の部分を投影する．このようにすると地球を非常に多くの平面からなる多面体で表したことに相当するので多面体図法と呼ばれている．

　平面にどのような方法で投影するかについては，地球の中心からの中心投影とするものや，平面に垂直に正射投影するとするもの，円錐図法の 1 種とするもの，多円錐図法とするものなど，文献には諸説見られるが，地図 1 枚の範囲は地球全体の中ではごくわずかな部分であり，この部分を先のどの方法で投影しても実質的には図上の描画誤差 (一般に約 0.2 mm 以下とされる) よりも小さな差しかなく区別できない．そして，以上の平面への投影の方法についての各種文献の説明は具体的な投影の方法についてのものというよりは，理念的な説明にすぎないものである．それらの中では，図郭の上辺と下辺の緯度を標準緯線とする 2 標準緯線正距円錐図法で図郭内部を投影していると考えるのが実際に行われた投影法にもっとも近いといえる．以下には，この投影法の具体的な構成を示し，図郭の大きさ・形状が計算できる数式を示す．なお，繰り返しになるが，これは 1 枚 1 枚の地図を別の平面に投影するものであって，広範囲を一定の方式で一つの平面に投影するものではないことに注意する必要がある．

　この投影法は，19 世紀から 20 世紀はじめのヨーロッパの諸国の地形図に用いられた投影法で，UTM 図法が採用される以前の日本の地形図や地勢図にも用いられていた．

　以下では，日本の地形図や地勢図に用いられた多面体図法について具体的に記す．UTM 図法になる前の地形図や地勢図 (旧版地図) を利用して地図に表示された対象の位置を計測するにはこの投影法の詳細を知る必要があるからである．

　まず縮尺 5 万分の 1 以上の地形図の図郭のプロットは以下のように行われる．すなわち，経度差 15 分以下，緯度差 10 分以下の範囲を 1 枚の平面に投影する場合の方法である．まず，図郭の中央経線を当該緯度の緯度差に相当する子午線弧長の距離の縮尺倍の長さの直線として描き，次に図郭の上辺と下辺をそれぞれこの直線の両端を通りこれに垂直な直線として描く．その長さは対応する緯度における平行圏の，図郭経度差に相当する弧長を縮尺倍したものとする．もちろん上辺，下辺の中央が中央経線と交わるようにする．図郭両端の経線は上辺と下辺の左端同士，右端同士を直線で結ぶ．こうして等脚台形の図郭が得られる．なお，中央経線は作図のために使われるが地形図には表示されない．地図の内部は縦横それぞれ緯度経度に応じて比例配分して位置をプロットする．これは台形図法 (5.3.4 項) そのものである．ただし，中縮尺図に適用するので，子午線弧長と平行圏弧長は地球を回転楕円体として扱って計算する (8.1 節参照)．

　緯度 ϕ において経度差 $\Delta\lambda$ (ラジアン単位で表す) の部分の平行圏弧長 L は $L = N\Delta\lambda\cos\phi = a\Delta\lambda\cos\phi\big/\sqrt{1-e^2\sin^2\phi}$ で表される．ここで，N は $N = a\big/\sqrt{1-e^2\sin^2\phi}$ で計算される卯酉線曲率半径と呼ばれる量であり (8.1 節参

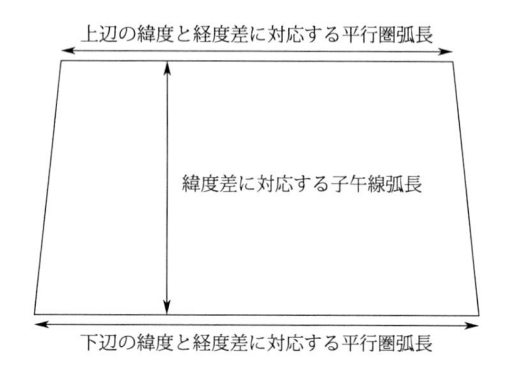

```
                 上辺の緯度と経度差に対応する平行圏弧長


                        緯度差に対応する子午線弧長



                 下辺の緯度と経度差に対応する平行圏弧長
```

図 5.54 多面体図法による地形図の図郭 (上下辺の長さならびにそれらの間の距離は縮尺倍されたものである)

照), a は赤道半径, e^2 は地球楕円体の離心率の 2 乗 (日本の旧版地図が準拠していたベッセル楕円体ではそれぞれ 6377397.155 m と 0.0066743722273) である. また, 緯度 ϕ_1 と ϕ_2 の間の子午線弧長 B は, 緯度の関数である子午線曲率半径 $M = a(1-e^2)/(1-e^2\sin^2\phi)^{3/2}$ を用いて $B = \int_{\phi_1}^{\phi_2} M\,d\phi$ であるが, 1 枚の図郭の緯度差 $\Delta\phi = \phi_2 - \phi_1$ が小さな量なので (この投影法を適用する地図の中で図郭緯度範囲がもっとも大きい 20 万分の 1 地勢図でも 40 分 ≒ 0.0116 ラジアンである), $B = M\Delta\phi$ で十分な精度で計算できる ($\Delta\phi$ はラジアン単位で表して計算する). ただし, M の計算には上辺と下辺の中間の緯度を用いる. この計算による誤差は緯度差 40 分の場合で地上の実距離で 1 cm 以下であり, 地図上ではこれに縮尺を乗ずるので地図投影のためには十分な精度を有している.

　縮尺 5 万分の 1 以上の地形図の図郭線は直線で表したが, 地球上の平行圏が含まれる平面と, 投影面とは (90° − 緯度) だけ傾いているため, 緯線は図郭の左右端を結んだ直線ではなく本来下に凸な曲線として投影される. 上辺または下辺の中央で, 直線よりも下に下がる量は $N(\Delta\lambda)^2 \sin 2\phi/16$ と近似的に表せる. ただし, $\Delta\lambda$ は 1 図郭の経度差である. 5 万分の 1 地形図の図郭に対してこの量を計算すると図上で約 0.15 mm となり, 描画誤差の範囲内なので図郭の緯線は直線で表される. しかし, 20 万分の 1 地勢図 (戦前は 20 万分の 1 帝国図) では 0.6 mm 程度にまでなるので無視できなくなる. このため, 緯線は左右の図郭端を結んだ直線から中央部で $N(\Delta\lambda)^2 \sin 2\phi/16$ だけ下がるような下に凸な 2 次曲線あるいは円弧で表される. 実際には, 地勢図に表示されている縦横をそれぞれ 4 等分する 5 万分の 1 地形図の図郭に対応するグリッドの交点の位置を計算してその間は直線で結んで表現している. そして, 地図の内容はこの 5 万分の 1 地形図の図郭に対応する台形の内部で経緯度に応じた比例配分で表示されている.

　なお, この投影法の原理から明らかなように同じ緯度の同じ縮尺の地形図 (地勢図) の図郭は形状・大きさともまったく同じである.

5.6.8 ◆ 正規多円錐図法 (ordinary polyconic projection)

　中央経線を正距の直線として描き, 緯線はそれぞれの緯度において地球に接する

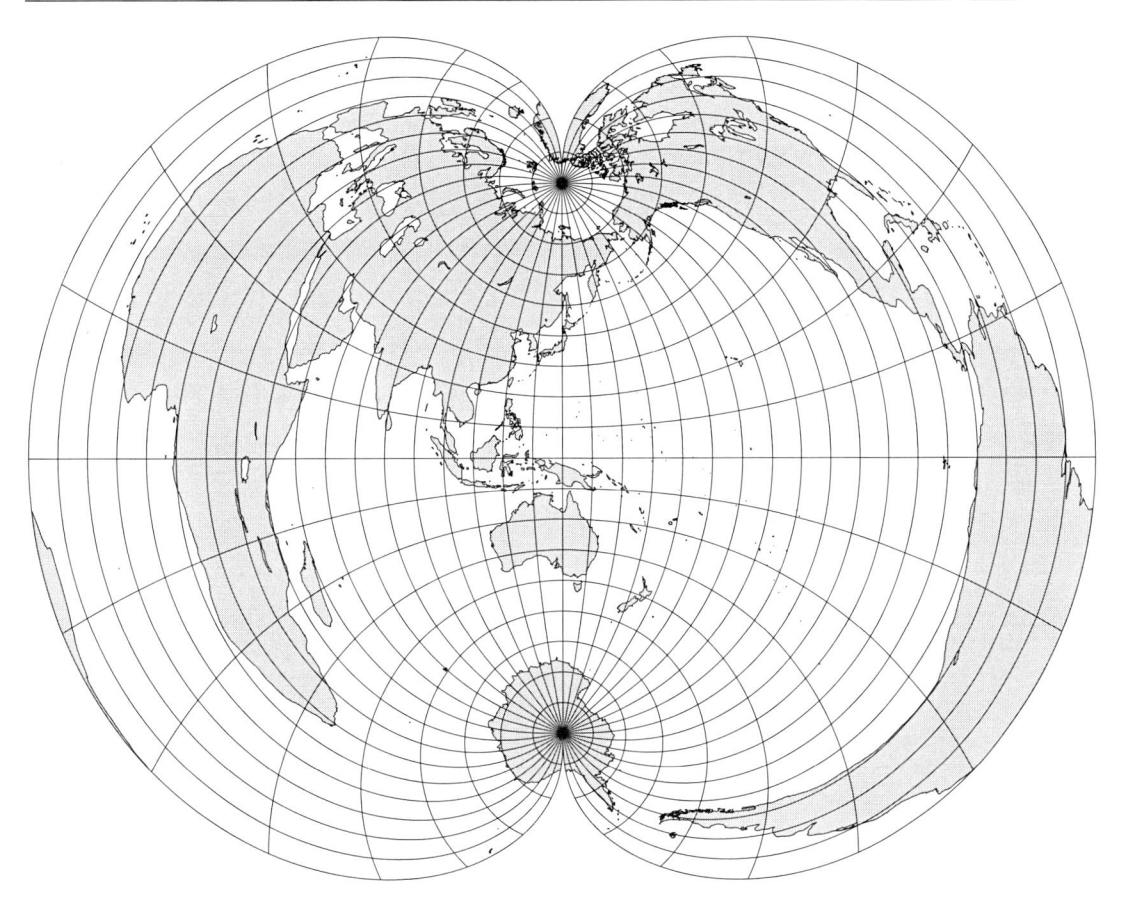

図 5.55 正規多円錐図法による世界地図 (経緯線網は 10° 間隔,中央経線は 140°E)

円錐 (円錐の半頂角はその点の緯度に等しい) の球に接している緯線を平面に展開した円弧で表され,中央経線以外の経線は各緯線に沿って中央経線からの長さが正しくなるようにとった点を通る曲線で表される図法である.緯線の円弧の半径 r は接円錐図法の標準緯線の半径と同じで,$r = R \cot \phi$ であるが,各緯線の中心は共通ではない.緯線は等間隔に中央経線と直交する.赤道は直線で経緯線網の形状は中央経線を軸として対称であり,また赤道を軸として対称である.正積でも正角でもない.

この投影法はスイス生まれで米国沿岸測量局の初代局長になったハスラー (Ferdinand Rudolph Hassler, 1770–1843) が 1820 年頃に開発したもので,沿岸海図のほか米国の地形図の投影法として 20 世紀中頃に至るまで長く用いられた.米国で広く用いられたことからアメリカ投影 (アメリカ式多円錐図法,American polyconic projection),あるいは単に多円錐図法 (polyconic projection) とも呼ばれる.

この投影法は,球に対する投影式だけではなく回転楕円体に対する投影式も容易に導ける.そして中央経線に沿ってとすべての緯線に沿って正距であるという性質から,中央経線から大きく離れない範囲ではひずみが小さい.このため南北に長い地域を表すのに適するほか,UTM 図法と同様に中央子午線を変えることによって

統一した規格の座標系を定義することができる．

球に対する投影式は，

$$x = R \cot\phi \sin(\lambda \sin\phi)$$
$$y = R\{\phi + \cot\phi[1 - \cos(\lambda \sin\phi)]\}$$

である．ただし，$\phi = 0$ では $x = R\lambda, y = 0$ とする．

地球を回転楕円体として扱う場合の式は，

$$x = N(\phi) \cot\phi \sin(\lambda \sin\phi)$$
$$y = \int_0^\phi M(t)\,dt + N(\phi) \cot\phi[1 - \cos(\lambda \sin\phi)]$$
$$N(\phi) = \frac{a}{\sqrt{1 - e^2 \sin^2\phi}}$$
$$M(\phi) = \frac{a(1 - e^2)}{(1 - e^2 \sin^2\phi)^{3/2}}$$

であり，楕円体の式の場合は，$\phi = 0$ では $x = a\lambda, y = 0$ とする．ここで，緯度の関数である $N(\phi)$ と $M(\phi)$ は楕円体の主曲率半径でそれぞれ卯酉線曲率半径，子午線曲率半径である (8.1 節参照)．y の式の第1項の積分は赤道から当該緯度までの子午線弧長を求めるもので，この計算については 8.4.2 項参照．

これらの式の導出は以下のように考えるとよい．接円錐図法では，円錐図法の係数 k は標準緯線の緯度の関数であるが，多円錐図法ではすべての緯線が球に接する緯線，すなわち接円錐の標準緯線に相当するので $k = \sin\phi$ である．そして円錐図法では経度差 λ の経線が地図上でなす角は $k\lambda$ であり，円錐の頂点から球に接する緯線までの距離は $r = R\cot\phi$ で与えられるから，

$$x = r\sin(k\lambda) = R\cot\phi \sin(\lambda \sin\phi)$$
$$y = R\phi + r[1 - \cos(k\lambda)] = R\phi + R\cot\phi[1 - \cos(\lambda \sin\phi)]$$

と求まる．回転楕円体として扱う場合は $r = N(\phi)\cot\phi$ であることと，中央経線上で緯度 ϕ の点の y 座標が $R\phi$ ではなく，$\int_0^\phi M(t)\,dt$ であることに注意すればよい．

5.6.9 ◆ 直交多円錐図法 (rectangular polyconic projection)

直交多円錐図法では，緯線形状は正規多円錐図法とまったく同じであるが，経線はすべての緯線に直交する曲線となるように描かれる．すべての緯線を正距とするのではなく，ある特定の緯度の緯線においてのみ正距とすることができる．赤道を正距とする投影がよく用いられるが，正距とする緯線は極以外の一般の緯線でもよい．この場合は南北の同じ緯度の緯線が正距の緯線となる．この緯度を ϕ_1 とすると，投影式は次のようになる．

$$\phi_1 = 0\ (\text{赤道が正距})\text{ の場合}\quad A = \frac{\lambda}{2}$$
$$\phi_1 \neq 0\text{ の場合}\quad A = \frac{\tan[(\lambda \sin\phi_1)/2]}{\sin\phi_1}\text{ として}$$

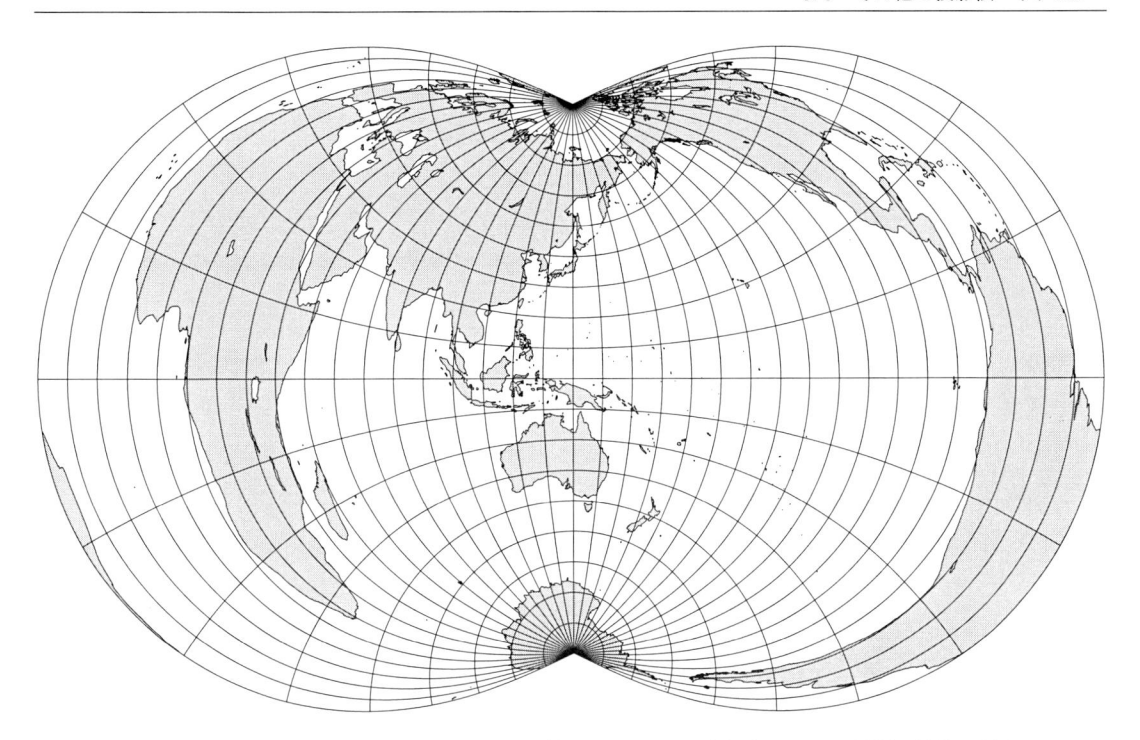

図 5.56 直交多円錐図法による世界地図 (1) (経緯線網は 10° 間隔,中央経線は 140°E,赤道を正距とした図)

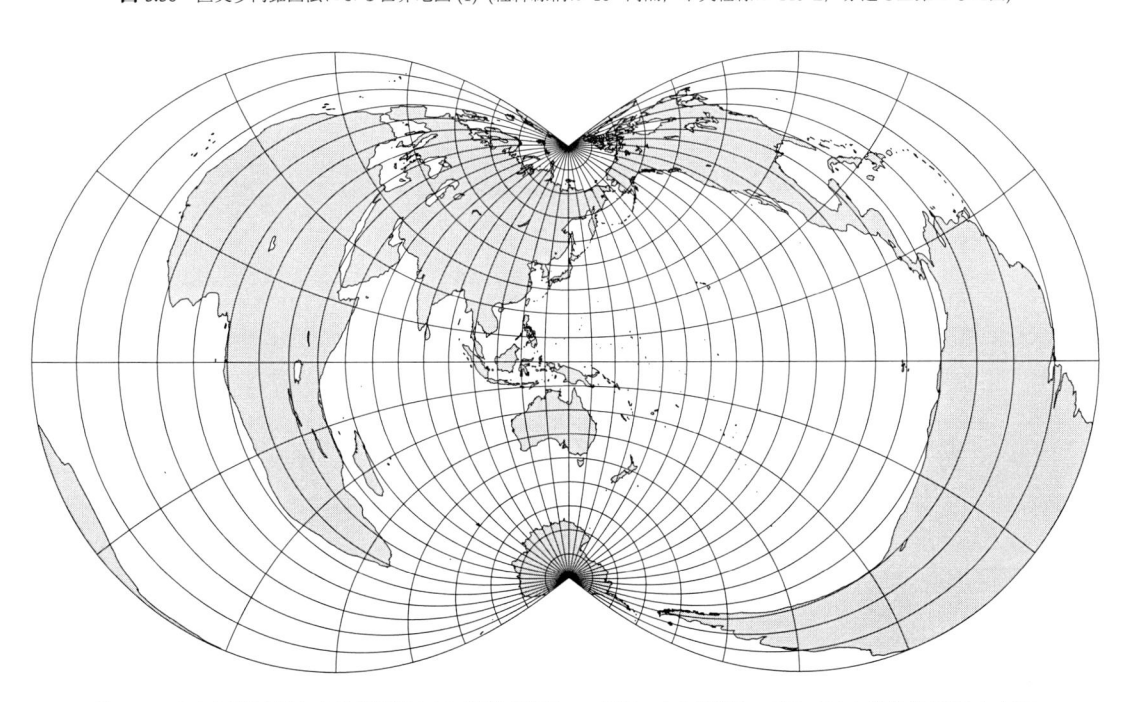

図 5.57 直交多円錐図法による世界地図 (2) (経緯線網は 10° 間隔,中央経線は 140°E,30° の緯線を正距とした図)

$$x = R\cot\phi\sin[2\tan^{-1}(A\sin\phi)]$$
$$y = R\{\phi + \cot\phi[1 - \cos(2\tan^{-1}(A\sin\phi))]\}$$

ただし,$\phi = 0$ では,$x = 2RA, y = 0$ とする.

楕円体として扱う場合の投影式は，次の式で与えられる．N と M はそれぞれ卯酉線曲率半径と子午線曲率半径 (数式は前項参照．より詳しい説明は 8.1 節) で，これらは緯度の関数である．

$$\phi_1 = 0 \, (赤道が正距) \text{ の場合} \quad A = \frac{\lambda}{2}$$

$$\phi_1 \neq 0 \text{ の場合} \quad A = \frac{\tan[(\lambda \sin \phi_1)/2]}{\sin \phi_1} \text{ として}$$

$$x = N \cot \phi \sin[2 \tan^{-1}(A \sin \phi)]$$

$$y = \int_0^\phi M \, dt + N \cot \phi \{1 - \cos[2 \tan^{-1}(A \sin \phi)]\}$$

ただし，$\phi = 0$ では，$x = 2aA, y = 0$ とする．

この投影法は 1853 年に米国沿岸測量局が発表し，一部の地図に用いていたが，イギリスの陸軍省発行の地形図に用いられたためイギリス式多円錐図法，陸軍省図法 (the War Office projection) とも呼ばれる．この投影法ではすべての経線と緯線は直交するが正角図法ではない．また，正積図法でもない．

地球を球として扱う場合の直交多円錐図法の投影式は以下のようにして導かれる．

今，ある経線が緯度 ϕ において点 L を通るとする．直交多円錐図法では経線が緯線に直交するから，点 L における経線の接線は緯線円の中心 O を通る．このとき $\angle \text{MOL} = \theta$ であるとする．ただし，M は中央経線と緯度 ϕ の緯線の交点である．この経線が緯度 $\phi + d\phi$ の緯線と点 L′ で交わるとすると，同様に L′ における接線は緯線円の中心 O′ を通る．そして $\angle \text{MO'L'} = \theta + d\theta$ になるとする．ここでの課題は角 θ を緯度 ϕ の関数として表すことである．

直線 OL と O′L′ の交点を N とし，三角形 OO′N を考える．$\angle \text{ONO'} = d\theta$ であり，平面三角形の正弦公式から O′N : OO′ $= \sin \theta : \sin d\theta$ となる．緯

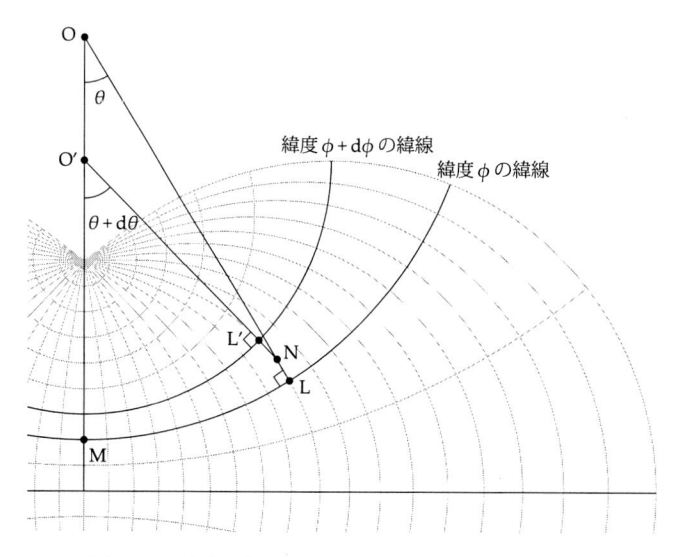

図 5.58 直交多円錐図法の原理 (野村 (1983), p.164 図 5.9 を改変)

線円の中心の y 座標は $y = R(\phi + \cot\phi)$ だから，$\text{OO}' = -(\mathrm{d}y/\mathrm{d}\phi)\mathrm{d}\phi = -R(1 - 1/\sin^2\phi)\mathrm{d}\phi = R\cot^2\phi\,\mathrm{d}\phi$ であり，O'N の長さは緯線円の半径 $R\cot\phi$ に等しいと近似して，$R\cot\phi : R\cot^2\phi\,\mathrm{d}\phi = \sin\theta : \sin\mathrm{d}\theta$ を得る．$\mathrm{d}\theta$ は微小量であるので $\sin\mathrm{d}\theta = \mathrm{d}\theta$ と近似して $\cot\phi\,\mathrm{d}\phi = \mathrm{d}\theta/\sin\theta$ という関係式が得られる．これは頂点 N での頂角 $\mathrm{d}\theta$ に対応する半径 O'N の円弧の長さが $R\cot\phi\,\mathrm{d}\theta$ で与えられ，OO' はこれに $1/\sin\theta$ を掛けたものと考えても導ける．この両辺を積分し，積分定数を $\log A$ とおくと $\log(A\sin\phi) = \log[\tan(\theta/2)]$ より，$A\sin\phi = \tan(\theta/2)$ を得る．

定数 A は次の条件から決まる．緯度 ϕ_1 の緯線において緯線に沿った距離を正しくするとすれば $(R\cos\phi_1)\lambda = (R\cot\phi_1)\theta$ が成立するから $\phi = \phi_1$ において $\theta = \lambda\sin\phi_1$ である．これを先の式に代入して $A = \tan[(\lambda\sin\phi_1)/2]/\sin\phi_1$ となる．なお，赤道において長さを正しくする場合は，$\phi_1 \to 0$ の極限をとって $A = \lambda/2$ となる．x, y 座標は正規多円錐図法の投影式で説明したように，$\phi \neq 0$ で

$$x = R\cot\phi\sin\theta$$
$$y = R[\phi + \cot\phi(1 - \cos\theta)]$$

で与えられるから，これに $\theta = 2\tan^{-1}(A\sin\phi)$，$A = \tan[(\lambda\sin\phi_1)/2]/\sin\phi_1$ を代入すればよい．なお，一般に $t \to 0$ で $\cot t \approx 1/t$, $\tan^{-1}t \approx t$, $\sin t \approx t$, $\cos t \approx 1 - t^2/2$ であることから，$\phi = 0$ の値は上記 x, y の数式の $\phi \to 0$ の極限をとって，

$$\lim_{\phi \to 0} x = \lim_{\phi \to 0}\{R\cot\phi\sin[2\tan^{-1}(A\sin\phi)]\}$$
$$= \lim_{\phi \to 0}\frac{2RA\phi}{\phi} = 2RA$$
$$\lim_{\phi \to 0} y = \lim_{\phi \to 0}\{R\cot\phi[1 - \cos(2\tan^{-1}(A\sin\phi))]\}$$
$$= \lim_{\phi \to 0} R \cdot \frac{1 - [1 - (2A\phi)^2/2]}{\phi} = 0$$

となる．

回転楕円体として扱う場合は，緯線円の中心の y 座標が $y = \int_0^\phi M\,\mathrm{d}t + N\cot\phi$ で与えられ，これを ϕ で微分すると

$$\frac{\mathrm{d}y}{\mathrm{d}\phi} = M + \frac{\mathrm{d}N}{\mathrm{d}\phi}\cot\phi - \frac{N}{\sin^2\phi}$$
$$= \frac{a(1-e^2)}{(1-e^2\sin^2\phi)^{3/2}} + \frac{ae^2\sin\phi\cos\phi}{(1-e^2\sin^2\phi)^{3/2}}\cdot\cot\phi - \frac{N}{\sin^2\phi}$$
$$= \frac{a[1-e^2(1-\cos^2\phi)]}{(1-e^2\sin^2\phi)^{3/2}} - \frac{N}{\sin^2\phi} = N\left(1 - \frac{1}{\sin^2\phi}\right) = -N\cot^2\phi$$

となって，$\text{OO}' = N\cot^2\phi\,\mathrm{d}\phi$ が得られる．$\text{O'N} : \text{OO}' = \sin\theta : \sin\mathrm{d}\theta$ に，$\text{O'N} = N\cot\phi$ とともに代入すると，球として扱った場合と同じ $\cot\phi\,\mathrm{d}\phi = \mathrm{d}\theta/\sin\theta$ という関係式を得る．その後は，球に対する式の導出と同様であり，平面上の緯線円

の半径が $N\cot\phi$ となることなどに注意して式を導くことができる.

5.6.10 ◆ 2点正距図法 (two-point equidistant projection)

2点正距図法は，相異なる2点を選んで，これら2点から地球上のほかの任意の点までの球面上の距離 (大圏距離) が地図上で正しく表される投影法である.

2点正距図法が可能であることは，基準となる2点をその間の大圏距離 (の縮尺倍) だけ隔てて平面上にプロットし，それぞれの点から球面上の点への大圏距離を半径とする円を平面上にコンパスで描いてその交点として投影された点の位置を求められることから直観的に明らかであろう．この投影法の性質は多少特殊なものといえようが，2.1節で，投影法の分類を検討したときに「正距図法とは，特定の1点あるいは2点からすべての地点への距離が地図上でも正しく表される図法である.」と書き，ここに「あるいは2点」の語を挿入したのはこの投影法が存在するためであるので，解説する．2点正距図法は，必ずしもこの性質を活用する目的ではなくても，一部の地図帳で一つの大陸の地図に用いられたことがある．この投影法と次に述べる2点方位図法はドイツのマウラー (Hans Maurer) とイギリスのクロース (Charles Frederick Close) がほぼ同時期 (1914〜22年) に発表している.

2点正距図法では，基準の2点間の角距離を z_0 とし，これを平面上に大圏距離に等しく距離 Rz_0 離して置く．すると，全球はこれらの点を焦点とし半長径 $R(\pi - z_0/2)$ の楕円の中に表される．この楕円の外周線は，球面上における基準の2点のそれぞれの対蹠点を結んだ大円の弧 (劣弧) が表現されたものである．この部分では基準の2点からの距離の和が $2\pi R - Rz_0$ の一定値になり，かつこの部分以外の点から基準の2点までの距離の和はこれより小さいので，この部分が外周線として表されその形は楕円になるのである．2点正距図法では，地図上の各点で基準となる2点からの直線距離はそれぞれ球面上の大圏距離に等しいが，これらを結んだ直線が大圏航路を表すものではないことに注意が必要である.

この投影法の投影式は以下のようになる．ただし，地球を球として扱う場合に限定する．基準の2点をA, Bとし，この間の角距離は z_0 である．球面上の投影される点Oの緯経度を ϕ, λ とし，点Aからこの点までの角距離を z_A, 点Bからこの点までの角距離を z_B とする．北極をNとし球面三角形 NAB, NOA, NOB にそれぞれ球面三角法の余弦公式 (7.1節参照) を適用して，これらの角距離は各点の経緯度から以下のように計算される.

$$\cos z_0 = \sin\phi_A \sin\phi_B + \cos\phi_A \cos\phi_B \cos(\lambda_B - \lambda_A)$$
$$\cos z_A = \sin\phi_A \sin\phi + \cos\phi_A \cos\phi \cos(\lambda - \lambda_A)$$
$$\cos z_B = \sin\phi_B \sin\phi + \cos\phi_B \cos\phi \cos(\lambda - \lambda_B)$$

ただし，$\phi_A, \lambda_A, \phi_B, \lambda_B$ はそれぞれ点Aと点Bの緯経度である．投影される平面上でAとBを距離 Rz_0 離して置きこれを結ぶ直線を x 軸とする．原点をAとBの中間にとり，x 軸に垂直に y 軸をとる．すなわち点Aの座標を $(-Rz_0/2, 0)$，点B

の座標を $(Rz_0/2, 0)$ とする．このとき球面上の任意の点 O の座標は以下で与えられる．

$$x = \frac{R}{2z_0}(z_A^2 - z_B^2)$$

$$y = \pm\frac{R}{2z_0}\sqrt{4z_0^2 z_B^2 - (z_0^2 - z_A^2 + z_B^2)^2}$$

y 座標の符号は，$\cos\phi_A \cos\phi_B \sin\phi \sin(\lambda_B - \lambda_A) - \cos\phi_A \sin\phi_B \cos\phi \sin(\lambda - \lambda_A) + \sin\phi_A \cos\phi_B \cos\phi \sin(\lambda - \lambda_B)$ と同じにとる．ただし，$z_0 + z_A + z_B = 2\pi$ の場合，この y の符号を決めるための数式の値は 0 になるが，このとき y は ± の両方の値をとる．このときは，点 O が A と B を通る大円上で，A と B のそれぞれの対蹠点で挟まれた小さいほうの弧 (劣弧) の上にある．

この投影式は以下のように導かれる．図 5.59 に示したように 3 辺の長さが与えられた三角形の頂点 O の座標を求める問題である．

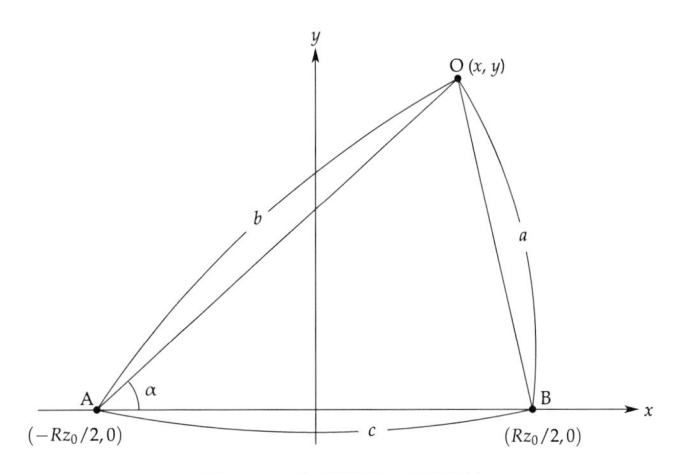

図 5.59 2 点正距図法の平面座標

三角形 OAB の辺の長さを図 5.59 のように AB $= c$, OA $= b$, OB $= a$ とする．$a = Rz_B, b = Rz_A, c = Rz_0$ である．また，$\angle OAB = \alpha$ とする．平面三角法の公式によれば $s = (a+b+c)/2$ として $\tan(\alpha/2) = \sqrt{(s-b)(s-c)/[s(s-a)]}$ である．そして点 O の座標 (x, y) は $x = -c/2 + b\cos\alpha, y = \pm b\sin\alpha$ であり，三角関数の公式から

$$\sin\alpha = 2\sin\frac{\alpha}{2}\cos\frac{\alpha}{2} = 2\tan\frac{\alpha}{2}\cos^2\frac{\alpha}{2} = \frac{2\tan(\alpha/2)}{1+\tan^2(\alpha/2)}$$

$$\cos\alpha = 2\cos^2\frac{\alpha}{2} - 1 = \frac{2}{1+\tan^2(\alpha/2)} - 1 = \frac{1-\tan^2(\alpha/2)}{1+\tan^2(\alpha/2)}$$

である．これらを代入して，

$$x = -\frac{c}{2} + b\cos\alpha = -\frac{c}{2} + b \cdot \frac{1-(s-b)(s-c)/[s(s-a)]}{1+(s-b)(s-c)/[s(s-a)]}$$

$$= -\frac{c}{2} + b \cdot \frac{s(s-a) - (s-b)(s-c)}{s(s-a) + (s-b)(s-c)}$$

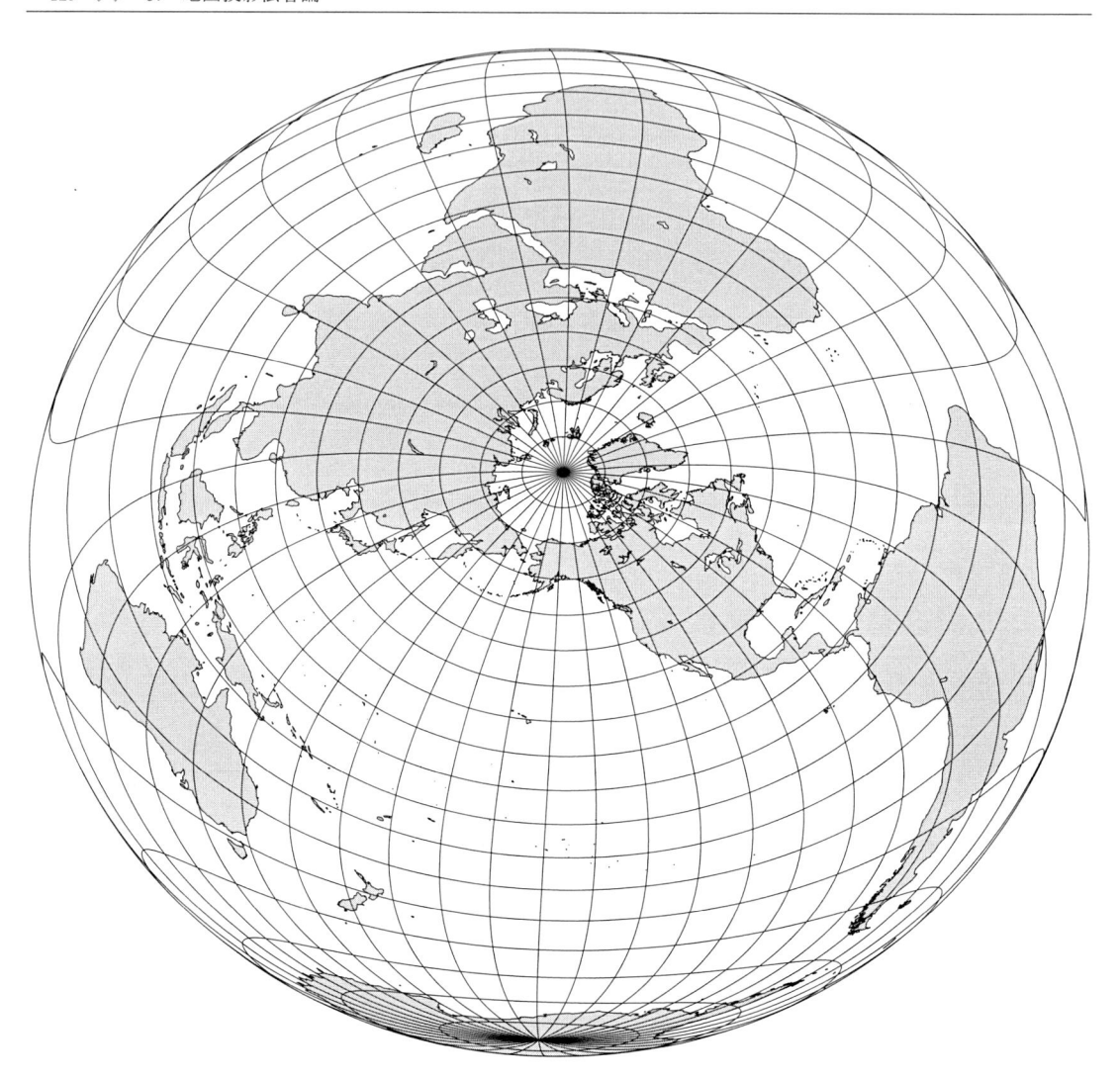

図 5.60 東京とワシントン D.C. から各点への距離を正しく表した 2 点正距図法による世界地図 (東京とワシントン D.C. を結ぶ大圏を水平軸とし東京を左側に置いてある．経緯線網は 10° 間隔)

$$
\begin{aligned}
&= -\frac{c}{2} + b \cdot \frac{(a+b+c)(-a+b+c) - (a-b+c)(a+b-c)}{(a+b+c)(-a+b+c) + (a-b+c)(a+b-c)} \\
&= -\frac{c}{2} + b \cdot \frac{-a^2 + (b+c)^2 - a^2 + (b-c)^2}{-a^2 + (b+c)^2 + a^2 - (b-c)^2} = -\frac{c}{2} + b \cdot \frac{-2a^2 + 2b^2 + 2c^2}{4bc} \\
&= \frac{-2c^2 - 2a^2 + 2b^2 + 2c^2}{4c} = \frac{b^2 - a^2}{2c} \\
&= \frac{R^2(z_A^2 - z_B^2)}{2Rz_0} = \frac{R(z_A^2 - z_B^2)}{2z_0} \\
y &= \pm b \sin \alpha = \pm b \cdot \frac{2\sqrt{(s-b)(s-c)/[s(s-a)]}}{1 + (s-b)(s-c)/[s(s-a)]} \\
&= \pm b \cdot \frac{2\sqrt{s(s-a)(s-b)(s-c)}}{s(s-a) + (s-b)(s-c)}
\end{aligned}
$$

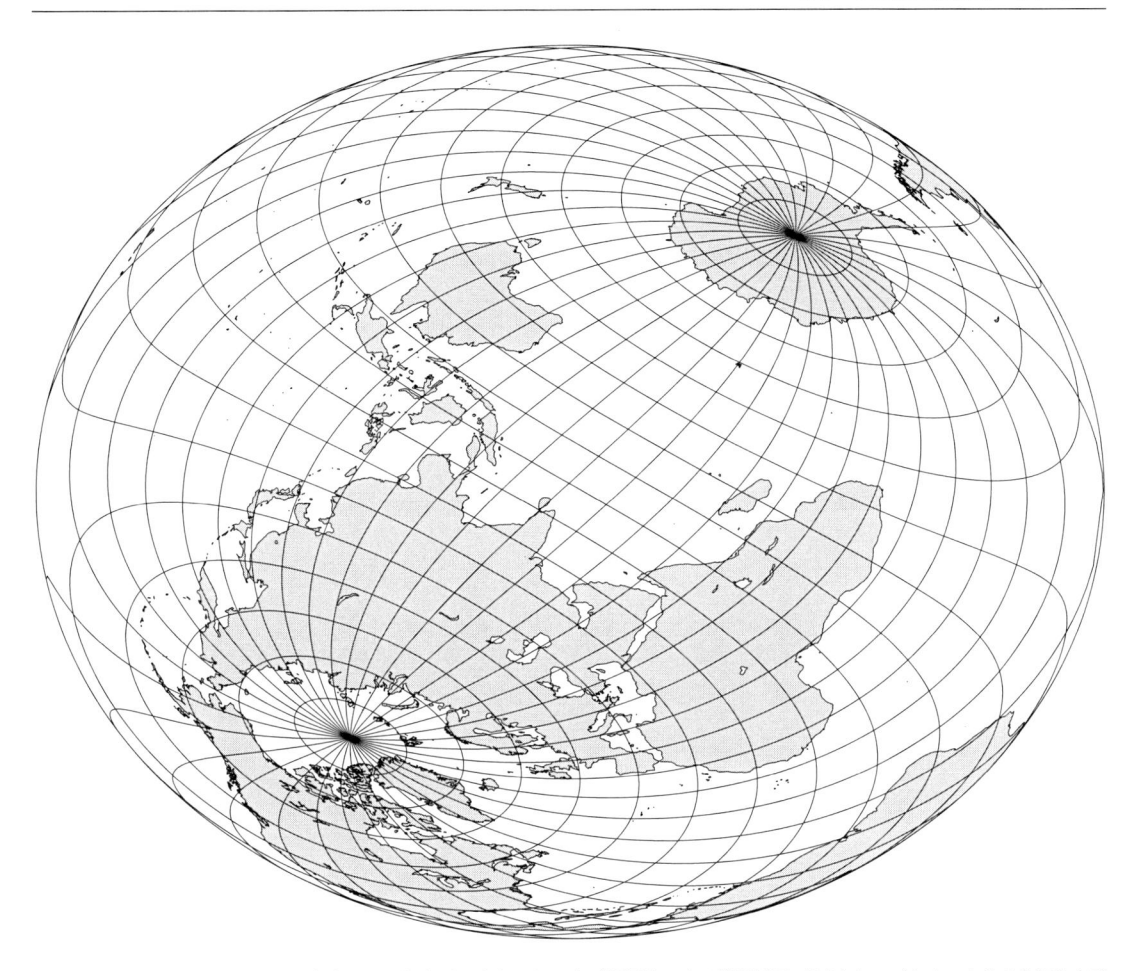

図 5.61 東京とケープタウンから各点への距離を正しく表した 2 点正距図法による世界地図 (東京とケープタウンを結ぶ大圏を水平軸とし東京を左側に置いてある．経緯線網は 10° 間隔)

$$= \pm b \cdot \frac{2 \cdot (1/2^2)\sqrt{(a+b+c)(-a+b+c)(a-b+c)(a+b-c)}}{(1/2^2)[(a+b+c)(-a+b+c)+(a-b+c)(a+b-c)]}$$

$$= \pm b \cdot \frac{2\sqrt{[(a+c)^2-b^2][b^2-(a-c)^2]}}{-a^2+(b+c)^2+a^2-(b-c)^2}$$

$$= \pm b \cdot \frac{2\sqrt{(a^2+2ac+c^2-b^2)(b^2-a^2+2ac-c^2)}}{4bc}$$

$$= \pm \frac{\sqrt{4a^2c^2-(c^2+a^2-b^2)^2}}{2c} = \pm \frac{R\sqrt{4z_0^2 z_B^2 - (z_0^2+z_B^2-z_A^2)^2}}{2z_0}$$

なお，y の式は

$$y = \pm \frac{R\sqrt{4z_0^2 z_A^2 - (z_0^2+z_A^2-z_B^2)^2}}{2z_0}$$

$$= \pm \frac{R\sqrt{2z_0^2 z_A^2 + 2z_0^2 z_B^2 + 2z_A^2 z_B^2 - z_0^4 - z_A^4 - z_B^4}}{2z_0}$$

とも書ける．

y 座標の正負を決める式は地球の中心から点 A と B に向かう二つのベクトルの外

積ベクトルと点 O に向かうベクトルとの内積から導かれる．すなわち，地球の中心を原点とし各点に向かう位置ベクトルを $\vec{A}, \vec{B}, \vec{O}$ とすると，外積 $\vec{A} \times \vec{B}$ は $\vec{A}$ と $\vec{B}$ が作る平面に垂直で $\vec{A}$ から $\vec{B}$ に右ねじを回したときに (角度は 180° 以内) ねじの進む向きのベクトルになる (大きさは $\vec{A}$ と $\vec{B}$ を辺とする平行四辺形の面積に等しい)．これと $\vec{O}$ の内積をとるということは，ベクトル $\vec{O}$ の $\vec{A} \times \vec{B}$ 方向の成分に $\vec{A} \times \vec{B}$ の大きさを乗じた量を求めることになるから，この量の正負により，点 O が $\vec{A}$ と $\vec{B}$ が作る平面のどちらにあるかが判別できる．また，この量が 0 であることは，点 O が $\vec{A}$ と $\vec{B}$ が作る平面上，すなわち A と B を通る大円上にあることを意味するから，O が A と B のそれぞれの対蹠点の間の弧 (劣弧) の上にあるときは y 座標は 0 ではなく ± の両方の値をとる必要がある．O が大円上でそれ以外の位置にあるときは y 座標は 0 になる．

数式は以下のように導かれる．ベクトルを成分で表すと

$$\vec{A} = {}^t(\cos\phi_A \cos\lambda_A, \cos\phi_A \sin\lambda_A, \sin\phi_A)$$
$$\vec{B} = {}^t(\cos\phi_B \cos\lambda_B, \cos\phi_B \sin\lambda_B, \sin\phi_B)$$
$$\vec{O} = {}^t(\cos\phi \cos\lambda, \cos\phi \sin\lambda, \sin\phi)$$

ただし，ベクトルを表す記号の左上に付した t は転置を表す．ベクトルの成分を用いて外積や内積を計算する公式を用いて，

$$\vec{A} \times \vec{B} = \begin{pmatrix} \cos\phi_A \sin\lambda_A \sin\phi_B - \sin\phi_A \cos\phi_B \sin\lambda_B \\ \sin\phi_A \cos\phi_B \cos\lambda_B - \cos\phi_A \cos\lambda_A \sin\phi_B \\ \cos\phi_A \cos\lambda_A \cos\phi_B \sin\lambda_B - \cos\phi_A \sin\lambda_A \cos\phi_B \cos\lambda_B \end{pmatrix}$$

$(\vec{A} \times \vec{B}) \cdot \vec{O}$
$= \cos\phi_A \sin\lambda_A \sin\phi_B \cos\phi \cos\lambda - \sin\phi_A \cos\phi_B \sin\lambda_B \cos\phi \cos\lambda$
$\quad + \sin\phi_A \cos\phi_B \cos\lambda_B \cos\phi \sin\lambda - \cos\phi_A \cos\lambda_A \sin\phi_B \cos\phi \sin\lambda$
$\quad + \cos\phi_A \cos\lambda_A \cos\phi_B \sin\lambda_B \sin\phi - \cos\phi_A \sin\lambda_A \cos\phi_B \cos\lambda_B \sin\phi$
$= \cos\phi_A \cos\phi_B \sin\phi \sin(\lambda_B - \lambda_A) - \cos\phi_A \sin\phi_B \cos\phi \sin(\lambda - \lambda_A)$
$\quad + \sin\phi_A \cos\phi_B \cos\phi \sin(\lambda - \lambda_B)$

と，先に記した y 座標の正負を判別する式が得られる．

5.6.11 ◆ 2点方位図法 (two-point azimuthal projection)

2 点方位図法は相異なる 2 点から地球上のほかの点までの方位が正しく表される図法である．ただし，2 点正距図法は全球を表せるが，2 点方位図法は半球より狭い範囲しか表現できない．2 点方位図法が可能であることは，球面上で求めた方位を平面に移してその方向に直線を延ばしそれらの交点として投影点の位置を定められることから理解できるだろう．なお，2 点方位図法で半球以遠が表せないことについては後で説明する．

2 点方位図法は基準となる 2 点の中間点を地図主点とする心射図法で投影し，さ

らにこの 2 点を結ぶ方向の長さを $\cos\theta$ 倍することによって得られる．ただし，θ は基準となる 2 点が地球の中心に対して張る角の 1/2 である．

この方法によって 2 点方位図法が得られることを理解するために，心射図法において地図主点から角距離 θ だけ離れた点で球面上の角の大きさが平面上ではどのようになるかを調べる．

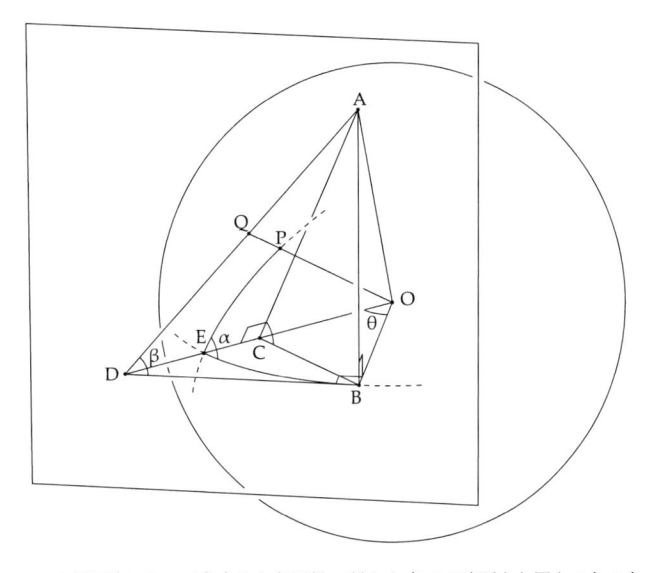

図 5.62 心射図法において主点から角距離 θ 離れた点での球面上と図上の角の大きさ

図 5.62 で球の中心を O，2 点方位図法の基準となる点の一方を E とする．地図主点 B で球面に接する平面に，心射図法によって E を投影した点を D とする．また，球面上の点 P を心射図法によって投影した点を Q とする．球面上の角 $\angle$BEP を α とし，これを心射図法によって投影した角 $\angle$BDQ を β とする．この α と β の関係を導くことがここでの課題である．

線分 DQ の延長線上に点 A をとり，$\angle$DBA が直角になるようにする．A から線分 OD に下ろした垂線の足を C とすると $\angle$ACB $= \alpha$ である．簡単のために OB $= 1$ とすると，BD $= \tan\theta$, BC $= \sin\theta$ である．平面 ADB 上で AB $=$ BD$\tan\beta =\tan\theta\tan\beta$．平面 ACB 上で AB $=$ BC$\tan\alpha = \sin\theta\tan\alpha$．ゆえに $\tan\theta\tan\beta = \sin\theta\tan\alpha$，すなわち $\tan\beta = \cos\theta\tan\alpha$ である．

三角形 ADB において AB の長さを変えずに BD の長さを $\cos\theta$ 倍し BD$'$ となったとすると，$\tan(\angle$AD$'$B$) =$ AB/BD$' =$ AB/(BD$\cos\theta) = \tan\beta/\cos\theta = \tan\alpha$ から，$\angle$AD$'$B $= \alpha$ となって方位角が正しく表現されることがわかる．よって，2 点方位図法は基準となる 2 点の中間点を地図主点とする心射図法で投影し，さらにこの 2 点を結ぶ方向の長さを $\cos\theta$ 倍することによって得られることが証明できた．

投影式を求めるには基準となる 2 点の経緯度を与えてこの 2 点の中点の経緯度を求め，また 2 点を結ぶ大円がこの中点で子午線となす角を求めた上で 2 点を結ぶ直線が x 軸となるように心射図法斜軸法で投影し，x 座標を $\cos\theta$ 倍すればよい．具

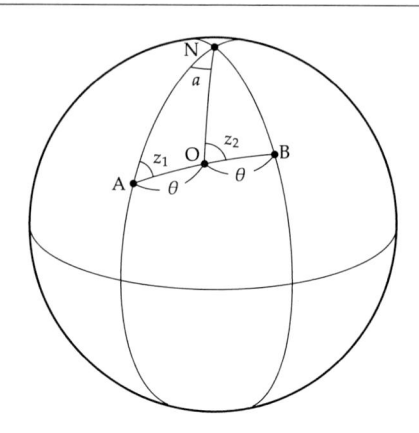

体的には以下のような式になる.

図 5.63 で方位が正しく表現されるべき 2 点を A, B とし, 北極を N とする. A と B の経度が異なるとき B は A よりも東に位置するものとする. A, B を通る大円の劣弧の中点を O とし, A と B の角距離を 2θ とする. A と O, O と B の角距離は両者とも θ である. A と B を結ぶ大円が地図上では直線で表され, A から B に向かう方向を x 軸の正の方向とする. A と B の緯経度をそれぞれ $\phi_A, \lambda_A, \phi_B, \lambda_B$ とする. 図 5.63 で球の半径を 1 として大円の弧 AB の長さは 2θ であり, 球面三角形 NAB に余弦公式を適用して (7.3 節も参照)

$$\cos 2\theta = \sin\phi_A \sin\phi_B + \cos\phi_A \cos\phi_B \cos(\lambda_B - \lambda_A).$$

A から B に向かう方位角 z_1 (B に向かう大圏が点 A で子午線となす角) は球面三角形 NAB に正弦公式と余弦公式を適用して

$$\sin z_1 = \frac{\sin(\lambda_B - \lambda_A)}{\sin 2\theta} \cdot \sin\left(\frac{\pi}{2} - \phi_B\right) = \frac{\cos\phi_B \sin(\lambda_B - \lambda_A)}{\sin 2\theta}$$

$$\cos\left(\frac{\pi}{2} - \phi_B\right) = \cos 2\theta \sin\phi_A + \sin 2\theta \cos\phi_A \cos z_1$$

$$\therefore \cos z_1 = \frac{\sin\phi_B - \cos 2\theta \sin\phi_A}{\sin 2\theta \cos\phi_A}$$

$$= \frac{\sin\phi_B - [\sin\phi_A \sin\phi_B + \cos\phi_A \cos\phi_B \cos(\lambda_B - \lambda_A)]\sin\phi_A}{\sin 2\theta \cos\phi_A}$$

$$= \frac{\cos\phi_A[\cos\phi_A \sin\phi_B - \sin\phi_A \cos\phi_B \cos(\lambda_B - \lambda_A)]}{\sin 2\theta \cos\phi_A}$$

$$= \frac{\cos\phi_A \sin\phi_B - \sin\phi_A \cos\phi_B \cos(\lambda_B - \lambda_A)}{\sin 2\theta}$$

1 番目の式と最後の式を組み合わせて $\sin 2\theta$ を消去すると

$$\tan z_1 = \frac{\cos\phi_B \sin(\lambda_B - \lambda_A)}{\cos\phi_A \sin\phi_B - \sin\phi_A \cos\phi_B \cos(\lambda_B - \lambda_A)}$$

この式から z_1 を求める. ただし, $\tan z_1 < 0$ のとき $\pi/2 < z_1 < \pi$ とする.

AB の中間点 O の緯経度を ϕ_O, λ_O とする. 球面三角形 NAO に余弦公式を適用して NO の角距離を求める.

$$\sin\phi_\mathrm{O} = \sin\phi_\mathrm{A}\cos\theta + \cos\phi_\mathrm{A}\sin\theta\cos z_1$$

次に $\angle\mathrm{ANO} = a$ とおいて正弦公式と余弦公式を適用して

$$\frac{\sin a}{\sin\theta} = \frac{\sin z_1}{\cos\phi_\mathrm{O}}$$

$$\cos\theta = \sin\phi_\mathrm{A}\sin\phi_\mathrm{O} + \cos\phi_\mathrm{A}\cos\phi_\mathrm{O}\cos a$$

$$\therefore \cos a = \frac{\cos\theta - \sin\phi_\mathrm{A}\sin\phi_\mathrm{O}}{\cos\phi_\mathrm{A}\cos\phi_\mathrm{O}} = \frac{\cos\phi_\mathrm{A}\cos\theta - \sin\phi_\mathrm{A}\sin\theta\cos z_1}{\cos\phi_\mathrm{O}}$$

$$\therefore \tan a = \frac{\sin z_1 \sin\theta}{\cos\phi_\mathrm{A}\cos\theta - \sin\phi_\mathrm{A}\sin\theta\cos z_1}$$

ゆえに $\lambda_\mathrm{O} = \lambda_\mathrm{A} + a = \lambda_\mathrm{A} + \tan^{-1}\left(\dfrac{\sin z_1 \sin\theta}{\cos\phi_\mathrm{A}\cos\theta - \sin\phi_\mathrm{A}\sin\theta\cos z_1}\right)$

ただし，$\tan a < 0$ のとき $\pi/2 < a < \pi$ とする．

こうして斜軸心射図法で投影する際の地図主点 O の緯経度が求まった．最後に A と B を結ぶ直線を x 軸とするため，O における大円 AB の方位角 z_2 を求める．ここでも，球面三角形 NAO に正弦公式と余弦公式を適用して

$$\frac{\sin z_2}{\cos\phi_\mathrm{A}} = \frac{\sin a}{\sin\theta}$$

$$\sin\phi_\mathrm{A} = \cos\theta\sin\phi_\mathrm{O} - \sin\theta\cos\phi_\mathrm{O}\cos z_2$$

$$\therefore \cos z_2 = \frac{-\sin\phi_\mathrm{A} + \cos\theta\sin\phi_\mathrm{O}}{\sin\theta\cos\phi_\mathrm{O}}$$

$$= \frac{-\sin\phi_\mathrm{A} + \sin\phi_\mathrm{O}(\sin\phi_\mathrm{A}\sin\phi_\mathrm{O} + \cos\phi_\mathrm{A}\cos\phi_\mathrm{O}\cos a)}{\sin\theta\cos\phi_\mathrm{O}}$$

$$= \frac{-\cos^2\phi_\mathrm{O}\sin\phi_\mathrm{A} + \sin\phi_\mathrm{O}\cos\phi_\mathrm{A}\cos\phi_\mathrm{O}\cos a}{\sin\theta\cos\phi_\mathrm{O}}$$

$$= \frac{-\cos\phi_\mathrm{O}\sin\phi_\mathrm{A} + \sin\phi_\mathrm{O}\cos\phi_\mathrm{A}\cos a}{\sin\theta}$$

$$\therefore \tan z_2 = \frac{\sin a \cos\phi_\mathrm{A}}{-\cos\phi_\mathrm{O}\sin\phi_\mathrm{A} + \sin\phi_\mathrm{O}\cos\phi_\mathrm{A}\cos a}$$

ただし，$\tan z_2 < 0$ のとき $\pi/2 < z_2 < \pi$ とする．

以上から計算に必要な式を再掲すると，

$$\cos 2\theta = \sin\phi_\mathrm{A}\sin\phi_\mathrm{B} + \cos\phi_\mathrm{A}\cos\phi_\mathrm{B}\cos(\lambda_\mathrm{B} - \lambda_\mathrm{A})$$

$$\tan z_1 = \frac{\cos\phi_\mathrm{B}\sin(\lambda_\mathrm{B} - \lambda_\mathrm{A})}{\cos\phi_\mathrm{A}\sin\phi_\mathrm{B} - \sin\phi_\mathrm{A}\cos\phi_\mathrm{B}\cos(\lambda_\mathrm{B} - \lambda_\mathrm{A})}$$

$$\sin\phi_\mathrm{O} = \sin\phi_\mathrm{A}\cos\theta + \cos\phi_\mathrm{A}\sin\theta\cos z_1$$

$$\tan a = \frac{\sin z_1 \sin\theta}{\cos\phi_\mathrm{A}\cos\theta - \sin\phi_\mathrm{A}\sin\theta\cos z_1}$$

$$\lambda_\mathrm{O} = \lambda_\mathrm{A} + a$$

$$\tan z_2 = \frac{\sin a \cos\phi_\mathrm{A}}{-\cos\phi_\mathrm{O}\sin\phi_\mathrm{A} + \sin\phi_\mathrm{O}\cos\phi_\mathrm{A}\cos a}$$

ただし，z_1, z_2, a を逆正接関数で求める際にこれらの値の範囲は $0 \leqq z_1 < \pi$,

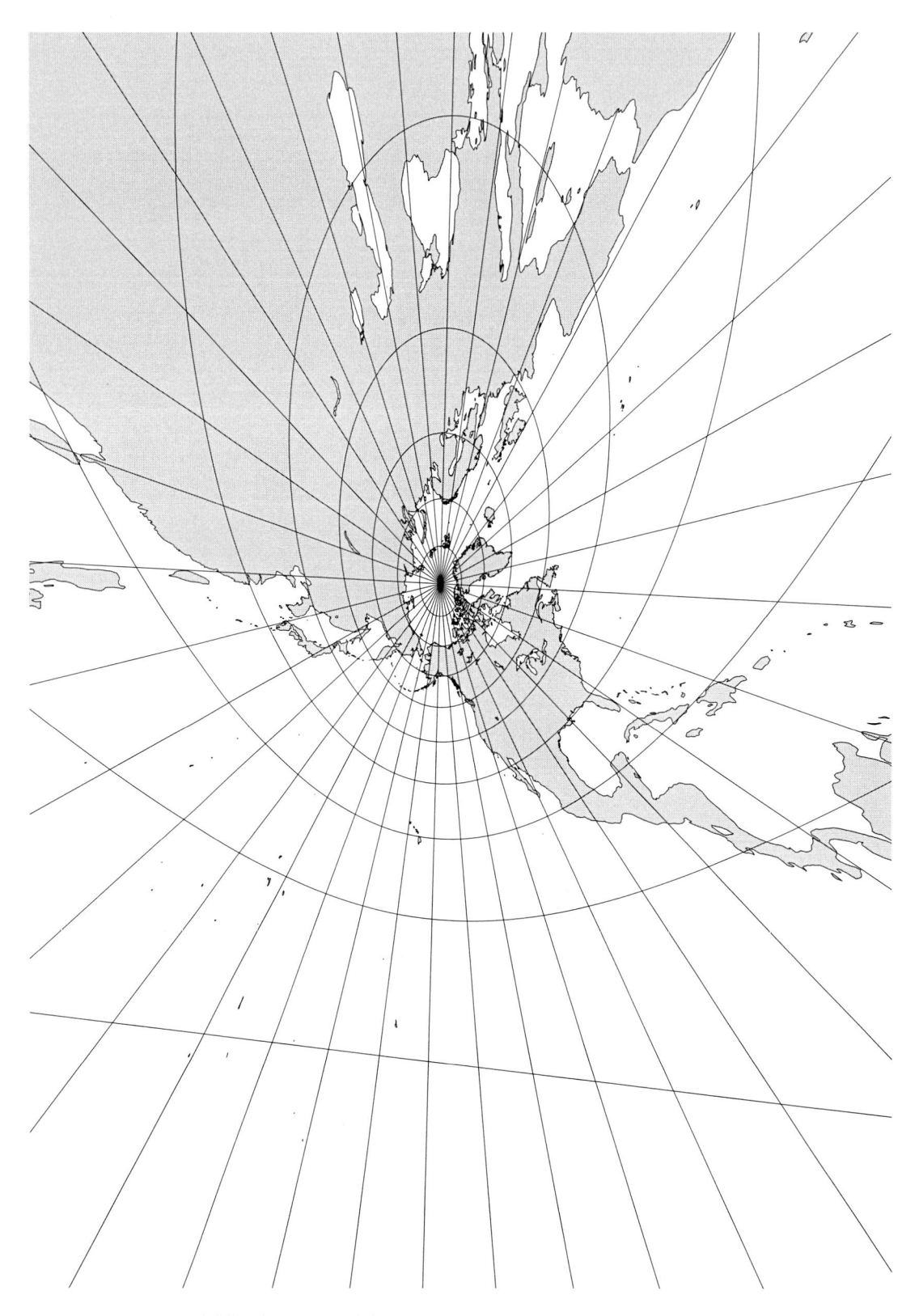

図 5.64 2 点方位図法による地図 (東京とワシントン D.C. からの方位が正しい. 経緯線網は 10° 間隔)

$0 \leqq z_2 < \pi, 0 \leqq a < \pi$ であるとする.

　7.3 節で与える斜軸法の数式に，上記で得た地図主点の緯経度 $\phi_\mathrm{O}, \lambda_\mathrm{O}$ と主点のまわりの回転角 $\pi/2 - z_2$ を代入して斜軸心射図法の平面座標 X, Y を計算する．そして，最終的な 2 点方位図法の座標 x, y は X に $\cos\theta$ を乗算すればよい．

$$x = X\cos\theta$$
$$y = Y$$

　なお，以上の数式は点 A と B の経度が異なるとき，B がより東にあるとして導いたものである．この制約を除くことを考える．図 5.63 において，A が右側にある左右が逆になった状況を考えると，$\sin(\lambda_\mathrm{B} - \lambda_\mathrm{A})$ の符号が負になること，点 O の経度は点 A の経度から角 a を減算すべきこと，点 O における座標軸の回転角を $-(\pi/2 - z_2)$ とすべきことがわかる．これらに対応して A と B のどちらが東であるかを問わずに正しい結果を得るには，上記の数式のうちの三つの式を以下のように修正すればよい．

$$\tan z_1 = \frac{\cos\phi_\mathrm{B}|\sin(\lambda_\mathrm{B} - \lambda_\mathrm{A})|}{\cos\phi_\mathrm{A}\sin\phi_\mathrm{B} - \sin\phi_\mathrm{A}\cos\phi_\mathrm{B}\cos(\lambda_\mathrm{B} - \lambda_\mathrm{A})}$$

$$\lambda_\mathrm{O} = \lambda_\mathrm{A} + a\,\mathrm{sign}[\sin(\lambda_\mathrm{B} - \lambda_\mathrm{A})]$$

$$\text{主点のまわりの回転角}:\left(\frac{\pi}{2} - z_2\right)\cdot\mathrm{sign}[\sin(\lambda_\mathrm{B} - \lambda_\mathrm{A})]$$

ここで，$\mathrm{sign}\,x$ は x が正のとき $+1$，負のとき -1，0 のとき 0 を返す関数である．

　2 点方位図法は心射図法が基礎になっているから半球より広い範囲が表現できないことは明らかである．これを具体例で検討してみると，たとえば赤道上の 2 点から極に向かう 2 本の子午線はそれぞれ赤道と直角をなし，球面上では極で交わる．しかし，平面上でこれら 2 点に対応する点からこの 2 点を結ぶ線分に垂直な 2 本の直線を描いてもこれらは平行であって交わらない．つまり 2 点からの方位を正しく保ったまま平面上に表すことは半球以遠ではできないのである．

5.7 地図投影法の変形による新しい投影法の開発

　既存の地図投影法をもとにして，その数式を変形することにより新しい地図投影法を案出する試みが多く行われてきた．これまで解説してきた投影法の中にもこのような変形によるものがいくつかある．ここでは，数式の変形・変更という観点で整理してみる．

5.7.1 緯度の変更

　ミラー図法は，メルカトル図法の投影式で緯度の代わりにその 0.8 倍した値を代入することによって高緯度の拡大を緩和するとともに極を表現できるようにした．この手法を極が点で表される擬円筒図法に適用すると，平極擬円筒図法が得られる．

たとえば，サンソン図法で緯度を 2/3 倍した値に置き換えると，外周の経線の x 座標が極において赤道での座標値の $\cos(90° \times 2/3) = \cos 60° = 1/2$ となる．それで，極が赤道の 1/2 の長さの直線で表され，経線が正弦曲線 (の一部) となる，エッケルト第 5 図法に類似した投影法が得られる．ただし，このままでは地図上の全世界の面積が地球の表面積の $\sin 60° = \sqrt{3}/2$ 倍になっている．また，極と赤道の距離は 2/3 倍になっているから，極線と中央経線の長さをともに赤道の長さの半分に表すには x 座標を $2/3^{3/4}$ 倍，y 座標を $3/3^{3/4}$ 倍すれば全体としては面積が地球の表面積に等しい図法が得られる．すなわち，

$$x = \frac{2}{3^{3/4}} R\lambda \cos \frac{2\phi}{3}$$

$$y = \frac{3}{3^{3/4}} R \cdot \frac{2\phi}{3} = \frac{2R\phi}{3^{3/4}}$$

この図法の緯線間隔を調節して正積図法化することを考える．経線の形状がすぐ上の式と変わらないようにするには，x と y の関係式が同じである必要がある．上の式から緯度 ϕ を消去して x を y の関数として表すと

$$x = \frac{2}{3^{3/4}} R\lambda \cos\left(\frac{2}{3} \cdot \frac{3^{3/4}}{2R} \cdot y\right) = \frac{2}{3^{3/4}} R\lambda \cos \frac{y}{3^{1/4} R}$$

となる．ここで式を見やすくするためにパラメーター $\theta = 3^{-1/4} R^{-1} y$ を導入する．ある緯度 ϕ_1 に対応する y 座標を y_1 とし，対応する θ を θ_1 とする．地球上で赤道からこの緯度までの帯状領域の面積は $2\pi R^2 \sin \phi_1$ であり，地図上での対応する部分の面積は，$\lambda = \pi$ とした x を用いて

$$\int_0^{y_1} 2x \, \mathrm{d}y = \frac{4\pi R}{3^{3/4}} \int_0^{\theta_1} \cos \theta \cdot 3^{1/4} R \, \mathrm{d}\theta = \frac{4\pi R^2}{\sqrt{3}} \sin \theta_1$$

と表せる．これらを等しいとおいて，

$$\sin \theta_1 = \frac{\sqrt{3}}{2} \sin \phi_1$$

である必要がある．以上を整理すると，

$$\sin \theta = \frac{\sqrt{3}}{2} \sin \phi$$

$$x = \frac{2R\lambda}{3^{3/4}} \cos \theta$$

$$y = 3^{1/4} R\theta$$

を得る．これは，ドイツのワグネル (Karlheinz Wagner, 1906–85) が 1932 年に発表したワグネル第 1 図法 (Wagner I) である．

緯度の変更による平極化の方法は，経線が平行直線である擬円筒図法以外にも適用可能で，ワグネル第 7 図法はハンメル図法に適用した例である．この場合，極は赤道に向かって凸な曲線になる．

5.7.2 ◆ 経度の変更

すでに 5.6.3 項と 5.6.4 項で述べたようにエイトフ変換とこれを正積図法に適用

したハンメル図法は，経度 (中央経線からの経度差) を $1/2$ にして半球に全地球表面の内容を表すことが基礎になっている．これを拡張して，経度を $1/2$ ではなく $1/4$ にし，$1/4$ の範囲に描かれた地球を横軸ランベルト正積方位図法で投影してこれを横方向に 4 倍に伸ばす図法をエッケルトが 1935 年に提案した．これは正積図法である．この場合緯線の曲率はハンメル図法よりも小さくなり，擬円筒図法に似てくる．一方，外周線は楕円ではなくなる．もちろん，この倍率は $1/2$ 倍や $1/4$ 倍に限ることはなく，任意の数値を用いることができる．

このように，経度と緯度を変更して実際よりも小さな範囲に移すことによって，既存の投影法による地球の部分の投影から，全球を表す新しい投影法を作成することができる．

5.7.3 ◆ 混合図法

5.6.5 項ヴィンケル図法で説明したように，既存の 2 種の投影式の座標値の平均をとった値に投影することにより，新たな投影法が得られる．これを混合図法といっている．ただし，元の図法が正積あるいは正角であっても，これらの性質はこの混合処理で失われる．

x 座標と y 座標ともに平均をとるのではなく，x 座標だけ，あるいは y 座標だけの平均をとり，正積性を保つようにすることは可能である．Tobler (1973) は二つの正積 (擬) 円筒図法の一方の座標の算術平均あるいは幾何平均をとることにより，新しい正積擬円筒図法を構成することを論じている．このとき基本となるのは擬円筒図法であることの必要条件 $\partial y/\partial \lambda = 0$ と，これと正積図法であることの必要十分条件 $(\partial x/\partial \lambda)(\partial y/\partial \phi) - (\partial x/\partial \phi)(\partial y/\partial \lambda) = R^2 \cos\phi$ (第 3 章，p.49) から得られる $(\partial y/\partial \phi)(\partial x/\partial \lambda) = R^2 \cos\phi$ の二つの微分方程式である．最後の式を x について解くと $x = R^2 \lambda \cos\phi/(\mathrm{d}y/\mathrm{d}\phi)$ を得る．

Tobler (1973) が挙げた例では，ランベルト正積円筒図法とサンソン図法をそれぞれ重み α と β で平均する．ただし，$\alpha + \beta = 1$ とする．y 座標について平均すれば $y = \alpha \sin\phi + \beta\phi$. ただし，ここでは地球半径 R を 1 としている．これに応じて先の微分方程式を満たすように x 座標を求めると $x = [\cos\phi/(\alpha\cos\phi + \beta)]\lambda$ となる．x 座標について平均すれば別の投影法を得ることができ，$x = (\alpha + \beta\cos\phi)\lambda$ で，$y = \int_0^\phi [\cos t/(\alpha + \beta\cos t)]\,\mathrm{d}t$ となる．前者は極が点として表されるが，後者は $\alpha \neq 0$ のとき極が線分となる平極擬円筒図法になる．

5.8 ◆ 地図投影の逆変換

5.8.1 ◆ 地図投影の逆変換式の導出

この章ではこれまで各図法について経緯度 λ, ϕ から平面座標 x, y を求める投影式を記してきた．地図投影の逆変換 (inverse transformation) とは，地図平面上の

座標 x, y から経緯度 λ, ϕ を求めることである．これは，投影座標で表された地図または地図データから，その中のある地点の経緯度を求める場合や，一つの投影法により表された地図を別の投影法の地図に変換する場合に必要となる．後者では，地図投影の逆変換により地図上の図形を構成する各点の経緯度を求め，次にこれらを新しい図法の投影式で投影すればよい．

このような逆変換を行うには，投影式を逆に解けばよい．たとえば，メルカトル図法の投影式は

$$x = R\lambda$$
$$y = R\log\left[\tan\left(\frac{\phi}{2} + \frac{\pi}{4}\right)\right]$$

で与えられるから，これを逆に解いて，

$$\lambda = \frac{x}{R}$$
$$\phi = 2\tan^{-1}\left(\exp\frac{y}{R}\right) - \frac{\pi}{2}$$

のように逆変換式が得られる．正軸円筒図法は x 座標が経度のみの関数であり，y 座標が緯度のみの関数であるため，容易に逆変換式を求めることができる．正軸法の円錐図法や方位図法では，直交座標から極座標表示に変換すれば，経度 (中央経線からの経度差) は $\lambda = \theta/k$ から求まる (θ は経線がなす角，k は円錐図法の係数で方位図法では 1 とする)．また，緯度または余緯度は緯線半径を表す式を逆に解いて，緯線半径 r から求めることができる．

しかし，擬円筒図法では，x 座標を表す式が緯度と経度の両方に依存するので逆変換式を求めることが多少複雑になる．それでも，y 座標は緯度のみの関数なので，まず y 座標から緯度を求め，これを x 座標を表す式に代入して経度について解くことができる．たとえば，サンソン図法の場合は，

$$x = R\lambda\cos\phi$$
$$y = R\phi$$

を逆に解いて，

$$\phi = \frac{y}{R}$$
$$\lambda = \frac{x}{R\cos\phi} = \frac{x}{R\cos(y/R)}$$

となる．

モルワイデ図法では，投影式は次のとおりである．

$$2\theta + \sin 2\theta = \pi\sin\phi$$
$$x = \frac{2\sqrt{2}}{\pi}R\lambda\cos\theta$$
$$y = \sqrt{2}R\sin\theta$$

逆変換式を得るにはこれからまずパラメーター θ を求め，θ から経緯度を求めれば

よい．すなわち，

$$\theta = \sin^{-1}\frac{y}{\sqrt{2}R}$$
$$\lambda = \frac{\pi x}{2\sqrt{2}R\cos\theta}$$
$$\phi = \sin^{-1}\frac{2\theta + \sin 2\theta}{\pi}$$

となる．モルワイデ図法の地図投影ではパラメーター θ を求めるために数値的な繰り返し計算が必要だったが，その逆変換では繰り返し計算は必要ない．

5.8.2 ◆ 地図投影逆変換を行う際の問題

投影された地図上でその x, y 座標が明確であり，かつその定義が各図法の投影式での定義と一致していれば前項で導いた逆変換式により緯度経度を求めることができる．ところが実際の地図では多くの場合これらの条件が満たされない．

第1に，デジタル地図データであれば，その内容は投影された座標値で表現されているが，紙の地図では，投影座標への手がかりが示されていないことが多い．たとえば，国土地理院の2万5千分の1地形図では図郭4隅の経緯度は与えられているが，これが準拠している UTM 図法の座標値はどこにも示されていない．

第2に，たとえ座標値でデータが与えられていても，投影法の種類，中央経線の経度，標準緯線の緯度，縮尺など，その投影を完全に定義するのに必要なパラメーターが明確でなければ逆変換式を適用することができない．

第3に，もともと地図投影では球面上の図形を紙の平面上に表すことが目的であるから，平面上の座標原点と座標軸の向きに関しては任意性がある．本章に記した投影式は，座標原点を赤道と中央子午線の交点にとったり，方位図法では極を原点としたりするなど，数式の記述が単純になるように表したものであるが，座標の取り方に関して共通の約束事があるわけではない．平面内での平行移動と回転の自由度が残されているのである．ただし，UTM 図法や，測量に用いられる平面直角座標系などでは座標系が定義されており，原点の位置とその座標数値，N 軸または x 軸の方向が原点における子午線の方向と一致することなどが定められている．

地図投影の逆変換に際しては，これらの問題に対処しなければならない．

まず，投影法が UTM 座標系のように座標として定義されたものであって，地図データがこれに準拠した座標値で与えられていれば，直接に座標データに投影の逆変換式を適用して経緯度を求めることができる．

次に，投影法の種類や中央子午線の経度，標準緯線の緯度などの地図投影法を定義するのに必要なパラメーターがわかっている場合を考える．ただし，縮尺は未知でもよい．そして，紙地図の場合は，デジタイザーやスキャナーで読み取って，図形を構成する各点の機械計測座標が得られているとする．このとき地図(データ)上で経緯度が知られている点が2点以上あれば，2次元のヘルマート変換により，地図データの座標を地図投影式に従って求められた平面座標に変換して，これから逆変

換を実行することができる．ヘルマート変換 (Helmert transformation) とは，図形を相似形に変換する変換で，平行移動，回転，および拡大縮小を行う．変換前の地図座標 (紙地図では機械計測座標) を u, v とし，変換後の座標，すなわち当該点の経緯度から地図投影の式に従って計算された平面座標を x, y とすると，ヘルマート変換式は次のようになる．

$$x = au - bv + c$$
$$y = bu + av + d$$

ただし，a, b, c, d は変換を定めるパラメーターであり，相異なる2点で u, v と x, y の組が与えられていれば，4元連立1次方程式を解いて a, b, c, d を求めることができる．3点以上で対応する座標の組が与えられている場合は，最小2乗法を用いてこれらの係数を決定する．原点の平行移動量は (c, d) であり，拡大率は $\sqrt{a^2 + b^2}$，回転角は $\tan^{-1}(b/a)$ (逆正接関数の値域を $-\pi/2 \sim \pi/2$ とすると，a が負の場合は $\tan^{-1}(b/a) + \pi$ とする) となる．ヘルマート変換式の係数が決まれば，地図データ全点の u, v 座標が投影平面座標 x, y にヘルマート変換で変換できる．この x, y に投影の逆変換式を適用して各点の経緯度を求めることができる．

たとえば，国土地理院の2万5千分の1地形図から理論的にもっとも厳密な方法で図中の各点の経緯度を求めるとすると以下のようになる．まず，図郭4隅の経緯度が与えられているから，これらの点のUTM座標を投影式から求める．デジタイザーやスキャナーで読み取った図郭4隅の機械計測座標とこれらの点のUTM座標との間は，地図の不等伸縮や計測誤差がないという理想的な条件ではヘルマート変換で関係付けられるので，最小2乗法でヘルマート変換の係数を決定する．次いで，ヘルマート変換により地図上の各点の機械計測座標をUTM座標に変換する．そして，UTM投影の逆変換式により，各点の経緯度が得られる．以上は広い範囲を表した地図にもそのまま適用可能な厳密な方法である．しかし，2万5千分の1地形図の1枚の図郭に含まれる範囲は地球表面のごく微小な領域であるため，実際には図郭を不等辺四角形と見なし (図郭辺は本来は曲線であるが，これを直線で描いたときの誤差は描画に伴う誤差の範囲内であって実際上区別できない)，かつ経緯度は図郭辺を内分する割合から求めるとする正規化座標による方法で経緯度を求めることが広く行われている．

なお，地図投影法を定義するために必要なパラメーターの一部が未知である場合に，いくつかの点で経緯度と地図データの座標が知られているときに，これらのパラメーターの推定と逆変換が可能であるかどうかは個別に検討する必要がある．

5.8.3 ◆ 地図投影の逆変換を数値的に行うプログラム

5.8.1項に記したように投影式を逆に解いて簡単に経緯度を表す数式が求められる場合であっても，逆変換を実行するには個々の投影法について個別に逆変換のプログラムが必要になる．投影式が与えられていてもその逆変換式を導くことが難し

い場合もある．ここでは，正変換の投影を行えるプログラムがあれば，数値的に逆変換を行う汎用のプログラムを紹介する．

このプログラムはニュートン–ラフソン法(ニュートン法ともいう)を2次元に拡張したもので補正値をヤコビ行列の逆行列を用いて求めている．微係数の計算は導関数に代入するのではなく数値微分を用いている．数値計算の参考書として著名なPress et al. (1993) はニュートン–ラフソン法に数値微分を用いると本来の収束の速さが損なわれるとしている．確かにその通りではあるが，導関数をプログラミングすると結局個別対応になるため，汎用性を重視して数値微分を用いた．なお，関数を計算するアルゴリズムが与えられた場合にその導関数を求める自動微分の技術が開発されており(久保田・伊理, 1998)，これを組み込めば数値微分に頼らない計算が可能である．

以下に，Excel VBAのソースを示す．ここでサブプログラム Proj(phi, lambda, x, y) は各種地図投影の投影式を代表するもので，このサブプログラムで逆変換を計算したい投影法のサブプログラムを呼び出すようにしている．要するにニュートン法のサブプログラム TwoDNewton(u, v, x, y) 中で投影式を呼び出す部分を書き換えずに，Proj の中の1行を書き換えるだけで各種投影法に対応するようにしたものである．下の例ではサンソン図法のプログラム Sub Sanson(B, L, x, y) を呼び出して，この逆変換を計算している．最初に掲げた関数 u(x, y) と v(x, y) は，サブプログラムの形では Excel のワークシート上で使えないので，関数の形にしたものである．これを使うと，ワークシートのセルに「=u(A3,B3)」のように代入して A3 セルの x 座標と B3 セルの y 座標から，緯度を計算して表示する．なお，ここでは「緯度」と書いたが本来このプログラム自体は汎用的なもので，引数がどういう量であるかは呼び出しているサブプログラム(ここでは Sanson)に依存する．

ニュートン法は初期値が不適切であると正しく収束しないが，いくつかの投影法について試したところでは初期値を (0,0) とした下記のプログラムで，繰り返し回数10回以内で正しい値に収束している．

```
Function u(x, y)
TwoDNewton u0, v0, x, y
u = u0
End Function
Function v(x, y)
TwoDNewton u0, v0, x, y
v = v0
End Function

Sub TwoDNewton(u, v, x, y)
'u, v を与えて x, y を返す関数 Proj(u, v, x, y) が与えられたとき，この逆関数，すなわち x, y から u, v を Newton 法で求めるプログラム
u0 = 0      'ここは本来適切な初期値を与えるべきであるが，
v0 = 0      'とりあえず一般的には 0,0 にしておく．
epsilon = 10 ^ -5 '収束判定の基準   Proj の関数値との差がこれ以下なら収束とする．
delta = 0.001 '数値微分のための増分
For i = 1 To 10
```

```
            Proj u0, v0, x0, y0
            dx = x - x0
            dy = y - y0
            If Abs(dx) + Abs(dy) < epsilon Then
            u = u0
            v = v0
            Exit Sub
            End If
            Proj u0 + delta, v0, x1, y1
            Proj u0 - delta, v0, x2, y2
            dxdu = (x1 - x2) / 2 / delta
            dydu = (y1 - y2) / 2 / delta
            Proj u0, v0 + delta, x1, y1
            Proj u0, v0 - delta, x2, y2
            dxdv = (x1 - x2) / 2 / delta
            dydv = (y1 - y2) / 2 / delta
            det = dxdu * dydv - dydu * dxdv
            du = (dydv * dx - dxdv * dy) / det
            dv = (-dydu * dx + dxdu * dy) / det
            u0 = u0 + du
            v0 = v0 + dv
            Next i
            MsgBox "No convergence after 10 iterations!"
            End Sub

            Sub Proj(phi, lambda, x, y)
            Sanson phi, lambda, x, y    'この行を書き換えて各種投影法に対応させる.
            End Sub

            Sub Sanson(B, L, x, y)
            '地球半径＝1とした場合のサンソン図法の平面座標を計算するプログラム
            rad = 3.14159265358979 / 180#  '度をラジアンに変換する係数
            y = B * rad
            x = L * rad * Cos(y)
            End Sub
```

◆◆ 第5章の注

【注1】　Tobler (1973) には 1.183136 という数値が与えられているが計算の誤差によるものであろう.

CHAPTER 6
ティソーの指示楕円による投影ひずみの分析

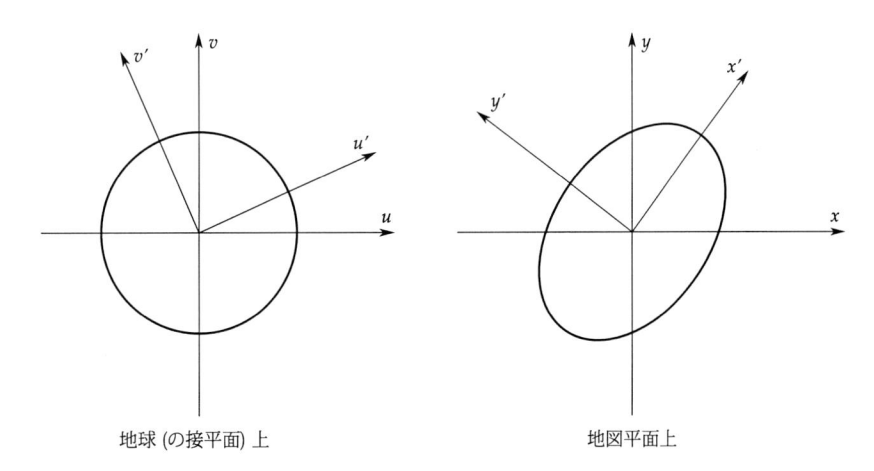

6.1 ティソーの指示楕円とは

　　地図投影には必ずひずみが伴う．そのため，地図投影によるひずみの性質とその分布を知ることは地図を作成する上でも，地図を活用する上でも大切である．各点における投影のひずみを定量的に表現し，その分布を視覚的に表示できる手段として，ティソーは 1881 年に指示楕円を発表した．これは，地球上のある点を中心とする微小な円は，投影された地図平面上で対応する点を中心とする楕円 (円になる場合も含む) として表されることが基本になっている．この楕円をティソーの指示楕円という (ひずみ楕円 ellipse of distortion ともいう)．そして，地球上の円の半径に対する楕円の半長軸および半短軸の長さの比から，その点での面積ひずみと最大の角ひずみの大きさが算出できる．また，楕円の中心から直線を伸ばして楕円の周と交わるまでの距離の，地上の円の半径に対する比が地図に示されたその方向の長さのひずみを表している．このようにある地点における投影に伴うひずみが，指示楕円の大きさと形，その主軸 (長軸または短軸) の方向によってすべて表現されるのである．経緯線網の各交点に指示楕円を描けばその投影法に伴うひずみの分布が視覚的に明瞭に表現される．このようにティソーの指示楕円は投影のひずみの分析に欠かせない道具である．

　　まず，地球上の円が地図上の楕円に投影される状況を図解してみよう．図 6.1 で左の図は地球上で円を描いたところを示している．微小な領域では地表面は平面と近似してよいので接平面上に円が描かれ円の中心に原点を置く局所的な直交座標系 u, v が設定されていると考えてよい．u, v は緯線および経線にそれぞれ平行であ

地球 (の接平面) 上　　　　　　　　　　　地図平面上

図 6.1　ティソーの指示楕円の説明

り，円周上の点の緯度 ϕ および経度 λ とは次の関係にある．$u = (\lambda - \lambda_0)N\cos\phi_0$，$v = M(\phi - \phi_0)$．ここで，$\phi_0$ と λ_0 は円の中心の緯度経度，M は地球を回転楕円体として扱ったときの緯度 ϕ_0 における子午線曲率半径，N は同じく卯酉線曲率半径 (8.1節参照) である．地球を球として扱う場合は両者を地球半径 R に置き換えればよい．右の地図平面上の座標 x, y は地図上に設定し投影式で緯度経度と関係付けられる直交座標であるが，ここでは便宜上円の中心が投影された点 (これが楕円の中心になる) に原点を平行移動して考える．

さて図に示すように楕円は一般に x 軸から傾く．この楕円の長軸の方向に座標軸 x' をとり，これに直交する短軸方向に y' 軸をとる．x' 軸に投影される地上の座標軸を u' とし，y' 軸に投影される地上の座標軸を v' とする．u' は投影の結果長さが最大になる方向であり，v' は投影の結果長さが最小になる方向であるが，地図平面上の x' と y' が直交するだけでなく対応する u' と v' も互いに直交する．この理由はおって証明する．なお，経緯線方向の座標軸 u, v が投影された軸は右図には表示していないがこれらは一般には直交しない．また，一般には x, y 軸と一致しない．

長さの単位を適当にとって，円の半径を1であるとすれば，楕円の半長径 a と半短径 b がそれぞれ中心から各方向に向かう長さの最大と最小を与える．このとき，円の面積は π であり，楕円の面積は πab となるから面積拡大率はこれらの比として ab で与えられ，面積のひずみは $ab - 1$ となる【注1】．また後で示すように a と b から角のひずみも算出でき，当該点における最大の角ひずみが計算できる．ここで最大の角ひずみとしたのは，ある点における角のひずみというのはその点から出る2本の半直線のなす角が地図上でどう変化するかという問題であり，角の大きさとその方向によって変化するものだからである．しかし，角ひずみの最大値は各点ごとに定まるのである．

そこで，投影ひずみの分析のためには指示楕円の半長径と半短径を投影式から算出することが課題となる．併せて，最大の長さに投影される方向 u' が u となす角，および地図上での楕円の長軸 x' が座標軸 x となす角が求まればその点における投影ひずみが明らかになる．以下では，この計算の式を導出する．

6.2 地図投影式からのティソーの指示楕円のパラメーターの算出

今問題にしているのは地球上の円の中心の周辺だけの局所的な地図投影であるから投影式を線形近似して扱うことができる．このような局所的な線形近似の操作はまさに微分そのものであり，地球上の円を地図平面に写す変換は次のヤコビ行列 A で表される1次変換になる．これにより局所的な u, v 座標から x, y 座標への変換が表される．

$$A = \begin{pmatrix} \dfrac{\partial x}{\partial u} & \dfrac{\partial x}{\partial v} \\ \dfrac{\partial y}{\partial u} & \dfrac{\partial y}{\partial v} \end{pmatrix} = \begin{pmatrix} m_{11} & m_{12} \\ m_{21} & m_{22} \end{pmatrix}, \qquad \begin{pmatrix} x \\ y \end{pmatrix} = A \begin{pmatrix} u \\ v \end{pmatrix}$$

なお,ここで投影式は微分可能であることを前提にしている.この前提は,たとえば円筒図法での極やエッケルト第 1 図法での赤道 (経線が屈曲する) などの例外点を除いて一般に地図投影では満たされている.また,例外的な点以外ではこの行列は正則で逆行列が存在するとしてよい.この行列の要素と,ティソーの指示楕円の計算に伝統的に用いられる経線方向の線拡大率 h と緯線方向の線拡大率 k との関連は $h = \sqrt{m_{12}^2 + m_{22}^2},\ k = \sqrt{m_{11}^2 + m_{21}^2}$ で与えられる.

平面上の 1 次変換によって円が楕円に変換されることは A の逆行列 $C = A^{-1}$ を用いて,地上での円を表す方程式 $(u, v)\begin{pmatrix}1 & 0 \\ 0 & 1\end{pmatrix}\begin{pmatrix}u \\ v\end{pmatrix} = 1$ に,$\begin{pmatrix}u \\ v\end{pmatrix} = C\begin{pmatrix}x \\ y\end{pmatrix}$ を代入してできる $(x, y)^{\mathrm{t}} CC \begin{pmatrix}x \\ y\end{pmatrix} = 1$ において左辺の 2 次形式はベクトル $C^{\mathrm{t}}(x, y)$ のノルムの 2 乗だから 0 ベクトルでない任意の x, y に対して正であること,それゆえ 2 次形式の行列 $^{\mathrm{t}} CC$ の二つの固有値が正であるから,シルヴェスターの慣性法則 (たとえば齋藤 (1966), p.155) により,これが楕円の方程式になっていることで証明される.また,これらの固有値が指示楕円の半長径を a,半短径を b として,それぞれ $1/a^2$ と $1/b^2$ を与える.なお,$^{\mathrm{t}} C$ は C の転置行列を表す.一方,楕円の半長径を求めるためには,$\mathrm{Max}_x(\|Ax\|^2/\|x\|^2) = \lambda_1(^{\mathrm{t}} AA)$ (ただし $\lambda_1(^{\mathrm{t}} AA)$ は $^{\mathrm{t}} AA$ の最大固有値), (柳井・竹内, 1983, p.112) であることから,a^2 と b^2 は $^{\mathrm{t}} AA$ の固有値として求めることができる.

まず,投影ひずみの解析では楕円の半長径 a と半短径 b だけが求まればよいことが多いので,これらを求める式を導く.

行列の固有値の和はその行列の跡 (trace) に等しいから,これを行列 $^{\mathrm{t}} AA$ に適用して以下の式が成り立つ.

$$a^2 + b^2 = m_{11}^2 + m_{21}^2 + m_{12}^2 + m_{22}^2 = h^2 + k^2$$

また,行列式の性質から

$$ab = |A| = m_{11} m_{22} - m_{12} m_{21} = hk \sin \Theta$$

Θ は地図上で緯線と経線がなす角である.なお,地図投影では鏡映となる場合はなく,$ab > 0$ である.これらの式を組み合わせて,$(a+b)^2$ と $(a-b)^2$ を求めると,$a \geqq b$ だから,

$$a + b = \sqrt{m_{11}^2 + m_{12}^2 + m_{21}^2 + m_{22}^2 + 2(m_{11} m_{22} - m_{12} m_{21})}$$
$$a - b = \sqrt{m_{11}^2 + m_{12}^2 + m_{21}^2 + m_{22}^2 - 2(m_{11} m_{22} - m_{12} m_{21})}$$

となり,これから,

$$a = \frac{1}{2}\Big[\sqrt{m_{11}^2 + m_{12}^2 + m_{21}^2 + m_{22}^2 + 2(m_{11}m_{22} - m_{12}m_{21})}$$
$$+ \sqrt{m_{11}^2 + m_{12}^2 + m_{21}^2 + m_{22}^2 - 2(m_{11}m_{22} - m_{12}m_{21})}\,\Big]$$
$$b = \frac{1}{2}\Big[\sqrt{m_{11}^2 + m_{12}^2 + m_{21}^2 + m_{22}^2 + 2(m_{11}m_{22} - m_{12}m_{21})}$$
$$- \sqrt{m_{11}^2 + m_{12}^2 + m_{21}^2 + m_{22}^2 - 2(m_{11}m_{22} - m_{12}m_{21})}\,\Big]$$

が求まる.

次に最大最小方向に投影されるベクトルの方向, すなわち u', v' 軸の方向と ${}^tAA$ の固有値 a^2, b^2 を同時に求める方法を紹介する. これは行列の固有値問題をヤコビ法で解く (森口・伊理, 1985, p.65) ことに相当する.

${}^tAA = \begin{pmatrix} m_{11}^2 + m_{21}^2 & m_{11}m_{12} + m_{21}m_{22} \\ m_{11}m_{12} + m_{21}m_{22} & m_{12}^2 + m_{22}^2 \end{pmatrix}$ に行列 $R = \begin{pmatrix} \cos\alpha & -\sin\alpha \\ \sin\alpha & \cos\alpha \end{pmatrix}$
で表される回転を施して ${}^tR({}^tAA)R$ の非対角要素を 0 にするように角 α を定める. この計算をすると非対角要素は $(m_{12}^2 + m_{22}^2 - m_{11}^2 - m_{21}^2)\sin\alpha\cos\alpha + (m_{11}m_{12} + m_{21}m_{22})(\cos^2\alpha - \sin^2\alpha)$ となるから, これを 0 とするように回転角 α を定めればよい. ゆえに, $m_{11}m_{12} + m_{21}m_{22} \neq 0$ のときは

$$\cot 2\alpha = \frac{m_{11}^2 + m_{21}^2 - m_{12}^2 - m_{22}^2}{2(m_{11}m_{12} + m_{21}m_{22})}$$

から $\sin\alpha$ と $\cos\alpha$ を求めて ${}^tR({}^tAA)R$ を計算し, その対角要素として固有値 a^2 と b^2 が求められる. また, R を構成する二つの列ベクトルがそれぞれ固有ベクトルとなる (森口・伊理, 1985, p.66) ので, 角 α が u 軸と u' 軸のなす角であることもわかる. また, 指示楕円の長軸と短軸に投影される地上での方向が互いに直交することもこれで示された.

行列 R の要素の $\sin\alpha$ および $\cos\alpha$ は以下のように計算する. $\cot 2\alpha = q$, $\tan\alpha = t$ とおくと, $\cot 2\alpha = (1 - \tan^2\alpha)/(2\tan\alpha)$ であるから $q = (1 - t^2)/(2t)$ と表せる. これから $t^2 + 2qt - 1 = 0$. q の正負に応じて α は第 1, 第 4 象限にそれぞれあると考えてよく, α の絶対値が小さい方の解を求めるとすると

$$q > 0 \quad t = -q + \sqrt{q^2 + 1} = \frac{1}{q + \sqrt{q^2 + 1}}$$
$$q < 0 \quad t = -q - \sqrt{q^2 + 1} = \frac{1}{q - \sqrt{q^2 + 1}}$$

これら二つをまとめて $t = \mathrm{sign}\,q/(|q| + \sqrt{q^2 + 1})$ と書くことができる. ただし, $\mathrm{sign}\,0 = 0$ なので $q = 0$ に対しては $t = 1$ としておく. なお, 上二つの式の最右辺への変換は数値的に安定に解けるようにするためである. α は第 1, 第 4 象限にあるとしているから $\cos\alpha = 1/\sqrt{1 + t^2}$, $\sin\alpha = t\cos\alpha$ と求まる (Press et al., 1993, pp.346–347).

$m_{11}m_{12} + m_{21}m_{22} = 0$ のときは行列 ${}^tAA$ はすでに対角行列であり, 対角要素が固有値を与える. この二つの固有値 (対角要素) が相異なる場合は $\alpha = 0$ である. 二つの固有値が等しい, すなわち $m_{11}^2 + m_{21}^2 = m_{12}^2 + m_{22}^2 = a^2$ の場合は $\cot 2\alpha$ の

式の右辺分子も 0 であり，α は定まらない．このとき，A は直交行列の定数倍，すなわち (地図投影では鏡映となる場合はないため) 回転行列の定数倍であって，ティソーの指示楕円は円となり楕円の主軸は定まらない．この点ではすべての方向に投影で角度が保存される．ただし，これは当該点についての性質であって，これだけでこの投影法が正角図法であるというわけではない．すべての点についてこの性質が成り立つときが正角図法である．

さらに，指示楕円の長軸が地図上で x 軸となす角 (すなわち x' 軸が x 軸となす角) β を求める．回転行列 $P = \begin{pmatrix} \cos\beta & -\sin\beta \\ \sin\beta & \cos\beta \end{pmatrix}$ および R (先に求めたもの) と対角行列 $D = \begin{pmatrix} a & 0 \\ 0 & b \end{pmatrix}$ を用いて $A = PDR^{-1}$ と書けるものとする．このことは，${}^tR{}^tAAR = {}^tR(R{}^tD{}^tPPD{}^tR)R = {}^tDD$ だから成り立つ．ゆえに，$P = ARD^{-1}$ (ここで $D^{-1} = \begin{pmatrix} 1/a & 0 \\ 0 & 1/b \end{pmatrix}$ である) として回転行列 P を求めることができ，その成分から角 β も計算できる．

以上で，指示楕円の半長径 a，半短径 b，楕円の長軸に投影される地球上のベクトルが緯線となす角 α，地図上での楕円の長軸が x 座標軸となす角 β が求められ，指示楕円を描くのに必要なパラメーターがすべて求まった．

なお，地図のひずみ分布を知るために地図上の各点を中心として指示楕円を描くためだけであれば，これらのパラメーターを計算するまでもなく，投影式から数値微分によりヤコビ行列 A の要素を計算し，回転角 θ を変えて，$\begin{pmatrix} x \\ y \end{pmatrix} = rA\begin{pmatrix} \cos\theta \\ \sin\theta \end{pmatrix}$ の軌跡を描けばよい．ただし，r はひずみがない場合に地図上に描かれる円の半径で，指示楕円を地図上に描く大きさを指定するために導入した．

地図投影法に関する文献の多くでは，ヤコビ行列を用いてティソーの指示楕円に関する変換を表すことに言及していないこともあって，指示楕円の描画については，たとえば大圏距離で半径 $0.1°$ の円を地球上に描きこれを投影式に従って計算し，地図上でのその円の中心からの距離を一定割合で拡大して目に見える大きさに描くという方法を記している (たとえば Snyder, 1993, p.147)．しかし，この方法はプログラミングの点でもそれほど簡便ではなく，計算効率も悪いので，前記のヤコビ行列を用いた方法の優位性は明らかである．なぜなら，この後者の方法では球面上に一定半径の円を描くために，円周上の各点の経緯度を球面三角法で計算しなければならない．また，投影された点と中心との距離を求めることは，描画のために計算されるすべての方向について数値微分を計算するに等しい．ヤコビ行列の計算では四つの偏微分の計算で済むのである．

6.3 ◆ 指示楕円を用いた角ひずみの最大値の計算

指示楕円の半長径 a と半短径 b とから角ひずみの最大値を計算する方法を示す．楕円の半長軸に投影される方向を基準として，この方向ともう一つの半直線のなす角 θ が投影によりどう変化するかを見る．今，基準の方向を地図上での楕円の半長軸に重ねて図示しこれを x 軸にとる．すると投影により，円周上の点 $(x,y) = (\cos\theta, \sin\theta)$ は $(ax, by) = (a\cos\theta, b\sin\theta)$ に移る．この投影された点と円の中心を結ぶ直線が横軸となす角は $\tan\theta' = b\sin\theta/(a\cos\theta) = (b/a)\tan\theta$ となる．まず，$0 \leqq \theta \leqq \pi/2$ の範囲で考える．$\theta = 0$ および $\theta = \pi/2$ では明らかに $\theta' = \theta$ であり，$0 < \theta < \pi/2$ では $a > b$ だから $\theta' < \theta$ である．$\theta' - \theta$ の符号が一定なので，今問題にしている投影に伴う角の差の絶対値の最大値は，角を構成する二つの半直線の一方が楕円の長軸または短軸方向である場合であることがわかる．これにより，角を構成する半直線の一方を楕円の長軸方向として角の差の最大値を検討してよいことが確認できた．$\theta - \theta'$ の変化を見るために以下の量を計算する．

$$\frac{\sin(\theta-\theta')}{\sin(\theta+\theta')} = \frac{\sin\theta\cos\theta' - \cos\theta\sin\theta'}{\sin\theta\cos\theta' + \cos\theta\sin\theta'} = \frac{\tan\theta - \tan\theta'}{\tan\theta + \tan\theta'} = \frac{1 - b/a}{1 + b/a} = \frac{a-b}{a+b}$$

これを $\sin(\theta-\theta') = [(a-b)/(a+b)]\sin(\theta+\theta')$ と書き直すと，θ が変化するとともに θ' も変化するが，$\theta - \theta' (\geqq 0)$ は $\sin(\theta+\theta')$ が最大値をとるときに最大値となることがわかる．すなわち，θ が 0 から $\pi/2$ まで変化する間に $\theta + \theta' = \pi/2$ となる θ において，$\theta - \theta'$ が最大になる．この最大値を ω と書くと $\sin\omega = (a-b)/(a+b)$ により $\theta - \theta'$ の最大値が求まる．ここまでは角の大きさを直角以下として考察してきたが，角の大きさは最大 $180°$ まで考える必要がある．$\theta - \theta'$ が最大値をとった状況を x 軸に対称に折り返してできる角 2θ が $2\theta'$ に投影されることから，角ひずみの最大値は先の ω の2倍になることがわかる．すなわち投影による角ひずみの最大値は 2ω で与えられ，これは各点で $2\omega = 2\sin^{-1}[(a-b)/(a+b)]$ として計算で

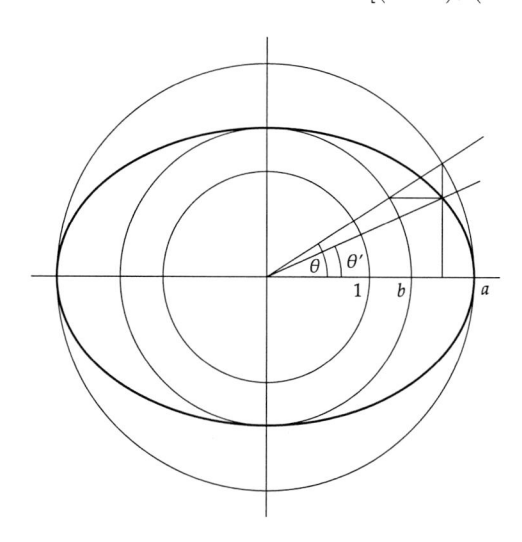

図 6.2 ティソーの指示楕円で表した地図投影に伴う角度の変化

きる．この最大の角ひずみを等値線で地図に表示してひずみ分布を表示することもよく行われる．

　ティソーの指示楕円を用いた角ひずみの分析の説明として，多くの文献によく掲載されている図についての説明を補足する．上述のように投影により各点が横軸方向に a 倍，縦軸方向に b 倍拡大された位置に動くと考えるのが簡単でわかりやすいが，この状況を図解した図が示されていることが多いので，簡単にその見方を示す．図 6.2 において原点と半径 1 の円周上の点を結ぶ半直線が延長されて半径 a の円と交わり，この交点から横軸に垂直な線を下ろして楕円と交わる点と原点を結ぶと投

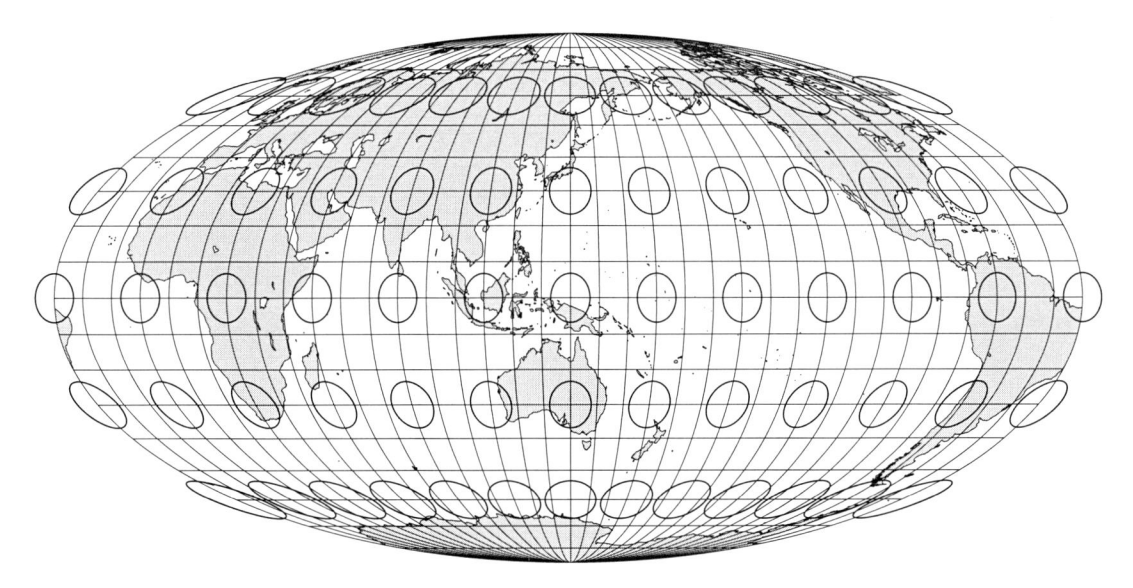

図 6.3　ティソーの指示楕円を表示したモルワイデ図法の世界地図

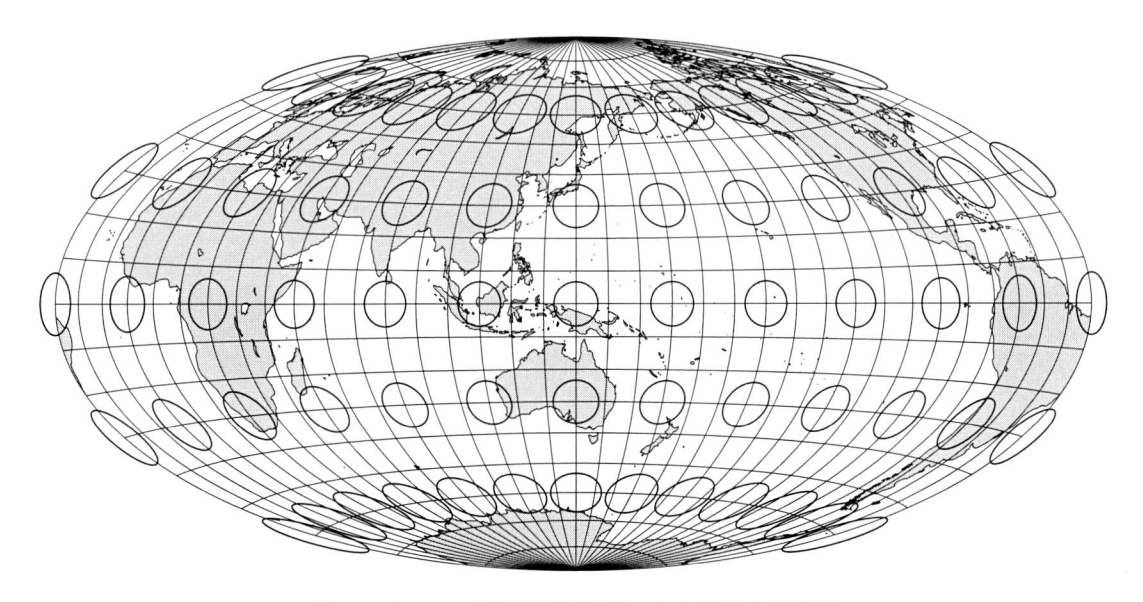

図 6.4　ティソーの指示楕円を表示したハンメル図法の世界地図

影されて変化した角 θ' が求まる．別の見方をすると，最初の半直線が半径 b の円と交わりこの交点から横軸に平行に直線を延ばして楕円と交わる点と原点を結ぶ．この二つの見方で楕円と交わる点は同一である．

最後に，ティソーの指示楕円を経緯線網の 30° 間隔の格子点に表示したモルワイデ図法とハンメル図法の地図を図 6.3 と図 6.4 に示す．この両投影法のひずみ分布の違いが比較できる．

◆◆ 第 6 章の注

【注 1】　日本国際地図学会 (1998) では，「面積のひずみ」の用語を面積拡大率と同じ意味で用いている．長さのひずみについても線拡大率と同義としている．この用語法では，ひずみが 1 であるとき「ひずみがない」，ひずみの値の 1 との差が小さいとき「ひずみが小さい」となり，数値で表した場合と言葉で表した場合が整合しない．また，一般に物理学でのひずみは，長さの変化量の元の長さに対する相対値として定義されている．そこで，本書では (長さのひずみ) = (線拡大率) − 1, (面積のひずみ) = (面積拡大率) − 1 として定義することにする．なお，角のひずみについては，既往の文献と同様に投影による角の大きさの変化量とする．

CHAPTER 7
横軸法と斜軸法への変換

2.2.2項で正軸法，横軸法，斜軸法について述べ，第5章の各論では正軸法の場合の投影式を示してきた．本章では，地球を球とした場合の正軸法の式から横軸法と斜軸法の数式を導く方法を述べる．地球を球として扱う場合は，その中心のまわりに回転しても球面は不変なので，横軸変換・斜軸変換は単純な座標変換として扱える．つまり，地球の中心に原点をもつ3次元直交座標軸を考えこれを原点のまわりに回転するとしよう．たとえば方位図法で地図主点を地図に表現したい地域の中心に置くのであれば，原点から北極に向かうz軸がこの点の方向になるように回転させる．そして，地球上の各点の経緯度をこの点をあたかも北極と見なした場合の経緯度に換算して，正軸法の地図投影式 (方位図法では北極を地図主点とする数式であった) に代入すれば求める斜軸法の数式が得られるわけである．この座標系の回転による経緯度の変換式は球面三角法から導ける．空間における座標系の回転行列を用いて導くこともできるが，空間座標を求めるのが目的ではなく球面上の角度を求めるのが目的なので，球面三角法を用いるほうがより直接的に解が得られる．

7.1節で球面三角法の基礎的事項を概説した後，7.2節で横軸法への変換式を導出するが，横軸法は斜軸法の特別の場合であるので，7.3節に記した斜軸法の一般式に含まれる．しかし，利用の便宜を考えて，独立にも扱うことにした．横軸法も斜軸法の一部として含むような地図投影プログラムを作成するのが目的であれば，7.2節は飛ばして，7.3節を読んでいただけばよい．

7.1 ◆ 球面三角法の基礎知識

球面三角法とは球面三角形の頂角と辺の長さの間に成り立つ関係を三角関数を用いて研究する数学の一分科である．

まず球面三角形について説明する．球と平面が交わるとその切り口は円になるが，球の中心を通る平面による切り口の円が最大で，その半径は球の半径に等しい．これを大円という．大円以外の，球と平面が交わってできる円を小円という．たとえば，すべての経線 (子午線) と赤道は大円であるが，緯線 (平行圏) は赤道以外は小円である．球面三角形とは大円の一部を辺とする三角形である．すなわち，球面上に3点A, B, Cがあって，これらは同一の大円の周上にはなく，いずれの二つも球の直径の両端の点ではないとすると，これらのうちのそれぞれ2点を通る大円の短いほうの弧 (劣弧という) を辺とする三角形が一つ決まる．これが球面三角形である．点Aにおいて辺AB, ACに接する半直線のなす角を頂角Aという．頂角B, Cも同

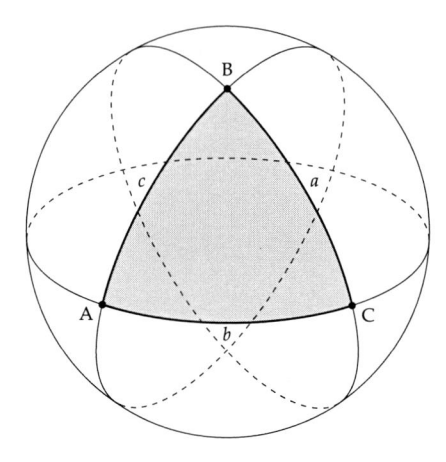

図 7.1 球面三角形

様である．辺の長さ a は，球の中心を O として，$\angle$BOC $\times$ (球の半径) であるから，球面三角法においては半径 1 の球を扱うことにすると，辺が球の中心に対して張る角をラジアン単位で表した角そのものである．

$\angle$C が直角の場合の直角球面三角形では，

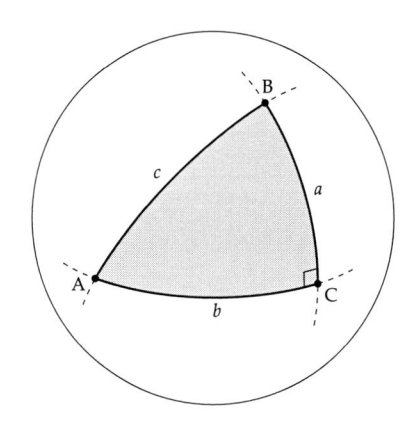

$$\sin A = \frac{\sin a}{\sin c}$$

$$\cos A = \frac{\tan b}{\tan c}$$

$$\tan A = \frac{\tan a}{\sin b}$$

$$\sin A = \frac{\cos B}{\cos b}$$

$$\cos c = \cos a \cos b$$

$$\cos c = \cot A \cot B$$

が成り立つ．これらは横軸法への変換に使われる．

一般の球面三角形では，以下の余弦公式と正弦公式が基本的であり，これらの式を用いて球面三角形の与えられた辺長と頂角からほかの辺長および頂角を求めることができる．斜軸法への変換にはこれらの式を応用する．

$$\cos c = \cos a \cos b + \sin a \sin b \cos C \qquad \text{余弦公式}$$

$$\cos C = -\cos A \cos B + \sin A \sin B \cos c \qquad \text{余弦公式}$$

$$\frac{\sin A}{\sin a} = \frac{\sin B}{\sin b} = \frac{\sin C}{\sin c} \qquad \text{正弦公式}$$

ここで，最初の余弦公式の直接の応用例を示そう．経緯度がそれぞれ与えられた 2 地点間の球面上の大圏距離の計算である．球面三角形としてこれら 2 点と北極とを頂点とする三角形を考えると，北極での三角形の頂角は 2 地点の経度差であり，

この角を挟む2辺の長さはそれぞれの地点の余緯度である．2地点を結ぶ大圏の角距離 c は，2地点の緯経度をそれぞれ (ϕ_1, λ_1), (ϕ_2, λ_2) とし，これらを余弦公式に代入して

$$\cos c = \cos\left(\frac{\pi}{2} - \phi_1\right)\cos\left(\frac{\pi}{2} - \phi_2\right) + \sin\left(\frac{\pi}{2} - \phi_1\right)\sin\left(\frac{\pi}{2} - \phi_2\right)\cos(\lambda_1 - \lambda_2)$$

$$\therefore \cos c = \sin\phi_1 \sin\phi_2 + \cos\phi_1 \cos\phi_2 \cos(\lambda_1 - \lambda_2)$$

と表される．ラジアン単位で表した c に地球半径を掛ければ大圏距離が求まる．ただし，これは地球を回転楕円体ではなく球として扱う近似に基づくので，厳密に回転楕円体として扱って求める大圏距離とは1%弱の誤差がありうる．

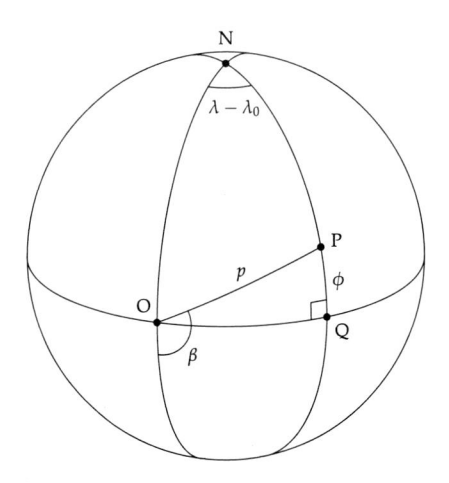

7.2 ◆ 横軸法への変換

7.2.1 ◆ 横軸法への変換——横軸方位図法を例として

経度 λ_0 の子午線が赤道と交わる点 O を地図主点とする方位図法のための変換式は，球面上の点 P の緯度 ϕ，経度 λ から，地図主点 O から点 P までの角距離 p ($= \pi/2 - \alpha$；α は変換された座標系における緯度に相当する) と，地図主点と点 P を結ぶ大円弧が中央子午線となす角 β (β は変換された座標系における経度に相当する．図 7.2 参照) を求めて，これらをそれぞれ正軸方位図法における余緯度および経度と見なして投影式に代入すればよい．

図 7.2 において点 P を通る子午線が赤道と交わる点を Q とする．N は北極である．球の半径を 1 とすれば，弧 PQ の長さは点 P の緯度 ϕ であり，弧 OQ の長さは P と O の経度差 $\lambda - \lambda_0$ である．また $\angle POQ = \beta - \pi/2$ である．球面三角形 POQ は $\angle PQO = \angle R$ の直角三角形だから，

$$\cos p = \cos\phi \cos(\lambda - \lambda_0)$$

図 7.2 横軸法への変換

$$\sin\left(\beta - \frac{\pi}{2}\right) = \frac{\sin\phi}{\sin p}$$

$$\therefore \cos\beta = -\frac{\sin\phi}{\sin p}$$

により，p と β を求めることができる．ただし，β の値域は $-\pi \leqq \beta \leqq \pi$ とし，その正負は $\sin(\lambda - \lambda_0)$ の正負と同じとする．平面座標は $x = r\sin\beta, y = -r\cos\beta$ として得られる．ここで，r は投影された平面上での当該点の地図主点からの距離で，p の関数として与えられる．

7.2.2 ◆ 応用例——横軸平射図法の投影式の導出

前項で求めた式から角 p と β を計算して，これを正軸法の式に代入すれば投影計算はできる．一般的な計算プログラムを作る上ではこのような方法でよいが，ここでは前項で求めた式から平射図法横軸法の投影の数式を求めてみる．

平射図法は，緯線半径式 $r = 2R\tan(p/2)$ で与えられる．平面座標は $x = r\sin\beta$, $y = -r\cos\beta$ である．まず，$0 \leqq p < \pi$ であることに注意して $r = 2R\tan(p/2) = 2R\sqrt{(1-\cos p)/(1+\cos p)} = 2R\sin p/(1+\cos p)$ となる．よって，

$$x = \frac{2R\sin p \sin\beta}{1+\cos p} = \frac{2R\sin p}{1+\cos p}\sqrt{1-\cos^2\beta} = \frac{2R\sin p}{1+\cos p}\sqrt{1-\frac{\sin^2\phi}{\sin^2 p}}$$

$$= \frac{2R\sqrt{\sin^2 p - \sin^2\phi}}{1+\cos p} = \frac{2R\sqrt{(1-\cos^2 p)-(1-\cos^2\phi)}}{1+\cos p}$$

$$= \frac{2R\sqrt{-\cos^2\phi \cos^2(\lambda-\lambda_0)+\cos^2\phi}}{1+\cos p} = \frac{2R\cos\phi \sin(\lambda-\lambda_0)}{1+\cos\phi \cos(\lambda-\lambda_0)}$$

$$y = -\frac{2R\sin p \cos\beta}{1+\cos p} = -\frac{2R\sin p}{1+\cos p}\cdot\left(-\frac{\sin\phi}{\sin p}\right) = \frac{2R\sin\phi}{1+\cos p}$$

$$= \frac{2R\sin\phi}{1+\cos\phi \cos(\lambda-\lambda_0)}$$

となって，x 座標と y 座標が直接当該点の緯度と経度で表された．なお，x 座標の計算に際しては上の計算では仮に $\sin\beta \geqq 0$ として計算している．$\sin\beta < 0$ の場合は二つ目の等号以降に負号がつくが，最後の式に移るところで再度負号がかかるので，最後の式は同じになる．

7.2.3 ◆ 横軸円筒図法への変換

7.2.1 項で導いた変換式

$$\cos p = \cos\phi \cos(\lambda - \lambda_0)$$

$$\cos\beta = -\frac{\sin\phi}{\sin p}$$

は円錐図法や円筒図法に対しては，円錐あるいは円筒の回転軸が球と交わる位置が点 O であると考えてそのまま用いることができる．

しかし，横軸円筒図法では中央子午線の経度 L_0 を指定することがふつうである．

そこで，中央子午線は点 O より 90° 東にあたるので，$L_0 = \lambda_0 + \pi/2$ として，L_0 を用いることにする．角 β は南極から中央子午線に沿って測った角距離に相当し円筒図法の経度に当たる．赤道に原点を置くようにするには，$\xi = \beta - \pi/2$ を変数にする．p は余緯度に相当するので $\alpha = \pi/2 - p$ を緯度を表す変数としてもよいが，中央子午線よりも東側を正とする座標系とするには $\eta = -\alpha = p - \pi/2$ を円筒図法の緯度に代入すればよい．横軸法への変換式に上記の関係式を代入して変数 λ_0, p, β をそれぞれ L_0, η, ξ に置き換えると横軸円筒図法のための変換式が以下のように求まる．

$\cos(\eta + \pi/2) = \cos\phi\cos(\lambda - L_0 + \pi/2)$ から $\sin\eta = \cos\phi\sin(\lambda - L_0)$, $\cos(\xi + \pi/2) = -\sin\phi/\sin(\eta + \pi/2)$ から $\sin\xi = \sin\phi/\cos\eta$ を得る．整理すると，

$$\begin{cases} \sin\eta = \cos\phi\sin(\lambda - L_0) \\ \sin\xi = \dfrac{\sin\phi}{\cos\eta} \end{cases}$$

となる．なお，この第 2 の式の代わりに直角球面三角形の公式の第 3 のものを用いて $\tan\xi = \tan\phi/\sin(\lambda - L_0 + \pi/2) = \tan\phi/\cos(\lambda - L_0)$ とすることにより，η を経由せず，与えられた ϕ, λ から直接に ξ を計算する形の式にできる．ξ を求めるために先に η を求めなくてもよい点ではこちらの式のほうが便利なので，ξ を求める式としてこれを用いることにして整理すると，横軸円筒図法への変換式は

$$\begin{cases} \eta = \sin^{-1}[\cos\phi\sin(\lambda - L_0)] \\ \xi = \tan^{-1}\dfrac{\tan\phi}{\cos(\lambda - L_0)} \end{cases}$$

となる．

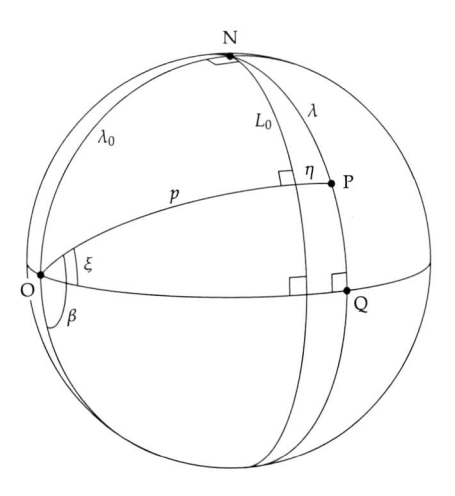

図 7.3 横軸円筒図法の記号の説明

例として，以上を横メルカトル図法の数式の導出に応用する．メルカトル図法の緯線距離式を x 座標の計算に用いて

$$x = \frac{R}{2} \log \frac{1+\sin\eta}{1-\sin\eta} = \frac{R}{2} \log \frac{1+\cos\phi\sin(\lambda-L_0)}{1-\cos\phi\sin(\lambda-L_0)}$$
$$y = R\xi = R\tan^{-1}\frac{\tan\phi}{\cos(\lambda-L_0)}$$

を得る.

なお，横軸法の円錐図法については本節の最初に書いたように 7.2.1 項の変換式をそのまま用いればよいが，円錐図法が横軸法で用いられることはほとんどない．横軸円錐図法は赤道面に垂直な小円を標準線とする円錐図法ということになるが，このような配置で円錐図法を用いることに一般的には特段のメリットはなく，斜軸法の円錐図法の特殊なケースという以上の意味がないからである．これに対し，横軸円筒図法は子午線に沿って正距となる投影法が得られ，かつこの子午線を任意に選択できることから有用性が高く，とくに横メルカトル図法は実際に広く用いられている．

7.3 斜軸変換

3 次元空間の座標系の回転は，三つの角度パラメーターで指定することができる．このパラメーターの取り方にはいくつかの方法が考えられるが，ふつうよく用いられるのは次のものである．球の中心に座標系原点を位置させ，北極に向かう方向に z 軸，本初子午線と赤道との交点に向かう方向に x 軸，赤道上で東経 90° の方向に y 軸をとって，右手系の直交座標系 xyz とする．最初に z 軸のまわりに座標軸を角 λ_0 だけ回転し，座標軸は $x'y'z'$ に移るとする (ただし, $z' = z$ である). 次に y' 軸のまわりに角 $p_0 (= \pi/2 - \phi_0)$ 回転し座標軸が $x''y''z''$ に移る (ただし, $y'' = y'$ である). 最後に z'' 軸のまわりに角 ψ 回転する．回転角の符号は，右ねじの進む方向が座標軸の正の方向になるような回転方向が正であるとする．回転を表すこれらの角をオイラー角 (Euler's angles) という．以上の操作を簡単にいうと，空間回転を指定するためには，回転軸が球と交わる地点の経緯度 (上で用いたパラメーターとしては経度 λ_0 と余緯度 p_0) により回転軸の方向を指定し，その上でこの軸のまわりの回転角 ψ を指定するということになる．

斜軸変換のための数式を導くために，まず最初の二つの回転によって，緯経度がどのように変換されるかを考えることにする．最後の z'' 軸まわりの ψ の回転は変換後の経度に相当する角度から，単に減算するだけである．

地球上の緯経度 ϕ, λ の点に対し，円筒図法や円錐図法の場合の傾いた円筒や円錐の軸と地球との交点あるいは方位図法の地図主点の緯経度を ϕ_0, λ_0 とし，これを極と考えた場合の緯経度に相当する角度 α および β を求める．この α, β を正軸法の投影式に代入することにより，斜軸法の投影が行える．

図 7.4 で，点 O を傾いた円筒あるいは円錐軸と地球との交点，または斜軸方位図

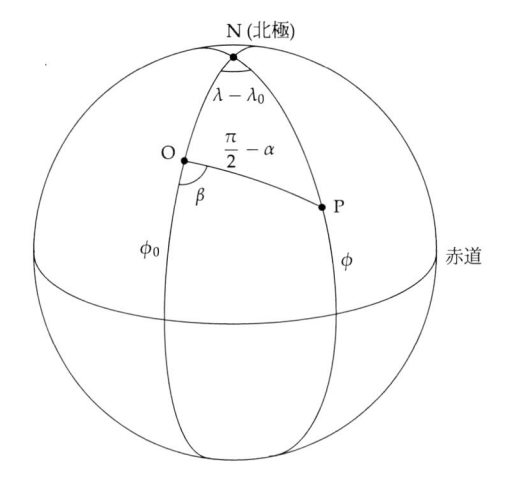

図 7.4 斜軸変換式の記号の説明
N は北極であり，O が方位図法の場合の地図主点とする．点 P について O を極と見た場合の緯度経度に相当する量 α と β を求める．球面三角形 NOP において辺 NO $= \pi/2 - \phi_0$, NP $= \pi/2 - \phi$, OP $= \pi/2 - \alpha$, また $\angle$ONP $= \lambda - \lambda_0$, $\angle$NOP $= \pi - \beta$ であることから関係式が導かれる．

法の主点とする．O の緯度は ϕ_0，経度は λ_0 である．地図に表したい地点 P の緯経度はそれぞれ ϕ および λ とする．O を新たな極と見なして，北極 N と点 O を通る子午線の O に関して N の反対側を新しい座標での経度の基準とすると図 7.4 の角 β が変換された点 P の経度になる．また，O と P を結ぶ大円の弧の長さが変換後の点 P の余緯度に相当するので，緯度に相当する角 α で表すと図に示したように弧 OP $= \pi/2 - \alpha$ となる．ここで，三角形 NOP に球面三角法の余弦公式を適用して

$$\cos\left(\frac{\pi}{2} - \alpha\right) = \cos\left(\frac{\pi}{2} - \phi_0\right)\cos\left(\frac{\pi}{2} - \phi\right)$$
$$+ \sin\left(\frac{\pi}{2} - \phi_0\right)\sin\left(\frac{\pi}{2} - \phi\right)\cos(\lambda - \lambda_0)$$
$$\therefore \sin\alpha = \sin\phi_0 \sin\phi + \cos\phi_0 \cos\phi \cos(\lambda - \lambda_0)$$

次に同じ三角形 NOP の別の角の組み合わせに余弦公式を適用して

$$\cos\left(\frac{\pi}{2} - \phi\right) = \cos\left(\frac{\pi}{2} - \phi_0\right)\cos\left(\frac{\pi}{2} - \alpha\right)$$
$$+ \sin\left(\frac{\pi}{2} - \phi_0\right)\sin\left(\frac{\pi}{2} - \alpha\right)\cos(\pi - \beta)$$
$$\therefore \cos\beta = \frac{\sin\phi_0 \sin\alpha - \sin\phi}{\cos\phi_0 \cos\alpha}$$

整理すると，以下を得る．

$$\alpha = \sin^{-1}[\sin\phi_0 \sin\phi + \cos\phi_0 \cos\phi \cos(\lambda - \lambda_0)]$$
$$\beta = \cos^{-1}\frac{\sin\phi_0 \sin\alpha - \sin\phi}{\cos\phi_0 \cos\alpha}$$

ただし，β の正負は，$\sin(\lambda - \lambda_0)$ の正負と同じにする．

なお，繰り返しになるが，$\phi_0 = 0$ とおけばこの式は横軸法への変換に適用できるが，横軸法円筒図法での中央子午線の経度は λ_0 ではなく $\lambda_0 + \pi/2$ であることに注意する．

最後に点 O と地球の中心を通る軸のまわりに角 ψ だけ座標軸を回転させるには $\beta' = \beta - \psi$ で定義される β' を変換後の経度と考えればよい．以上を整理すると最終的に斜軸変換のための変換式として

$$\alpha = \sin^{-1}[\sin\phi_0 \sin\phi + \cos\phi_0 \cos\phi \cos(\lambda - \lambda_0)]$$

$$\beta' = \cos^{-1}\frac{\sin\phi_0 \sin\alpha - \sin\phi}{\cos\phi_0 \cos\alpha} - \psi$$

を得る．これにより，λ_0, ϕ_0, ψ を変換のパラメーターとして，緯経度が ϕ, λ の点の座標が α, β' に変換される．この α, β' を緯経度と見なして，正軸法の地図投影の数式に代入することにより斜軸投影による平面座標が得られる．

補足すると，以上では β を求めるために余弦公式を用い，β の符号は $\sin(\lambda - \lambda_0)$ の符号と同じとした．これは β の値の範囲が $-\pi < \beta \leqq \pi$ であり，$\cos\beta$ の値から $0 \leqq \beta \leqq \pi$ の範囲で β を求めて符号を別途決める方式をとったわけである．もし，β のとる値の範囲が $-\pi/2 \leqq \beta \leqq \pi/2$ に限定されているならば，正弦公式により $\sin(\pi - \beta)/\sin(\pi/2 - \phi) = \sin(\lambda - \lambda_0)/\sin(\pi/2 - \alpha)$ として，これから $\beta = \sin^{-1}[\cos\phi \sin(\lambda - \lambda_0)/\cos\alpha]$ で求めることも可能ではある．しかし，方位図法では β は全周に渡るべきものであるから，正弦公式による方法は適当ではない．

以上で求めた斜軸変換式を用いて表したモルワイデ図法の地図を例として示そう．図 7.5 は 30°W および 150°E の経線が楕円の長軸になるように配置した横軸モルワイデ図法である．北極は中心から 45° 離れた点に，南極は中心から反対側に 135° 離れた点に配置されている．図 7.5 を左回りに 90° 回転させて縦長にして見たほうがわかりやすいが，大西洋を取り囲む大陸の配置が比較的わかりやすく示されるとともに，世界全体で大陸に断裂がなく表示されている．この地図はバーソロミュー (John Bartholomew) がアトランティス図法 (Atlantis projection) と名付けて地図帳に用いたものである．斜軸変換のパラメーターで表すと $\lambda_0 = -120°$, $\phi_0 = 0°$, $\psi = 135°$ としたものになる．まず西経 30° を楕円の長軸にするために，中央子午

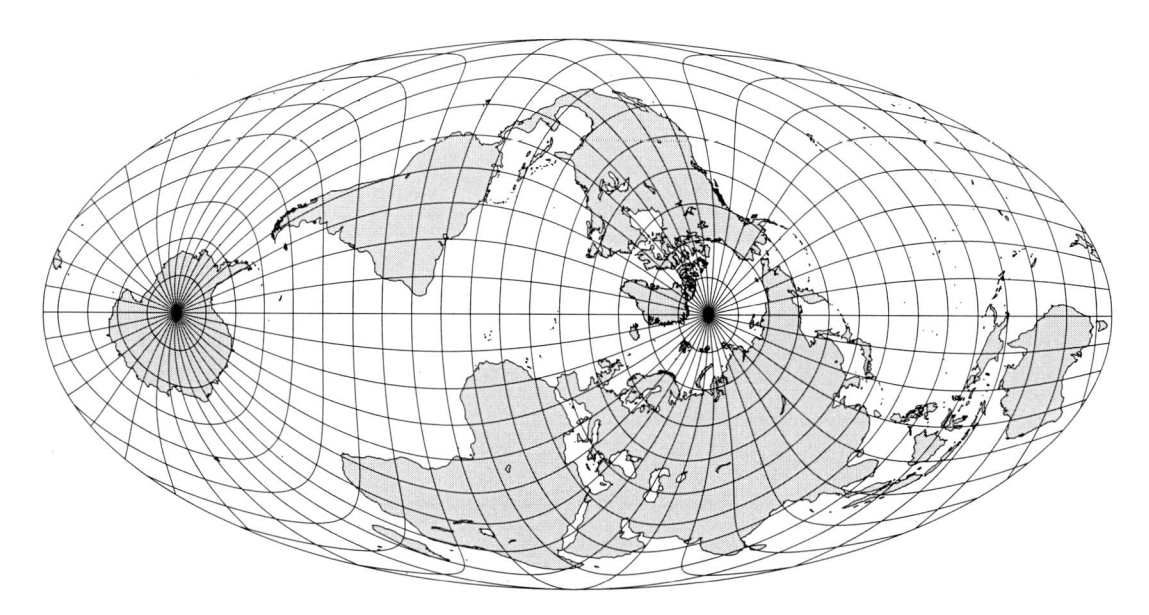

図 7.5 横軸モルワイデ図法の一種——アトランティス図法 ($\lambda_0 = -120°$ $\phi_0 = 0°$ $\psi = 135°$)

線はこれに直交する西経 $120°$ とする．そして極を $90°$ 回転させるために $\phi_0 = 0°$ とする．これにより，図の上端に当たる通常のモルワイデ図法の北極の位置に緯度 $0°$，西経 $120°$ の点が来る．また，南極が図の中心に来て，北極が図の左右端に分かれた状態になる．最後に極を左に $135°$ 回転させるために座標軸の回転角 ψ を $135°$ とすれば図 7.5 が得られる．

モルワイデ図法の斜軸法の例を図 7.6 に示す．斜軸変換を地図投影のプログラムに組み込んで作成したものであるが，このような見慣れない配置の地図も自由に作成できる．モルワイデ図法は正積図法だからその斜軸法も当然正積であり，大陸の形は見慣れたものから多少変形しているが，面積は正しく表されている．

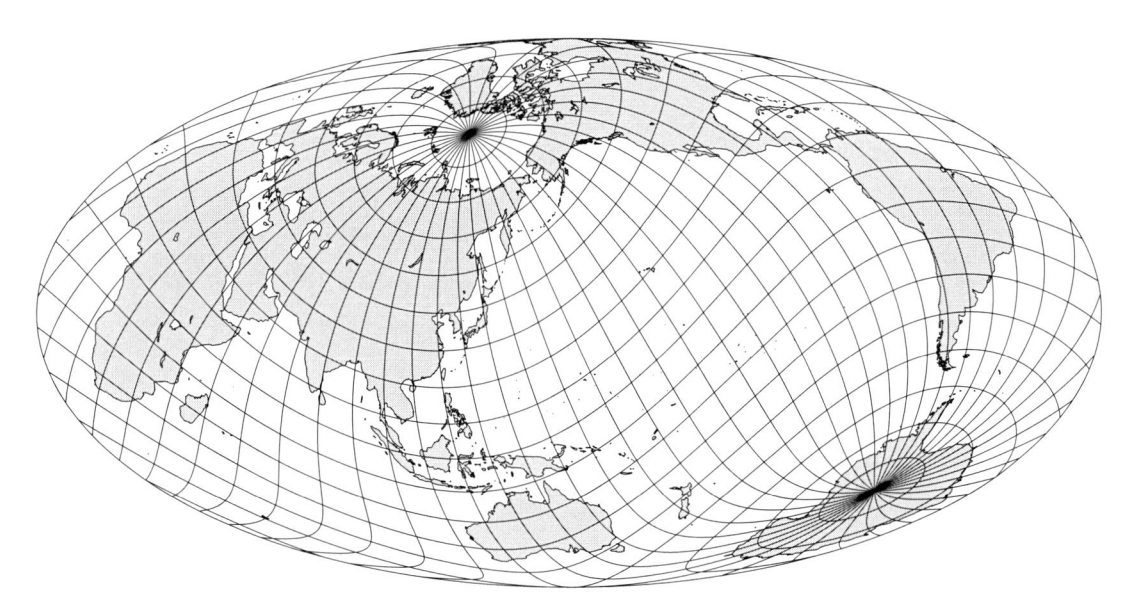

図 7.6 斜軸モルワイデ図法の例 ($\lambda_0 = -60°$ $\phi_0 = 50°$ $\psi = -135°$)

CHAPTER 8
地球を回転楕円体として扱う場合の投影法

　これまで地球を球として扱った場合の投影法について主に述べてきたが，中〜大縮尺図の投影や，基準点測量への応用では地球を回転楕円体として扱うことが必須である．そのため地図投影法を実際に使う上で回転楕円体の投影を扱わずに済ませることはできない．そこで，本章では地球を回転楕円体として扱う投影法についてまとめて記すことにする．ただし，当然のことながらここでは正角図法や正積図法，あるいは経線に沿って正距など幾何的性質を厳密に保存する投影法を対象とする．このような条件を考慮する必要がないのであれば，回転楕円体で定義された経緯度をそのまま球の投影の式に代入して計算しても何の問題もないからである．

　回転楕円体は地軸のまわりの回転では図形は不変であるが，中心のまわりのあらゆる回転に対しては不変ではないので横軸法や斜軸法の扱いは数学的に非常に複雑である．ここでは，準備として回転楕円体の幾何学，とくに回転楕円面の主曲率 (principal curvature) である子午線曲率 (半径) と卯酉線曲率 (半径) の式を導く．これに続いて，まず主要な投影法の正軸法の式を導出する．次に回転楕円体を正角または正積の条件で球に投影する方法を述べ，この球から平面に投影することで横軸法や斜軸法の投影が可能であることを示す．最後に実用上極めて重要な，楕円体に適用した横メルカトル図法で中央子午線が正距に投影されるガウス–クリューゲル図法の投影式の導出について解説する．

8.1 回転楕円体の幾何学

　回転楕円面は地球の中心に原点を置く 3 次元直交座標系により $x^2/a^2 + y^2/a^2 + z^2/b^2 = 1$ で表される．このとき，z 軸は地軸に一致して北向きが正になるようにし，x 軸はグリニジ子午線と赤道との交点に向かう方向にとる．y 軸はこれらに直交する赤道上東経 $90°$ に向かう方向である．a は半長径 (semimajor axis, 赤道半径 equatorial radius)，b は半短径 (semiminor axis, 極半径 polar radius) であり，扁平率 (flattening) f は $f = (a-b)/a$ で定義される．19 世紀以降，測量の結果に基づいてさまざまな地球楕円体が発表されてきたが，これらは，a, b, f のうちのいずれか二つにより定められる．これによって地球の形と大きさが示されるのである．

　回転楕円体のグリニジ子午面による断面の楕円の方程式は，$x^2/a^2 + z^2/b^2 = 1$ であり，以下この断面の平面図形の解析から子午線曲率半径と卯酉線曲率半径の数式を導く．もちろん回転楕円体は地軸のまわりに回転した図形であるから，これらの式はどの子午面で考えても同じである．

8.1 回転楕円体の幾何学

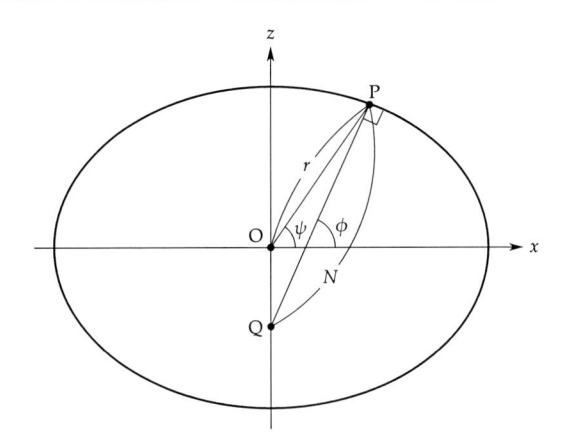

図 8.1 緯度・地心緯度・卯酉線曲率半径の関係 (回転楕円体の地軸を含む断面)

図 8.1 において，楕円面上の点 P から法線を下ろし，地軸と点 Q で交わるとする．PQ の長さを N とし，これを緯度 ϕ の関数として求めたい．この計算のために点 P と地球の中心 O を結んだ長さ r とこの直線が x 軸となす角 ψ を導入する．ψ は地心緯度 (geocentric latitude) と呼ばれる．$x = r\cos\psi, z = r\sin\psi$ を楕円の方程式に代入して

$$\frac{r^2 \cos^2\psi}{a^2} + \frac{r^2 \sin^2\psi}{b^2} = 1$$

$$\therefore r^2 = \frac{1}{\cos^2\psi/a^2 + \sin^2\psi/b^2} = \frac{b^2}{b^2 \cos^2\psi/a^2 + (1 - \cos^2\psi)}$$

$$= \frac{b^2}{1 - [(a^2 - b^2)/a^2]\cos^2\psi} = \frac{b^2}{1 - e^2 \cos^2\psi}$$

よって $r = \dfrac{b}{\sqrt{1 - e^2 \cos^2\psi}}$

ここで $e^2 = (a^2 - b^2)/a^2$ で定義される e は楕円 (体) の離心率 (eccentricity) と呼ばれる量である．楕円 (体) の扁平率 f (定義は $f = (a - b)/a$) とは，$e^2 = f(2 - f)$ の関係がある．

次に ψ と ϕ の関係を求める．PQ は P における楕円の接線に垂直だから，PQ の傾きを求めるためにまず楕円の方程式を微分して接線の傾きを求める．子午線楕円の方程式は $x^2/a^2 + z^2/b^2 = 1$ で，第 1 象限で考えることにして z について解くと $z = b\sqrt{1 - (x/a)^2}$ となる．これを x で微分して $\mathrm{d}z/\mathrm{d}x = -(b/a^2)(x/\sqrt{1 - x^2/a^2}) = -b^2 x/(a^2 z) = -(b^2/a^2)\cot\psi$ を得る．そして，直線 PQ の傾き $\tan\phi$ は接線の傾きに垂直なので $\mathrm{d}z/\mathrm{d}x = -\cot\phi$ である．これらの式から $\tan\phi = (a^2/b^2)\tan\psi$ が得られる．

次に，図 8.1 において線分 PQ の長さ N を考える．$r\cos\psi = N\cos\phi$ であるから，$N = r\cos\psi/\cos\phi$ として N が計算できる．すなわち，

$$N = \frac{b}{\sqrt{1 - e^2 \cos^2\psi}} \cdot \frac{\cos\psi}{\cos\phi} = \frac{b}{\sqrt{1/\cos^2\psi - e^2}} \cdot \frac{1}{\cos\phi}$$

$$= \frac{b}{\sqrt{1 + \tan^2 \psi - e^2}} \cdot \frac{1}{\cos \phi} = \frac{b}{\sqrt{1 + (b^2/a^2)^2 \tan^2 \phi - e^2}} \cdot \frac{1}{\cos \phi}$$

$$= \frac{b}{\sqrt{b^2/a^2 + (b^2/a^2)^2 \tan^2 \phi}} \cdot \frac{1}{\cos \phi} = \frac{a}{\sqrt{\cos^2 \phi + (b^2/a^2) \sin^2 \phi}}$$

$$= \frac{a}{\sqrt{1 - (1 - b^2/a^2) \sin^2 \phi}} = \frac{a}{\sqrt{1 - e^2 \sin^2 \phi}}$$

となる.

以上で得られた N は，PQ の長さ，すなわち楕円面上の点から垂線を下ろしこれが地軸と交わる点までの長さとして求めたものである．楕円体に適用した地図投影法における N の意味としてはこれで十分であるが，N を卯酉線曲率半径 (radius of curvature of the prime vertical) と呼ぶのでその意味について説明する．平面曲線の曲率とは，曲線に沿って距離 Δs 進んだとき曲線の接線の方向が角 $\Delta \theta$ 変化するとき，$\mathrm{d}\theta/\mathrm{d}s = \lim_{\Delta s \to 0} \Delta \theta / \Delta s$ で定義される．曲率半径はこの逆数である．曲面については，曲面に法線を立て，この法線を含む平面と曲面が交わってできる曲線の曲率がその方向の断面での曲率となる．この曲率は断面の方向によって異なるが，その最大となる方向と最小となる方向があり，これらの方向は互いに直交することが知られている．最大値および最小値となる二つの曲率を主曲率と呼び，それらの積は曲面のガウス曲率と呼ばれる.

さて，回転楕円面では地軸のまわりの回転で図形が不変であることを考えると主曲率の一つの方向が子午線方向であることがわかる．これは曲率としては最大の方向，曲率半径としては最小の方向である．もう一つの主曲率方向は，これに直交する東西方向となる．つまり当該点に立てた法線を含み，かつ子午面に直交する平面と楕円面が交わってできる曲線の曲率がもう一つの主曲率となり，曲率半径が最大になる．この曲率半径を卯酉線曲率半径と呼ぶ．卯酉線はこの断面の曲線のことで，子午線が十二支の子 (ね，北) と午 (うま，南) を結ぶ南北方向断面を意味するのと同様に，東の卯 (う) と西の酉 (とり) を結ぶ東西方向の意味から来ている．卯酉線は東西方向の線であるが，これは当該点を通る等緯度線である平行圏とは異なることに注意すべきである．これらの曲線は当該点においては接して両者とも東西方向を示すが，平行圏は赤道に平行な平面による切り口であり，卯酉線は法線を含む平面による切り口であるので，異なる曲線である．PQ の長さとして求めた N が卯酉線曲率半径であることは以下のようにしてわかる．平行圏の (曲率) 半径は図 8.1 から明らかなように $N \cos \phi$ で与えられる．一方，平行圏を含む平面と楕円面の法線とは当該点の緯度と同じ角度 ϕ で交わるから，ムーニエ (Meusnier) の定理 (たとえば，志賀 (1994) p.68 参照) を適用すると，

$$(卯酉線曲率) = (平行圏曲率) \times \cos \phi$$

である．この式の逆数をとって

$$(卯酉線曲率半径) = \frac{(平行圏半径)}{\cos \phi} = N$$

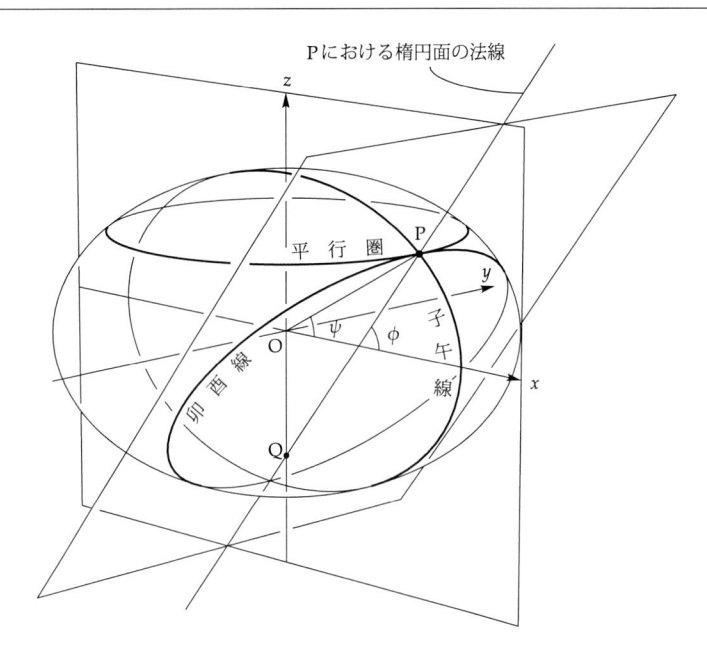

図 8.2 子午線・卯酉線・平行圏

となり，N が卯酉線曲率半径であることが示される．

（ムーニエの定理を簡単にいうと，曲面上に乗っている曲線を空間曲線と見てある点における曲率を κ とし，この点での曲線の主法線と曲面の法線のなす角を θ とすると，この曲線の接線と曲面の法線を含む平面による曲面の切り口の曲線のこの点での曲率 κ_n（これを法曲率という）は $\kappa_\mathrm{n} = \kappa \cos\theta$ で与えられるというものである．）

子午線曲率半径 (radius of curvature of the meridian) は x–z 面内の平面曲線の曲率半径の公式を適用して求める．x 座標が Δx だけ変化したときに曲線に沿った長さ Δs は

$$\Delta s = \sqrt{\Delta x^2 + \Delta z^2} = \sqrt{1 + \left(\frac{\Delta z}{\Delta x}\right)^2} \cdot \Delta x$$

変化する．このとき曲線の接線方向の変化 $\Delta\theta$ は

$$\Delta\theta = \tan^{-1}\left(\frac{\mathrm{d}z}{\mathrm{d}x}\Big|_{x=x_0+\Delta x}\right) - \tan^{-1}\left(\frac{\mathrm{d}z}{\mathrm{d}x}\Big|_{x=x_0}\right)$$

$$= \frac{1}{1+(\mathrm{d}z/\mathrm{d}x)^2} \cdot \frac{\mathrm{d}^2 z}{\mathrm{d}x^2} \cdot \Delta x$$

となる．ただし，ここで $(\tan^{-1} x)' = 1/(1+x^2)$ と合成関数の微分の公式を用いた．これらから，曲率半径 $= \mathrm{d}s/\mathrm{d}\theta = [1+(\mathrm{d}z/\mathrm{d}x)^2]^{3/2}/(\mathrm{d}^2 z/\mathrm{d}x^2)$ となる．子午線楕円の方程式 $z = b\sqrt{1-(x/a)^2}$ を微分して，

$$\frac{\mathrm{d}z}{\mathrm{d}x} = -\frac{b}{a} \cdot \frac{x}{\sqrt{a^2-x^2}}$$

$$\frac{\mathrm{d}^2 z}{\mathrm{d}x^2} = -\frac{ab}{(a^2-x^2)^{3/2}}$$

を得る．これらを曲率半径の式に代入して解くと子午線曲率半径 M は

$$M = \frac{\{1 + b^2 x^2/[a^2(a^2 - x^2)]\}^{3/2}}{-ab/(a^2 - x^2)^{3/2}} = -\frac{(a^2 - x^2 + b^2 x^2/a^2)^{3/2}}{ab}$$

$$= -\frac{(a^2 - e^2 x^2)^{3/2}}{ab}$$

となる．今，符号は問題にしないので負号を取り去って $x = N\cos\phi = a\cos\phi/\sqrt{1 - e^2 \sin^2 \phi}$ を代入して整理すると，

$$M = \frac{[a^2 - a^2 e^2 \cos^2 \phi/(1 - e^2 \sin^2 \phi)]^{3/2}}{ab}$$

$$= \frac{(a^2 - a^2 e^2 \sin^2 \phi - a^2 e^2 \cos^2 \phi)^{3/2}}{(1 - e^2 \sin^2 \phi)^{3/2} ab}$$

$$= \frac{a^3(1 - e^2)^{3/2}}{(1 - e^2 \sin^2 \phi)^{3/2} a \cdot a\sqrt{1 - e^2}} = \frac{a(1 - e^2)}{(1 - e^2 \sin^2 \phi)^{3/2}}$$

が得られる．以上で，卯酉線曲率半径 N と子午線曲率半径 M の公式が得られた．再掲すると，$N = a/\sqrt{1 - e^2 \sin^2 \phi}$, $M = a(1 - e^2)/(1 - e^2 \sin^2 \phi)^{3/2}$ となる．これらをグラフとして図 8.3 に示した．

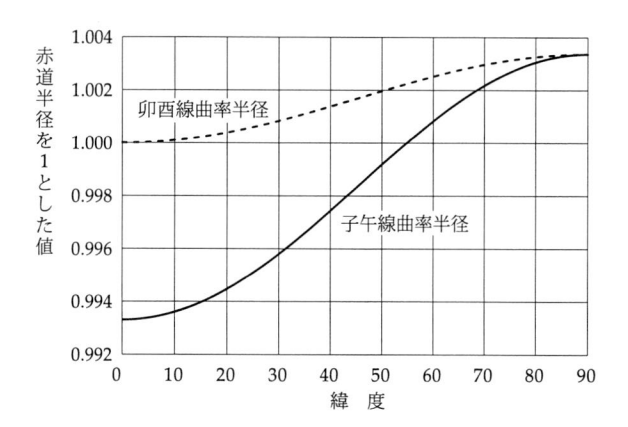

図 8.3 地球楕円体曲率半径の緯度による変化 (GRS80 楕円体)

8.2 ◆ 回転楕円体を対象とした主要投影法の正軸法の投影式

回転楕円体の場合にも正軸法では正角図法や正積図法の条件式が積分可能であり，球に対する式と同様にして数式を導くことができる．まず，投影の計算に必要な楕円体の主な数式を再掲する (前節参照)．

$$\text{卯酉線曲率半径：} N = \frac{a}{\sqrt{1 - e^2 \sin^2 \phi}}$$

$$\text{平行圏の半径：} \quad N\cos\phi$$

$$\text{子午線曲率半径：} M = \frac{a(1 - e^2)}{(1 - e^2 \sin^2 \phi)^{3/2}}$$

8.2.1 ◆ メルカトル図法

球の場合に行ったように経線方向と緯線方向の地球上と地図上での大きさの変化を考察する.

	地球上	地図上
経線方向	$M\,\mathrm{d}\phi$	$\mathrm{d}y$
緯線方向	$N\cos\phi\,\mathrm{d}\lambda$	$a\,\mathrm{d}\lambda$

これから $\mathrm{d}y/(a\,\mathrm{d}\lambda) = M\,\mathrm{d}\phi/(N\cos\phi\,\mathrm{d}\lambda)$ である. ゆえに,

$$\begin{aligned}
y &= \int_0^y \mathrm{d}y = \int_0^\phi \frac{aM\,\mathrm{d}\theta}{N\cos\theta} = \int_0^\phi \frac{a(1-e^2)\,\mathrm{d}\theta}{(1-e^2\sin^2\theta)\cos\theta} \\
&= a\int_0^\phi \left(\frac{1}{\cos\theta} - \frac{e^2\cos\theta}{1-e^2\sin^2\theta}\right)\mathrm{d}\theta \\
&= a\int_0^\phi \frac{\mathrm{d}\theta}{\cos\theta} - ae\int_0^\phi \frac{e\cos\theta}{(1-e\sin\theta)(1+e\sin\theta)}\,\mathrm{d}\theta \\
&= a\int_0^\phi \frac{\mathrm{d}\theta}{\cos\theta} - \frac{ae}{2}\int_0^\phi \left(\frac{e\cos\theta}{1-e\sin\theta} + \frac{e\cos\theta}{1+e\sin\theta}\right)\mathrm{d}\theta \\
&= a\log\tan\left(\frac{\pi}{4}+\frac{\phi}{2}\right) - \frac{ae}{2}[-\log(1-e\sin\theta)+\log(1+e\sin\theta)]_0^\phi \\
&= a\log\left\{\left[\tan\left(\frac{\pi}{4}+\frac{\phi}{2}\right)\right]\left(\frac{1-e\sin\phi}{1+e\sin\phi}\right)^{e/2}\right\}
\end{aligned}$$

である. 整理すると,

$$x = a\lambda$$

$$\begin{aligned}
y &= a\log\left\{\left[\tan\left(\frac{\phi}{2}+\frac{\pi}{4}\right)\right]\left(\frac{1-e\sin\phi}{1+e\sin\phi}\right)^{e/2}\right\} \\
&= \frac{a}{2}\log\left[\left(\frac{1+\sin\phi}{1-\sin\phi}\right)\left(\frac{1-e\sin\phi}{1+e\sin\phi}\right)^e\right] = a\tanh^{-1}(\sin\phi) - ae\tanh^{-1}(e\sin\phi)
\end{aligned}$$

となる.

8.2.2 ◆ 平射図法

	地球上	地図上
経線方向	$-M\,\mathrm{d}\phi$	$\mathrm{d}r$
緯線方向	$N\cos\phi\,\mathrm{d}\lambda$	$r\,\mathrm{d}\lambda$

同様にして $\mathrm{d}r/r = -M\,\mathrm{d}\phi/(N\cos\phi)$ から $\log r = -\int(1-e^2)\,\mathrm{d}\phi/[(1-e^2\sin^2\phi)\cos\phi]$ を得る. 右辺の積分は先のメルカトル図法の結果を引用して

$$\begin{aligned}
&-\log\left\{\left[\tan\left(\frac{\phi}{2}+\frac{\pi}{4}\right)\right]\left(\frac{1-e\sin\phi}{1+e\sin\phi}\right)^{e/2}\right\} + C \\
&= \log\left[\left(\frac{1-\sin\phi}{1+\sin\phi}\right)^{1/2}\left(\frac{1+e\sin\phi}{1-e\sin\phi}\right)^{e/2}\right] + C
\end{aligned}$$

となる (C は積分定数). これから, $r = A\{[(1-\sin\phi)/(1+\sin\phi)][(1+e\sin\phi)/(1-e\sin\phi)]^e\}^{1/2}$ となる. ただし, $A = e^C$. 係数 A を $-dr/d\phi|_{\phi=\pi/2} = a/\sqrt{1-e^2}$ (この右辺は極における (子午線曲率半径) = (卯酉線曲率半径)) の条件から定めると, 左辺は $(A/2)[(1+e)/(1-e)]^{e/2}$ となるので, $A = 2a/[(1+e)^{(1+e)/2}(1-e)^{(1-e)/2}]$ である. ゆえに,

$$r = \frac{2a}{\sqrt{(1+e)^{1+e}(1-e)^{1-e}}}\sqrt{\left(\frac{1-\sin\phi}{1+\sin\phi}\right)\left(\frac{1+e\sin\phi}{1-e\sin\phi}\right)^e}$$

となる.

8.2.3 ◆ ランベルト正角円錐図法

	地球上	地図上
経線方向	$-M\,d\phi$	dr
緯線方向	$N\cos\phi\,d\lambda$	$kr\,d\lambda$

$dr/r = -kM\,d\phi/(N\cos\phi)$ から

$$\log r = -k\int \frac{(1-e^2)\,d\phi}{(1-e^2\sin^2\phi)\cos\phi}$$
$$= -k\log\left\{\left[\tan\left(\frac{\phi}{2}+\frac{\pi}{4}\right)\right]\left(\frac{1-e\sin\phi}{1+e\sin\phi}\right)^{e/2}\right\} + C$$
$$= k\log\left\{\left[\tan\left(\frac{\pi}{4}-\frac{\phi}{2}\right)\right]\left(\frac{1+e\sin\phi}{1-e\sin\phi}\right)^{e/2}\right\} + C$$

右辺の対数関数の引数を記述の便宜上

$$\tan\frac{\xi}{2} = \tan\left(\frac{\pi}{4}-\frac{\phi}{2}\right)\left(\frac{1+e\sin\phi}{1-e\sin\phi}\right)^{e/2}$$

と書くことにすると, $r = A[\tan(\xi/2)]^k$ と表せる. 円錐図法の係数 k と標準緯線の緯度 ϕ_1, ϕ_2 との関係式 $k = N_1\cos\phi_1/r_1 = N_2\cos\phi_2/r_2$ から

$$k = \frac{\log\cos\phi_2 - \log\cos\phi_1 + \log N_2 - \log N_1}{\log\tan(\xi_2/2) - \log\tan(\xi_1/2)}$$
$$r = \frac{N_1\cos\phi_1}{k[\tan(\xi_1/2)]^k}\left(\tan\frac{\xi}{2}\right)^k$$

が求まる. ただし, ξ_1 および ξ_2 は ξ の定義式において緯度 ϕ にそれぞれ ϕ_1, ϕ_2 を代入して得られる値を意味する. N_1 と N_2, r_1 と r_2 も同様である.

8.2.4 ◆ アルベルス正積円錐図法

まず, 回転楕円体の赤道と緯度 ϕ の平行圏に挟まれた帯状領域の面積を計算する. これは積分により, 以下のように求められる.

$$S(\phi) = \int_0^\phi \int_0^{2\pi} N\cos\theta\,d\lambda\,M\,d\theta$$
$$= 2\pi\int_0^\phi NM\cos\theta\,d\theta$$

$$= 2\pi \int_0^\phi \frac{a}{\sqrt{1-e^2\sin^2\theta}} \frac{(1-e^2)a}{(1-e^2\sin^2\theta)^{3/2}} \cos\theta \, d\theta$$

ここで $\sin\theta = t$ とおくと

$$S(\phi) = 2\pi \int_0^{\sin\phi} \frac{(1-e^2)a^2}{(1-e^2t^2)^2} \, dt = 2\pi(1-e^2)a^2 \int_0^{\sin\phi} \frac{1}{(1-e^2t^2)^2} \, dt$$

この積分には分母に t^2 の項があるが，分子が t の1次の項との積 $t \, dt$ の形になってはいないので，$t^2 = x$ のように変数変換しても解けない．しかし，分母の形をよく見ると1次式の積の形に因数分解できる．そこで，この積分の計算は被積分関数を部分分数に分けることによって行う．被積分関数を $A/(1-et) + B/(1+et) + C/(1-et)^2 + D/(1+et)^2$ とおき，通分すると，分子は $A(1+et-e^2t^2-e^3t^3) + B(1-et-e^2t^2+e^3t^3) + C(1+2et+e^2t^2) + D(1-2et+e^2t^2)$ となる．これが1に等しいので，以下の連立方程式ができる．

$$A + B + C + D = 1$$
$$A - B + 2C - 2D = 0$$
$$-A - B + C + D = 0$$
$$-A + B = 0$$

四つ目の式から $A = B$，これと2番目の式から $C = D$，さらにこれらと3番目の式から $A = C$ であり，これらを最初の式に代入して $A = B = C = D = 1/4$ を得る．ゆえに，積分は

$$\frac{1}{4} \int_0^{\sin\phi} \left(\frac{1}{1-et} + \frac{1}{1+et} + \frac{1}{(1-et)^2} + \frac{1}{(1+et)^2} \right) dt$$
$$= \frac{1}{4} \left[-\frac{1}{e}\log(1-et) + \frac{1}{e}\log(1+et) + \frac{1}{e(1-et)} - \frac{1}{e(1+et)} \right]_0^{\sin\phi}$$
$$= \frac{1}{4e} \left[\log\frac{1+et}{1-et} + \frac{2et}{1-e^2t^2} \right]_0^{\sin\phi}$$
$$= \frac{1}{2} \left[\frac{1}{2e} \log\frac{1+et}{1-et} + \frac{t}{1-e^2t^2} \right]_0^{\sin\phi} = \frac{1}{2} \left(\frac{1}{2e} \log\frac{1+e\sin\phi}{1-e\sin\phi} + \frac{\sin\phi}{1-e^2\sin^2\phi} \right)$$

すなわち赤道から緯度 ϕ までの帯状部分の面積 $S(\phi)$ は

$$S(\phi) = \pi(1-e^2)a^2 \left(\frac{1}{2e} \log\frac{1+e\sin\phi}{1-e\sin\phi} + \frac{\sin\phi}{1-e^2\sin^2\phi} \right)$$

である．

さて円錐図法では地図上で赤道とある緯度の緯線に挟まれた部分の面積は緯線半径を r として $C - \pi k r^2$ (C は定数) と書ける (緯度が負の場合は面積も負になると考える．上記の $S(\phi)$ も同じである)．アルベルス正積円錐図法では，正積という条件からこれが $S(\phi)$ に等しくなければならない．すなわち，$C - \pi k r^2 = S(\phi)$．両辺を k 倍して，標準緯線の緯度で成立すべき $k = N_1 \cos\phi_1/r_1 = N_2 \cos\phi_2/r_2$ から $kr_1 = N_1 \cos\phi_1, kr_2 = N_2 \cos\phi_2$ をこれに代入すると

$$kC - \pi(N_1 \cos\phi_1)^2 = kS(\phi_1)$$

$$kC - \pi(N_2\cos\phi_2)^2 = kS(\phi_2)$$

下の式から上の式を引いて kC の項を消去すると，

$$\pi(N_1\cos\phi_1)^2 - \pi(N_2\cos\phi_2)^2 = kS(\phi_2) - kS(\phi_1)$$

これから，$k = \pi[(N_1\cos\phi_1)^2 - (N_2\cos\phi_2)^2]/(S(\phi_2) - S(\phi_1))$ と求まる．分母分子を πa^2 で割って，

$$m = \frac{N\cos\phi}{a} = \frac{\cos\phi}{\sqrt{1-e^2\sin^2\phi}}$$

$$q = \frac{S(\phi)}{\pi a^2} = (1-e^2)\left(\frac{\sin\phi}{1-e^2\sin^2\phi} - \frac{1}{2e}\log\frac{1-e\sin\phi}{1+e\sin\phi}\right)$$

を導入して整理すると，$k = (m_1^2 - m_2^2)/(q_2 - q_1)$ と表せる．ただし，m_1, q_1 などはそれぞれの定義式において緯度 ϕ に ϕ_1 (添え字が 2 ならば ϕ_2) を代入した値を意味する．次に $kC/(\pi a^2) - m_1^2 = kq_1$ から C が求まり，$r^2 = (C - S(\phi))/(\pi k) = (a^2/k^2)(m_1^2 + kq_1 - kq)$ となる．すなわち緯線半径式は，

$$r = \frac{a\sqrt{m_1^2 + kq_1 - kq}}{k}$$

となる．

なお，回転楕円体に適用したアルベルス正積円錐図法において，二つの標準緯線の緯度が一致する場合は，球の場合と同様に $k = \sin\phi_0$ となる．(ただし，ϕ_0 は標準緯線の緯度．楕円体の場合の k の式において，$\phi_2 \to \phi_1$ の極限では分母と分子が 0 になり簡単には求まらない．この場合は，分母分子をそれぞれ標準緯線の緯度においてテイラー展開すると考えればわかるように，分母と分子をそれぞれ ϕ の関数として微分し標準緯線の緯度を代入してその商を求める．$(m^2)' = -2(1-e^2)\sin\phi\cos\phi/(1-e^2\sin^2\phi)^2$, $q' = 2(1-e^2)\cos\phi/(1-e^2\sin^2\phi)^2$ であるから，$k = -(m^2)'/q'$ から，$k = \sin\phi_0$ が求まる．なお，k の式の負号は分母と分子で差をとる向きが逆だからである．)

8.3 ◆ 球面への投影を介した楕円体の斜軸・横軸投影

楕円面を正角あるいは正積の条件を保って球面に投影できれば，この球面から平面への投影は球に対する投影式を使って行えるので結果として楕円体から平面にこれらの条件を保って投影を行ったことになる．もちろんこのとき楕円体から球に正角投影したら球から平面へも正角図法で投影すべきなのはいうまでもない．球から平面への投影に際しては，球に対して導いた斜軸変換の式が使えるので，横軸投影や斜軸投影が可能になる．この目的に用いられるものとして，楕円体の経度はそのまま球上の経度とするが，楕円体上の緯度を球面上では別の値に変換することによって正積性を保つ正積緯度と，同様の方法で正角性を保つ正角緯度について述べる．

最後に，ガウスが開発した基準緯度 (ガウスの用語 Normalbreite (独)) の近傍で長さひずみが小さい，楕円体から球面への正角投影の式 (Gauss, 1844) を紹介する．

8.3.1 ◆ 正積緯度

$q(\phi) = (1-e^2)\{\sin\phi/(1-e^2\sin^2\phi) - (1/2e)\log[(1-e\sin\phi)/(1+e\sin\phi)]\}$ とおいて (これは，8.2.4 項のアルベルス正積円錐図法に際して導入した q と同じである)，$\beta = \sin^{-1}[q(\phi)/q(\pi/2)]$ の式により，球面上の緯度 β を本来の楕円体上の緯度 ϕ から求める．経度は同じ値を用いる．これにより，回転楕円体上の点を球面上に正積投影することができる．この β を正積緯度 (authalic latitude) という．正積性を保つためには，投影される球の表面積が回転楕円体の表面積に等しくなければならない．回転楕円体の表面積は，その赤道半径を a，離心率を e とすると $2\pi a^2 q(\pi/2) = 2\pi a^2\{1 + [(1-e^2)/2e]\log[(1+e)/(1-e)]\}$ で与えられるので，球の半径 R は $R = a\sqrt{q(\pi/2)/2}$ とする．

8.3.2 ◆ 正角緯度

次式で定義される χ を用いれば，回転楕円体から球面への一つの正角投影が得られる．経度は同一とする．この式の両辺はそれぞれ球面と楕円体のメルカトル図法の縦座標の投影式の半 (長) 径倍と log を除いたものであり，平面を介して楕円体と球面との間での正角投影を行ったと考えればよい．この χ を正角緯度 (conformal latitude) という．

$$\tan\left(\frac{\chi}{2} + \frac{\pi}{4}\right) = \tan\left(\frac{\phi}{2} + \frac{\pi}{4}\right) \cdot \left(\frac{1-e\sin\phi}{1+e\sin\phi}\right)^{e/2}$$

正角性だけからは球の半径は決まらない．球の半径は，基準とする緯線の緯度を定めてその緯線上で長さが等しくなるように決めればよい．

8.3.3 ◆ Gauss (1844) による楕円体から球へのひずみの少ない正角投影

この方法では，変換の条件で定まる定数を経度に掛け算する．調整できるパラメーターを増やして対象地域周辺のひずみをより小さくするようにしている．(「対象地域周辺」とは書いたが，緯度と経度はそれぞれ独立に変換され，経度は定数倍されるだけだから同一緯度の点でのひずみは経度によらず同じである．)

最初に投影の数式を紹介し，その導出についてはその後に記すことにする．

[記号の意味]
- e　回転楕円体の離心率
- a　回転楕円体の半長径
- t　投影したい点の回転楕円体での経度
- w　投影したい点の回転楕円体での余緯度 ($= 90° -$ 緯度)
- T　正角投影された球における経度

U　正角投影された球における余緯度
A　正角投影される球の半径
P　楕円体上の基準緯度 (この緯度において線拡大率が 1 となるように投影される)
Q　P に対応する球面上での基準緯度
α, k　パラメーター

[計算式]

$$\alpha = \sqrt{1 + \frac{e^2}{1-e^2}\cos^4 P}$$

$$Q = \sin^{-1}\frac{\sin P}{\alpha}$$

$$A = \frac{a\cos P}{\alpha \cos Q\sqrt{1-e^2\sin^2 P}} = \frac{a\sqrt{1-e^2}}{1-e^2\sin^2 P}$$

(最右辺への変形については数式の導出の中で記す)

$$k = \frac{[\tan(P/2 + \pi/4)]^\alpha}{\tan(Q/2 + \pi/4)}\left(\frac{1-e\sin P}{1+e\sin P}\right)^{\alpha e/2}$$

$$T = \alpha t$$

$$U = 2\tan^{-1}\left[k\left(\tan\frac{w}{2}\right)^\alpha \left(\frac{1+e\cos w}{1-e\cos w}\right)^{\alpha e/2}\right]$$

数式の導出は以下のようになる.

回転楕円体のメルカトル図法の数式で,x と y に共通な係数である赤道半径 a でこれらの式を除して,等長緯度 (isometric latitude) $\xi = y/a = -\log\tan(w/2) + (e/2)\log[(1-e\cos w)/(1+e\cos w)]$ を定義すると,楕円体上の点は平面上の ξ と経度 t の座標の点に正角投影される.一方球面についても等長緯度に相当する量を $\eta = -\log\tan(U/2)$ とすると,球面は η–T 平面に正角投影される.複素数 $\xi + ti$ と $\eta + Ti$ を考えて,$\xi + ti$ は正則な関数 f により $\eta + Ti$ に写されるとする.$\eta + Ti = f(\xi + ti)$.正則関数は平面の等角写像を与えることが知られているから適当な関数を選ぶことにより,回転楕円体から球面への等角写像が得られる.

今,f として実係数の 1 次式を用いることにすると,$\eta + Ti = \alpha(\xi + ti) - \log k$ と表せる.ただし,α と k は実数である.実部と虚部を分けると $\eta = \alpha\xi - \log k$,$T = \alpha t$ となる.前者に ξ と η の定義式を代入して

$$\log\tan\frac{U}{2} = \alpha\log\tan\frac{w}{2} - \frac{\alpha e}{2}\log\frac{1-e\cos w}{1+e\cos w} + \log k$$

$$= \log\left[k\left(\tan\frac{w}{2}\right)^\alpha \left(\frac{1+e\cos w}{1-e\cos w}\right)^{\alpha e/2}\right]$$

から U の式が導かれる.

さて,α と k と球面の半径 A の三つがこの投影のパラメーターである.これらは回転楕円体上の基準緯度 P とその近傍で長さひずみを小さくするという条件から決定される.

楕円体上の余緯度差 $\mathrm{d}w$ に対応する子午線方向の線素は $M\,\mathrm{d}w$ であり，経度差 $\mathrm{d}t$ に対応する線素は $N\sin w\,\mathrm{d}t$ である．球面上の線素はそれぞれ $A\,\mathrm{d}U$ と $A\sin U\,\mathrm{d}T$ である．縮尺係数を m と書くと，正角投影だから m は方向によらず
$$m = \frac{A\,\mathrm{d}U}{M\,\mathrm{d}w} = \frac{A\sin U\,\mathrm{d}T}{N\sin w\,\mathrm{d}t}$$
である．最後の式は $T = \alpha t$ であることから $m = \alpha A\sin U/(N\sin w)$ となる．

ここで，基準緯度 P の近傍で，m を基準緯度からの緯度差の関数として見たときに基準緯度から離れるに従って 1 から変化するのだがその変化は緯度差の 3 次以上の微小量であるという条件を課すことにする．すなわち基準緯度において $m = 1, \mathrm{d}m/\mathrm{d}U = 0, \mathrm{d}^2m/\mathrm{d}U^2 = 0$ という三つの条件を課す．最初の条件式から $m = \alpha A\cos Q/(N_0 \cos P) = 1, \therefore \alpha A\cos Q = N_0 \cos P$ を得る．ただし N の添え字 0 は基準緯度における値であることを示す (P と Q は余緯度ではなく緯度であることに注意)．第 2 式は
$$\frac{\mathrm{d}m}{\mathrm{d}U} = \frac{\alpha A\cos U}{N\sin w} - \frac{\alpha A\sin U}{(N\sin w)^2}\cdot M\cos w\cdot \frac{\mathrm{d}w}{\mathrm{d}U}$$
$$= m\cot U - m\cdot \frac{M\cos w}{N\sin w}\cdot \frac{N\sin w}{\alpha M\sin U}$$
$$= \frac{m}{\sin U}\left(\cos U - \frac{\cos w}{\alpha}\right)$$
ただし，1 行目の計算では $(\mathrm{d}/\mathrm{d}w)(N\sin w) = M\cos w$ となること，2 行目への変形には $\mathrm{d}U/\mathrm{d}w = \alpha M\sin U/(N\sin w)$ であることを用いている．

基準緯度において $\mathrm{d}m/\mathrm{d}U = 0$ から $\sin Q = (1/\alpha)\sin P$ となる．第 3 の条件式のために $\mathrm{d}^2m/\mathrm{d}U^2$ を計算する．
$$\frac{\mathrm{d}^2m}{\mathrm{d}U^2} = \left(\frac{\mathrm{d}m}{\mathrm{d}U}\cdot \frac{1}{\sin U} - \frac{m\cos U}{\sin^2 U}\right)\left(\cos U - \frac{\cos w}{\alpha}\right)$$
$$+ \frac{m}{\sin U}\left(-\sin U + \frac{\sin w}{\alpha}\cdot \frac{\mathrm{d}w}{\mathrm{d}U}\right)$$
$$= \frac{1}{m}\left(\frac{\mathrm{d}m}{\mathrm{d}U}\right)^2 - \frac{\cos U}{\sin U}\left(\frac{\mathrm{d}m}{\mathrm{d}U}\right) + \frac{m}{\sin U}\left(-\sin U + \frac{N\sin^2 w}{\alpha^2 M\sin U}\right)$$
基準緯度では $\mathrm{d}m/\mathrm{d}U = 0$ だから $\mathrm{d}^2m/\mathrm{d}U^2 = 0$ の条件から $-\cos Q + N_0 \cos^2 P/(\alpha^2 M_0 \cos Q) = 0$ すなわち $\cos Q = (\cos P/\alpha)\sqrt{N_0/M_0}$ が導かれる．以上を整理すると，
$$\alpha A\cos Q = N_0 \cos P$$
$$\sin Q = \frac{1}{\alpha}\sin P$$
$$\cos Q = \frac{\cos P}{\alpha}\sqrt{\frac{N_0}{M_0}}$$
の三つの式が得られた．

この第 1 式を変形すると $A = N_0 \cos P/(\alpha \cos Q) = a\cos P/(\alpha \cos Q \sqrt{1 - e^2 \sin^2 P})$ と，最初に提示した式が得られる．ただし，Q と α が先に求まっている必要がある．

A については第 1 式と第 3 式を組み合わせると $A = \sqrt{N_0 M_0} = a\sqrt{1-e^2}/(1-e^2\sin^2 P)$ が得られる．第 2 式と第 3 式からは $\alpha^2 = \sin^2 P + (N_0/M_0)\cos^2 P = \sin^2 P + \{1+[e^2/(1-e^2)]\cos^2 P\}\cos^2 P = 1 + [e^2/(1-e^2)]\cos^4 P$，すなわち $\alpha = \sqrt{1+[e^2/(1-e^2)]\cos^4 P}$ を得る．

パラメーター k は $\tan(U/2) = k[\tan(w/2)]^\alpha[(1+e\cos w)/(1-e\cos w)]^{\alpha e/2}$ に基準緯度における値を代入して求まる．すなわち，$U \to \pi/2 - Q, w \to \pi/2 - P$ を代入して整理すると $\tan(\pi/4 - x) = 1/\tan(\pi/4 + x)$ であることに注意して，

$$k = \frac{[\tan(\pi/4 + P/2)]^\alpha}{\tan(\pi/4 + Q/2)}\left(\frac{1-e\sin P}{1+e\sin P}\right)^{\alpha e/2}$$

以上では，楕円体上の基準緯度 P を定めて，パラメーターを計算で決定した．何らかの事情で，球上での基準緯度 Q を先に決め，これに対応する楕円体上での基準緯度 P を計算で求める場合は以下のようにする．$\sin Q = (1/\alpha)\sin P$ から $\cos^4 P = (1-\alpha^2\sin^2 Q)^2$ となる．これを $\alpha^2 = 1 + [e^2/(1-e^2)]\cos^4 P$ の式に代入して $\cos^4 P$ を消去すると

$$\alpha^2 = 1 + \frac{e^2}{1-e^2}(1-\alpha^2\sin^2 Q)^2$$

$$\frac{e^2}{1-e^2}(\sin^4 Q)\alpha^4 - \left(\frac{2e^2\sin^2 Q}{1-e^2}+1\right)\alpha^2 + 1 + \frac{e^2}{1-e^2} = 0$$

これは α^2 についての 2 次方程式なので $\alpha^2 = (2e'^2\sin^2 Q + 1 - \sqrt{1+e'^2\sin^2 2Q})/(2e'^2\sin^4 Q)$ となる．α は α^2 の正の平方根をとる．ただし，ここで $e'^2 = e^2/(1-e^2)$ と略記した．e' は第 2 離心率と呼ばれる量で回転楕円体を扱う測地学の数式でよく用いられる．なお，2 次方程式の解のうち分子の根号の前の符号は負のほうだけをとり，正のものはとらなかった．なぜなら，$\cos^2 P = 1 - \alpha^2\sin^2 Q \geqq 0$ であるが，α^2 の根号の前の符号が正の解を右辺に代入すると $1 - \alpha^2\sin^2 Q = (-1 - \sqrt{1+e'^2\sin^2 2Q})/(2e'^2\sin^2 Q) < 0$ となるためである．2 次方程式を導く際には $\cos^2 P = 1 - \alpha^2\sin^2 Q$ の両辺を 2 乗した式を用いたことに注意．α が決まれば $\sin Q = (1/\alpha)\sin P$ から P が求まり，ほかのパラメーターも計算できる．

8.3.4 ◆ Gauss (1844) による球面への正角投影を用いた二重投影の具体例

a. ガウスの等角二重投影法

前節で述べた Gauss (1844) による回転楕円体から球面への正角投影を行い，この球面を横メルカトル図法で平面に投影すれば，回転楕円体から平面への一つの正角図法が得られる．これをガウスの等角二重投影法といい，ドイツのシュライバー (Oskar Schreiber, 1829–1905) が開発し 1876 年から測量のための平面直角座標系としてプロイセンで用いられた．ガウス–シュライバー図法 (Gauss–Schreiber projection) ともいう．なお，日本では「ガウス (の) 等角二重投影法」あるいは「ガウス正角二重図法」の用語がもっぱらこの投影法を指すものとして用いられているが，英語の Gauss (conformal) double projection は必ずしも本節に述べる投影法を特定する意味で用

いられるとは限らず，球からの斜軸メルカトル図法による投影などを含めた意味で用いられることがある．この投影法を特定する場合は Gauss–Schreiber projection とするほうが紛れがない．シュライバー自身は「(プロイセン土地測量の) 正角二重投影 konforme Doppelprojection」と記している (Schreiber, 1899, 1900).

プロイセンでは基準緯度は球面上で $52°40'$N (楕円体上での基準緯度は $52°42'2.53251''$N) に選ばれた．これはベルリンの緯度に近い値でもあるが，Gauss (1844) 論文でガウスが計算例として示し，楕円体上の緯度と球面上の緯度との対応を数表としてまとめた際に用いた基準緯度と同一である．ガウスはこの緯度をハノーファー王国のほぼ中央の緯度として選択したと記している (Gauss, 1844). ドイツではガウスが与えた数表を測量実務に活用することができたわけである．中央子午線は，カナリア諸島のフェロ (Ferro, 現在の El Hierro) を通る子午線を本初子午線とした経度で $31°$ に選ばれた．これはグリニジを本初子午線とする経度では $13°20'$ に相当し，ベルリンを通る子午線である．これらを用いて当時のドイツ全域を一つの座標系で表した．ドイツの測量の座標系はその後 1920 年代に経度幅 3 度の座標帯ごとに投影するガウス–クリューゲル図法に変更されている．

なお，ガウスが開発した楕円体から球面への投影までは高度な理論であるが，球から平面への投影は単純な横メルカトル図法であり，経緯度から平面座標を求めるだけであれば開発というほどの内容がないように思われるかもしれない．しかし，実際には楕円体上で観測された三角測量のデータを用いて投影平面上で計算して座標値を求めるための補正法を含む計算手法の体系がこの投影法開発に含まれるのである．

この投影法では，基準緯度の付近での長さひずみは小さく抑えられているが，基準緯度から離れると縮尺係数が 1 ではなくなるので中央子午線にそって完全に正距ではない．これがガウス–クリューゲル図法との大きな違いである．

日本では 1884 年から 1954 年までガウスの等角二重投影法が測量のための平面直角座標系に用いられた．日本では，ドイツのように単一の座標系ではなく，内地に四つの原点を設けた．適用範囲は，東部原点が $135°$E～$145°$E，西部原点が $126°$E～$135°$E，北部原点が北海道，南部原点が $31°$N 以南とされている．楕円体上の基準緯度は東部原点と西部原点が $36°3'34.9523''$N (球上で $36°0'0''$N)，北部原点が $45°0'0''$N，南部原点が $28°0'0''$N である．原点の経度は，東部原点が経緯度原点の経度であるほか，それぞれ一等三角点の経度を用いている．この旧座標とも呼ばれる平面直角座標系は一等三角補点以下三等三角点までの測量計算に用いられた．旧座標は長らく用いられたが，1952 年に国土調査法施行令でガウス–クリューゲル図法に基づく 13 の座標系が定められ地籍測量に用いられることになり，1954 年には建設省告示により測量法による測量の基準としても同じ座標系が用いられることになって，役割を終えた．

この投影法は，ドイツでも日本でも測量計算には用いられたが地図の投影法としては用いられなかった．比較的広い範囲を一つの平面に表すために中央子午線か

ら離れた地域ではひずみが大きくなり地図への使用が適切ではなかったからである．地形図は多面体図法を用いていた．もっぱら測量の計算のための座標系として用いられた投影法であるため，地図投影法の文献で詳しく紹介されていることは少ない．

b. 国土地理院「300万分の1日本とその周辺」に用いられた斜軸正角円錐図法

弧状に連なった日本列島に沿うような地球上の小円を標準線とする斜軸円錐図法を用いれば，日本地図で全体としての投影ひずみを小さくすることが期待できる．「300万分の1日本とその周辺」(1971年初版刊行) では斜軸のランベルト正角円錐図法を採用した．Gauss (1844) による正角投影で楕円体を球面に投影し，この球面に斜軸ランベルト正角円錐図法を適用することにより，回転楕円体からの厳密な正角図法としている．

この地図に用いられた投影法を以下に数値例を含め具体的に記す．なお，地理調査部地図編集課 (1972) を参照したが，計算で得られる数値は独自に求めたものである．計算結果が当該地図に合致することは点検した．

ガウスによる楕円体から球への投影の基準緯度 P は $37°\mathrm{N}$ とする．この投影のパラメーターは $\alpha = 1.001365799, k = 0.998212659, A = 6371480.954\,\mathrm{m}$ となる．投影の計算の中では直接には用いられないが球上の基準緯度 Q は $36.9411342°$ である．なお，使用した準拠楕円体は当時の日本測地系に従いベッセル楕円体である．

標準線となる小円が通る3地点の緯経度を次のように定めた．

$50°46'\mathrm{N}$,　$156°3'\mathrm{E}$　(占守島(シュムシュ)【注1】)
$35°10'\mathrm{N}$,　$136°58'\mathrm{E}$　(名古屋)
$25°2'\mathrm{N}$,　$121°31'\mathrm{E}$　(台北)

これらの点に北から順に番号を付け，それらが球面上に投影された緯経度は十進度でそれぞれ以下のようになる．ただし原点の経度は $137°$ としている．

点番号	緯度	経度
1	50.69464872	156.07601847
2	35.11199724	136.96662114
3	25.01134117	121.49551955

単位球面を考え球の中心を原点としたこれらの点の3次元座標を計算する．

点番号	x	y	z
1	-0.5790296	0.2568806	0.7737811
2	-0.5979436	0.5582431	0.5751766
3	-0.4734404	0.7727201	0.4227976

この3点を通る平面の方程式を $ax + by + cz = 1$ とし，3元1次連立方程式を解いて係数が $a = 0.0890550, b = 0.7394243, c = 1.1135214$ と求まる．この三つの係数を成分とする3次元ベクトル $^\mathrm{t}(a, b, c)$ は3点を通る平面に垂直である．これが単位球面と交わる点の緯経度を求めると $\phi_0 = 56.2238046° (= 56°13'25.6966'')$,

$\lambda_0 = 83.1324687°\ (= 83°7'56.8872'')$ となる．これが斜軸円錐図法の極である．なお，この斜軸極から先の 3 点までの角距離はすべて $41.7140806°$ となった．この数字は円錐図法において標準緯線の余緯度に相当する量である．

以上で準備は整ったので，あとは任意の地点の楕円体上の緯経度を Gauss (1844) の方法で投影して球面上での緯経度を求め，これを ϕ_0, λ_0 を極とする緯経度に斜軸変換し，ランベルト正角円錐図法を適用する．なお，「300 万分の 1 日本とその周辺」では全体の長さひずみを軽減するために標準線において縮尺係数を 0.999 としている．このため実際には 2 標準緯線ランベルト正角円錐図法となるが，標準緯線の緯度に相当する値が与えられているのではなく，標準線における縮尺係数が与えられているので，1 標準緯線の投影式で投影し，しかる後に平面座標を全体に 0.999 倍することによって目的の投影が得られる．

図 8.4 にこの図法による地図を示した．この図では原点 (37°N, 137°E) と斜軸極を結ぶ大円が縦軸となるように投影しているが，もともと紙地図を作製する目的であるから座標を定義するために必要な座標原点や座標軸の方向については定められていない．平面内での回転と平行移動については任意性が残されている．

図 8.4 では標準線は縮尺係数 0.999 の線を指し，かつ楕円体から球への投影に伴う縮尺係数の微小な変化はこの図の標準線の表示には考慮していない．この図から

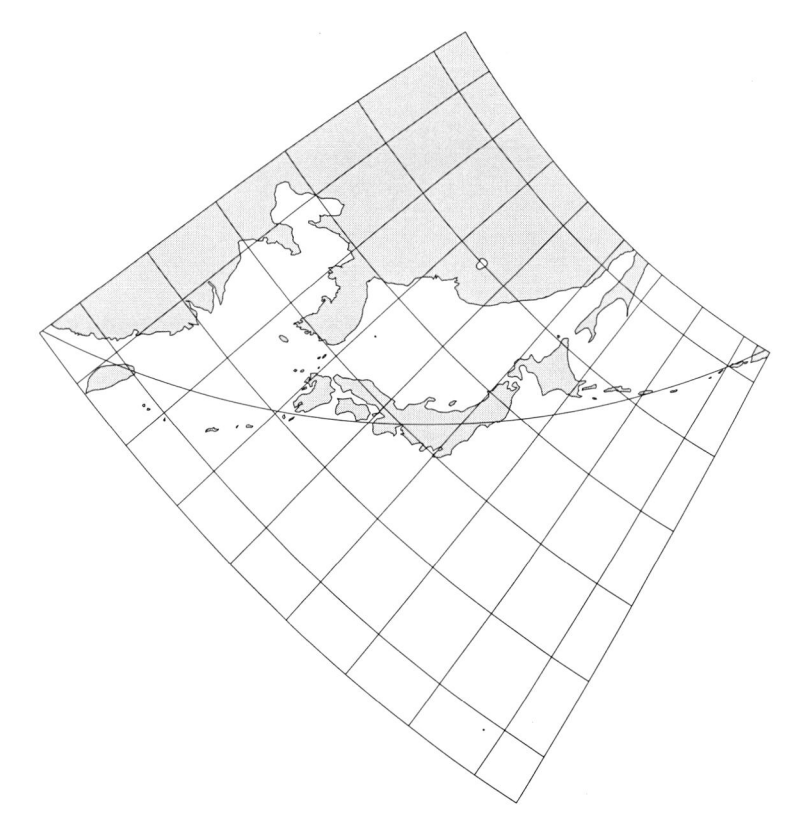

図 8.4　「300 万分の 1 日本とその周辺」の斜軸正角円錐図法による日本周辺 (22°N〜52°N, 116°E〜158°E の範囲．経緯線網は 5° 間隔．図中の円弧は標準線である．)

明らかなように標準線は日本列島の弧に沿ったものよりは，半径の大きな弧を描いている．これは最初の3定点の選択の結果であるが，このように定めた理由については参照した文献に記載されていない．しかし，以下のことが考えられる．

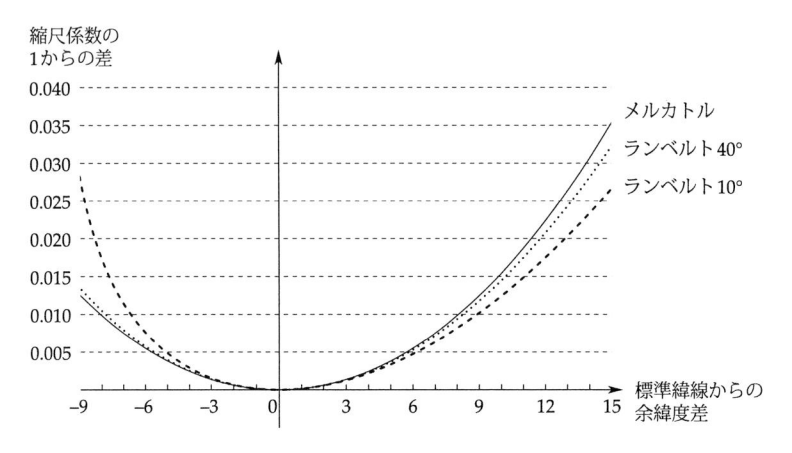

図 8.5 標準緯線からの緯度差に伴う正角図法の縮尺係数の変化

図 8.5 に標準緯線からの緯度差に伴うランベルト正角円錐図法とメルカトル図法の縮尺係数の変化をグラフで示した．横軸は標準緯線 (メルカトル図法では緯度 0°) からの差を度単位で表す．凡例に「ランベルト 10°」とあるのは標準緯線が余緯度 10° の場合,「ランベルト 40°」とあるのは標準緯線が余緯度 40° の場合である．「300 万分の 1」図では標準線の斜軸極からの角距離が約 41.7° だから，余緯度 40° のグラフにほぼ相当する．図に示した範囲が $-9°$ から $+15°$ までのため少しわかりにくいが，メルカトル図法のグラフは横軸の 0 を中心に左右対称である．

グラフからわかるように，ランベルト正角円錐図法では標準緯線から極に近づく方向 (余緯度差がマイナスの方向) ではメルカトル図法よりもひずみが速く大きくなり，その程度は標準緯線が極に近い場合により大きい．反対に極から遠ざかる方向にはひずみの増大がメルカトル図法に比べて小さいが，その差はそれほど大きくならない．これから，標準線から斜軸極側に向かう方向でのひずみの急速な増大を避けるため，日本列島に沿う小さな小円を標準線としなかったものと推察される．

ちなみに，札幌，京都，福岡の 3 都市を通る地球上の小円の斜軸極からの角距離 (余緯度に相当) を計算すると約 8.7° となり，かなり標準線の余緯度の小さな，すなわち傘の開きの角の大きい円錐図法になることがわかる．

また，図 8.5 のグラフから標準緯線の余緯度が 40° の円錐図法と，メルカトル図法とでは縮尺係数の変化に大きな差がないことが読み取れる．このことから適当な 2 点を選んでこれらを通る大円を赤道に相当するものとするような斜軸メルカトル図法による表現も，日本のように北東から南西に長く伸びる地域の地図には適当といえるだろう．

最後に，楕円体から球への投影に伴う縮尺係数の変化は図 8.4 に表示した 22°N から 52°N までの範囲では 1/10000 以下であり，広い範囲にわたってひずみがごく

小さい．そのため，上の球から平面への地図投影のひずみの分析に際しては楕円体から球への投影によるひずみは無視した．

8.4 ガウス–クリューゲル図法投影式の導出

　前節に述べた球面に正角投影する方法では子午線に沿って長さを正しく保つことができない．しかし，測量の目的に横メルカトル図法を用いる場合は，中央子午線として選んだ子午線が平面に正しい長さの直線として表されることが望ましい．ガウスは自ら実施した測量の計算のためにこの投影法を開発した．ガウスはこの投影法について発表しなかったためその全容が長らく知られていなかったが，20世紀はじめにドイツのクリューゲル (Johannes Heinrich Louis Krüger, 1857–1923) がガウスの遺稿を整理し，これを明らかにした．

　この節では，ガウス–クリューゲル図法の投影式の導出を解説する．

　まず，ガウス–クリューゲル図法がどのような性質をもった投影法であるかについて述べよう．ガウス–クリューゲル図法は，回転楕円体に適用される地図投影法であって，

① 中央子午線に選んだ子午線が，地図平面に正距の直線として投影される

② 回転楕円面が平面に正角投影される

という二つの条件を満たすものである．この二つの条件で地図投影法として一義的に決定される．この投影法の数式を導く上での問題は，回転楕円体の子午線長すなわち楕円の周の長さが簡単な数式では表されず楕円積分という特殊な関数になることである．地球楕円体の扁平率あるいは離心率は小さな量なので，子午線長を離心率のべき級数で表すことがよく行われる (子午線長の計算式に関する最近の研究については，飛田ほか (2009) および河瀬 (2009) を参照)．このため，ガウス–クリューゲル図法の投影式も級数展開式の形で与えられ，微小量となる高次の項を省略した近似式を用いることがふつうであり，複数の種類の数式がありうる．

　測量に用いる平面直角座標の計算や，地形図の投影 (UTM図法) の計算をはじめ，一般に広く用いられているのは，中央子午線からの経度差によるべき級数式である．この式では，座標値を求めたい点と同じ緯度の中央子午線上の点の位置を求め，そこからの x 座標と y 座標の差を経度差のべき級数で表す．

　しかし，本書では Krüger (1912) に第1公式として記された投影式を先に紹介し，その次に通常用いられている投影式について記すことにする．この第1公式もガウスによるものであるが，各種の測量計算に必要な数式の完全な内容は残されておらず，クリューゲルが補っている．こちらを先に紹介するのは，今日的観点では従来使われている経度差のべき級数式に比べて，①数式の形が簡明でありプログラミングしやすい，②中央子午線からかなり離れた地域にまで精度よく適用できる，③投影式の導出法について理解しやすい，という大きな特長を有しているからである．

8.4.1 ◆ クリューゲルの1912年論文第1公式によるガウス–クリューゲル図法の投影式

a. 数式の提示

最初に経緯度から平面座標を求めるための一連の数式および逆に平面座標から経緯度を求めるための数式を提示し，次項で説明を加えることにする．

(1) 経緯度から平面座標を求める式

ϕ は緯度，λ は中央子午線からの経度差

x, y が求める平面座標

原点を赤道と中央子午線の交点とし，x は中央子午線に垂直で東側に正，y は中央子午線に沿って北向きに正とする．なお，これは本書での座標系の定義に合わせたものだが，測量に用いられる平面直角座標系では x と y が入れ替わって中央子午線に沿って北向きの座標を x と定義しているので注意．

a は地球の赤道半径，b は極半径，e は地球楕円体の離心率，f は扁平率とする．

$$n = \frac{a-b}{a+b} = \frac{1-\sqrt{1-e^2}}{1+\sqrt{1-e^2}} = \frac{f}{2-f}$$

$$A = \frac{a}{1+n}\left(1 + \frac{1}{4}n^2 + \frac{1}{64}n^4 + \cdots\right)$$

(A は回転楕円体と等しい子午線長をもつ球の半径)

$\tan(\pi/4 + \chi/2) = \tan(\pi/4 + \phi/2)[(1 - e\sin\phi)/(1 + e\sin\phi)]^{e/2}$ から正角緯度 χ を求める．

$$\eta' = \frac{1}{2}\log\frac{1+\sin\lambda\cos\chi}{1-\sin\lambda\cos\chi} \quad (\eta' = \tanh^{-1}(\sin\lambda\cos\chi) \text{ として計算してもよい})$$

$$\tan\zeta' = \frac{\tan\chi}{\cos\lambda}$$

$$x = A(\eta' + \gamma_1\cos 2\zeta'\sinh 2\eta' + \gamma_2\cos 4\zeta'\sinh 4\eta'$$
$$+ \gamma_3\cos 6\zeta'\sinh 6\eta' + \gamma_4\cos 8\zeta'\sinh 8\eta' + \cdots)$$

$$y = A(\zeta' + \gamma_1\sin 2\zeta'\cosh 2\eta' + \gamma_2\sin 4\zeta'\cosh 4\eta'$$
$$+ \gamma_3\sin 6\zeta'\cosh 6\eta' + \gamma_4\sin 8\zeta'\cosh 8\eta' + \cdots)$$

ただし，

$$\gamma_1 = \frac{1}{2}n - \frac{2}{3}n^2 + \frac{5}{16}n^3 + \frac{41}{180}n^4 \cdots$$

$$\gamma_2 = \phantom{\frac{1}{2}n - \frac{2}{3}n^2 +} \frac{13}{48}n^2 - \frac{3}{5}n^3 + \frac{557}{1440}n^4 \cdots$$

$$\gamma_3 = \phantom{\frac{1}{2}n - \frac{2}{3}n^2 + \frac{13}{48}n^2 -} \frac{61}{240}n^3 - \frac{103}{140}n^4 \cdots$$

$$\gamma_4 = \phantom{\frac{1}{2}n - \frac{2}{3}n^2 + \frac{13}{48}n^2 - \frac{61}{240}n^3 -} \frac{49561}{161280}n^4 \cdots$$

GRS80 楕円体に対する数値は $n = 0.00167922039462874$，$A = 6367449.14577105\,\text{m}$，$\gamma_1 = 8.37731824734434 \times 10^{-4}$，$\gamma_2 = 7.60852778883 \times 10^{-7}$，$\gamma_3 = 1.197638019 \times 10^{-9}$，$\gamma_4 = 2.443376 \times 10^{-12}$ となる．

(2) 平面座標から経緯度を求める式

n および A は先と同じ.

$\eta = x/A, \xi = y/A$ として,ξ と η から次式で ξ' と η' を計算する.

$$\xi' = \xi - \beta_1 \sin 2\xi \cosh 2\eta - \beta_2 \sin 4\xi \cosh 4\eta$$
$$\qquad - \beta_3 \sin 6\xi \cosh 6\eta - \beta_4 \sin 8\xi \cosh 8\eta - \cdots$$

$$\eta' = \eta - \beta_1 \cos 2\xi \sinh 2\eta - \beta_2 \cos 4\xi \sinh 4\eta$$
$$\qquad - \beta_3 \cos 6\xi \sinh 6\eta - \beta_4 \cos 8\xi \sinh 8\eta - \cdots$$

ただし,

$$\beta_1 = \frac{1}{2}n - \frac{2}{3}n^2 + \frac{37}{96}n^3 - \frac{1}{360}n^4 \cdots$$

$$\beta_2 = \qquad\quad \frac{1}{48}n^2 + \frac{1}{15}n^3 - \frac{437}{1440}n^4 \cdots$$

$$\beta_3 = \qquad\qquad\qquad\quad \frac{17}{480}n^3 - \frac{37}{840}n^4 \cdots$$

$$\beta_4 = \qquad\qquad\qquad\qquad\qquad\quad \frac{4397}{161280}n^4 \cdots$$

GRS80 楕円体に対する数値は,$\beta_1 = 8.37732168164143 \times 10^{-4}$,$\beta_2 = 5.9058696261 \times 10^{-8}$,$\beta_3 = 1.67348890 \times 10^{-10}$,$\beta_4 = 2.16774 \times 10^{-13}$ となる.

そして,ξ' と η' から次式で経度 λ と正角緯度 χ を求める.

$$\tan \lambda = \frac{\sinh \eta'}{\cos \xi'}, \quad \sin \chi = \frac{\sin \xi'}{\cosh \eta'}$$

次いで χ から緯度 ϕ を級数式で計算する.

$$\phi = \chi + \left(2n - \frac{2}{3}n^2 - 2n^3 + \frac{116}{45}n^4\right)\sin 2\chi + \left(\frac{7}{3}n^2 - \frac{8}{5}n^3 - \frac{227}{45}n^4\right)\sin 4\chi$$
$$\quad + \left(\frac{56}{15}n^3 - \frac{136}{35}n^4\right)\sin 6\chi + \frac{4279}{630}n^4 \sin 8\chi$$

b. 数式の説明

　この投影は 3 段階で行われる.まず回転楕円体を正角緯度により球面に等角投影する.次いで,この球を横メルカトル図法で平面に投影する.最後に中央子午線の長さが正しくなるような関数で平面上での等角写像変換を行う.以上が要点である.

　回転楕円体上の点の緯度を正角緯度に置き換え,経度は同じ値として球面上に点を移すと,回転楕円面から球面への等角写像が得られる.この球から横メルカトル投影で平面に投影するのが ξ' と η' を計算する式である.これですでに回転楕円体から平面への厳密な正角図法が得られたことになるが,ガウス–クリューゲル図法のもう一つの条件である,中央子午線が正距の直線に投影されるという条件はまだ満たしていない.

　ここで補助的な量として,半径 A の球 (回転楕円体と等しい子午線長をもつ球) において,楕円体上の点をその緯度に対応する赤道からの子午線弧長と等しい子午線

弧長の位置に対応させることを考え，この球面上の対応点の緯度 Ψ を導入する．楕円体の緯度 ϕ までの赤道からの子午線弧長を B とすると，$\Psi = B/A$ である．これは rectifying latitude (日本語での用語は決まっていないようだが仮に「弧長緯度」と訳すことにする) と呼ばれる．子午線弧長は子午線曲率半径 M を積分した $B = \int_0^\phi M\,\mathrm{d}t = \int_0^\phi [a(1-e^2)/(1-e^2\sin^2 t)^{3/2}]\,\mathrm{d}t$ で求められるが，この積分は初等関数では表せないので，被積分関数を微小な量である e^2 のべき級数に展開し，項別に積分した級数式で計算する．以下に記す子午線弧長の式は被積分関数の e^2 に $e^2 = 4n/(1+n)^2$ を代入した式を整理して級数展開し項別積分して得られた n^4 までの展開式である．緯度を与えて赤道からの子午線弧長を求める式として e^2 で展開したべき級数展開式が多くの文献に記されているが，n による式のほうが簡潔でかつ n は数値的に e^2 の約 $1/4$ であるため収束が速く同じ項数であれば精度がよい．この式の導出については Helmert (1880, pp.46–48) または河瀬 (2009) を参照．

$$B = \frac{a}{1+n}\left[\left(1 + \frac{n^2}{4} + \frac{n^4}{64}\right)\phi - \frac{3}{2}\left(n - \frac{n^3}{8}\right)\sin 2\phi + \frac{15}{16}\left(n^2 - \frac{n^4}{4}\right)\sin 4\phi \right.$$
$$\left. - \frac{35}{48}n^3 \sin 6\phi + \frac{315}{512}n^4 \sin 8\phi\right]$$

これに $\phi = \pi/2$ を代入すると 1 象限分の子午線弧長になり，それを $\pi/2$ で割り算すると補助球の半径 A の式 $A = [a/(1+n)][1+(1/4)n^2 + (1/64)n^4 + \cdots]$ が得られる．B を A で割って，

$$\Psi = \phi - \left(\frac{3}{2}n - \frac{9}{16}n^3\right)\sin 2\phi + \left(\frac{15}{16}n^2 - \frac{15}{32}n^4\right)\sin 4\phi - \frac{35}{48}n^3 \sin 6\phi$$
$$+ \frac{315}{512}n^4 \sin 8\phi$$

を得る．このように各項の係数が微小量 n のべきで小さくなるような三角関数の級数は逆に解くことができて (斎藤 (1973) および政春 (2001b) を参照)，

$$\phi = \Psi + \left(\frac{3}{2}n - \frac{27}{32}n^3\right)\sin 2\Psi + \left(\frac{21}{16}n^2 - \frac{55}{32}n^4\right)\sin 4\Psi + \frac{151}{96}n^3 \sin 6\Psi$$
$$+ \frac{1097}{512}n^4 \sin 8\Psi$$

を得る．緯度 ϕ と正角緯度 χ についてもこのような形の級数式を計算することができる (Krüger, 1912, pp.13–14)．ただし，この計算はかなり複雑である．Ψ と ϕ，ϕ と χ の関係式が得られたので，さらに Ψ と χ の関係式が級数の形で計算できて，次式を得る．ただし，ここで $\gamma_1, \gamma_2, \ldots$ などは前項に記した係数であって，この級数展開の係数を求める計算は複雑ではあるが注意深く行うことによって導けるものである．ここではその過程は省略する．

$$\Psi = \chi + \gamma_1 \sin 2\chi + \gamma_2 \sin 4\chi + \gamma_3 \sin 6\chi + \gamma_4 \sin 8\chi$$

先に求めた平面座標 ξ' と η' に戻って，中央子午線からの経度差 $\lambda = 0$ のとき，$\eta' = 0, \xi' = \chi$ であることに注目して上の式を複素数 $\xi' + \mathrm{i}\eta'$ の関数に拡張する．右辺の χ に $\xi' + \mathrm{i}\eta'$ を代入して展開すると，

$$\begin{aligned}
&\xi' + i\eta' + \gamma_1 \sin 2(\xi' + i\eta') + \gamma_2 \sin 4(\xi' + i\eta') \\
&\qquad + \gamma_3 \sin 6(\xi' + i\eta') + \gamma_4 \sin 8(\xi' + i\eta') \\
=\ &\xi' + i\eta' + \gamma_1 (\sin 2\xi' \cos 2i\eta' + \cos 2\xi' \sin 2i\eta') \\
&\qquad + \gamma_2 (\sin 4\xi' \cos 4i\eta' + \cos 4\xi' \sin 4i\eta') \\
&\qquad + \gamma_3 (\sin 6\xi' \cos 6i\eta' + \cos 6\xi' \sin 6i\eta') \\
&\qquad + \gamma_4 (\sin 8\xi' \cos 8i\eta' + \cos 8\xi' \sin 8i\eta') \\
=\ &\xi' + \gamma_1 \sin 2\xi' \cosh 2\eta' + \gamma_2 \sin 4\xi' \cosh 4\eta' \\
&\qquad + \gamma_3 \sin 6\xi' \cosh 6\eta' + \gamma_4 \sin 8\xi' \cosh 8\eta' \\
&\qquad + i(\eta' + \gamma_1 \cos 2\xi' \sinh 2\eta' + \gamma_2 \cos 4\xi' \sinh 4\eta' \\
&\qquad\qquad + \gamma_3 \cos 6\xi' \sinh 6\eta' + \gamma_4 \cos 8\xi' \sinh 8\eta')
\end{aligned}$$

ただし，ここで $\sin ix = i \sinh x, \cos ix = \cosh x$ と虚数を変数とする三角関数が双曲線関数で表されることを用いた．この式の実部は，$\eta' = 0$ のとき，$\xi' = \chi$ に対して $\Psi = B/A$ を与える関数であり，B は子午線弧長であるから，この (複素) 変換式で楕円体の子午線長が平面上の実軸に $1/A$ 倍されて移されることがわかる．また，この変換式は (複素) 三角関数の級数で正則であるから，この変換式が平面内の等角写像を与えることが保証されている．そこで，この式の実部を $\zeta = y/A$, 虚部を $\eta = x/A$ とおくと，ζ' と η' は回転楕円体を平面に正角性を保って投影したものであるから，最終的に得られた ζ と η を A 倍すれば，求めるガウス–クリューゲル図法の数式が得られる．

点検の意味で，ここに現れた級数式がコーシー–リーマン方程式 $\partial\zeta/\partial\xi' = \partial\eta/\partial\eta'$, $\partial\zeta/\partial\eta' = -\partial\eta/\partial\xi'$ を満たしていることは容易にチェックできる．また，$\eta' = 0$ のとき $x = 0$ で，$y = B$ (子午線弧長) であり，ガウス–クリューゲル図法の条件を満たしていることも確認できる．

投影座標 x, y から緯度経度を求めるには，同様にして次の Ψ から χ を求める級数式

$$\chi = \Psi - \beta_1 \sin 2\Psi - \beta_2 \sin 4\Psi - \beta_3 \sin 6\Psi - \beta_4 \sin 8\Psi$$

を用いる．ただし，ここで $\beta_1, \beta_2, \ldots$ は前項に与えた係数である．この式を複素数の関数に拡張した式で $\eta = x/A$ と $\zeta = y/A$ から η' と ξ' を計算し，球の横メルカトル図法の逆変換式から正角緯度と経度を求めて，さらに正角緯度から緯度を計算すればよい．

以上の計算の過程を振り返ると 3 回の変数変換を経て最終的な解を得るが，級数式の係数は楕円体のパラメーターから計算される量であり，準拠楕円体が決まっていればあらかじめ計算して定数として与えておくことができる．また，級数の各項

が規則的な形をしている．このため，このクリューゲル第 1 公式による計算をプログラミングするのは極めて容易であり，表計算ソフトのセルに数式を直接書き込むことによっても計算が可能である．

c. 数式の評価

この数式は広い地域に適用可能であることが大きな特長である．後で説明する中央子午線からの経度差による級数展開式ではこれを高緯度地域に適用すると同じ経度差でも中央子午線からの距離が小さくなり狭い範囲にしか適用できない．経度差が大きくなると級数のより高次の項まで計算しなければならないのである．これに対してこの数式は，球に対する横メルカトル図法で平面に投影する部分が基本になっており，級数式は子午線長を修正するだけであるので，中央子午線からの経度差による制約はない．実際，経度差 90° でも問題なく計算できる．もちろん経度差が大きくかつ低緯度の地点のように中央子午線からの距離が大きくなると横座標が非常に大きくなり計算精度も低くなる．

UTM 図法では規約として北緯 84° までを適用範囲としており，これよりも高緯度を計算する必要はないが，これらの規約を離れて極圏を含めて連続した一つの座標系で表したい場合もあるであろう．本来横メルカトル図法は極を含めて表現できる図法であり，回転楕円体として厳密に扱う投影法の場合にも極を含む地域を一つの座標系で表せることには大きな意義がある．

実際に，8.4.1 項 a. の式を MS Excel のワークシート上で関数として入力し，緯度経度を与えて，平面座標を計算し，次にこの平面座標を逆変換式で計算して緯経度を求め，誤差を評価した (政春, 2008a)．逆変換で元に戻ることだけでその投影座標が正しいということはできないが，正変換とは独立な逆変換を行って結果がほぼ元に戻る以上，その誤差から推定される程度の精度は有していると判断してよいであろう．

表 8.1 にいくつかの緯経度の値について計算した結果と逆変換で得た緯経度と元の値との差を示した．最初の 2 行は中央子午線からの経度差が 1° や 2.5° のような

表 8.1 クリューゲル論文 (1912) 第 1 公式による計算例 (GRS80 楕円体に対する値)

緯度(度)	経度(度)	x	y	逆変換による緯度差 (ラジアン)	逆変換による経度差 (ラジアン)
35	2.5	228245.400450	3877450.121018	-3.15×10^{-13}	3.19×10^{-16}
35	1	91289.768742	3875049.870690	-3.15×10^{-13}	1.63×10^{-16}
0	80	15913214.020038	0.000000	0	-2.17×10^{-5}
10	90	15237724.375026	10001965.729231	-1.63×10^{-5}	0
0	45	5627271.912621	0.000000	0	-7.70×10^{-12}
10	50	6278278.562807	1703850.492534	-1.06×10^{-11}	2.17×10^{-11}
20	50	5793045.612830	3276834.212211	1.25×10^{-11}	-6.14×10^{-12}
30	60	6210906.900481	5455136.341495	-3.17×10^{-11}	1.25×10^{-11}
40	60	5101766.209000	6573512.085271	3.09×10^{-12}	9.39×10^{-12}
50	70	4469003.751643	8217157.794652	1.91×10^{-12}	-5.24×10^{-12}
60	80	3447563.135629	9362311.254408	-4.46×10^{-13}	-1.35×10^{-12}
70	80	2242163.101445	9598209.995915	5.20×10^{-14}	-2.28×10^{-13}
70	90	2279725.203329	10001965.729231	2.55×10^{-14}	0

ふつう UTM 図法で計算される範囲内のものである．この場合は，逆変換結果との差は緯度差は地上の実距離で $2\,\mu\mathrm{m}$ 程度 (地球半径を $6.4\times10^{6}\,\mathrm{m}$ として計算) である．経度差はごく小さい．従来の中央子午線からの経度差のべき級数で計算した結果と比較すると x 座標, y 座標とも差は $1\,\mu\mathrm{m}$ 以内だった．

次の 2 行に示したように，緯度 $0°$ で経度差 $80°$，あるいは緯度 $10°$ で経度差 $90°$ のように極端なケースでは地上の距離にして $100\,\mathrm{m}$ を超える誤差が出ているが，緯度 $0°$ で経度差 $45°$，以下高緯度ではより経度差を大きくしても最大誤差は約 3×10^{-11} ラジアンであって，地上の距離にして約 $0.2\,\mathrm{mm}$ であるから測量のためにも十分な精度で計算できていることがわかる．

8.4.2 ◆ 中央子午線からの経度差のべき級数展開による投影式

ガウス–クリューゲル図法の式として広く実用的に用いられているのは中央子午線からの経度差のべき級数展開式である．これは 2 段階の投影で導かれる (図 8.6)．まず，回転楕円面から正軸メルカトル図法により平面に正角投影する．次にこの平面をガウス平面 (複素平面) と考えて，正則関数を用いて平面から平面へ等角写像する．このとき，中央経線の長さが元の回転楕円体上での子午線の長さに等しくなるという条件を課す．この 2 回の投影のそれぞれで正角性が保持されるから最終的に得られた投影も正角投影となる．

第 1 段階の投影は，通常の回転楕円体からの正軸法メルカトル図法である．緯度を ϕ, 中央子午線からの経度差を λ として，この投影式は $X = a\lambda$, $Y = $

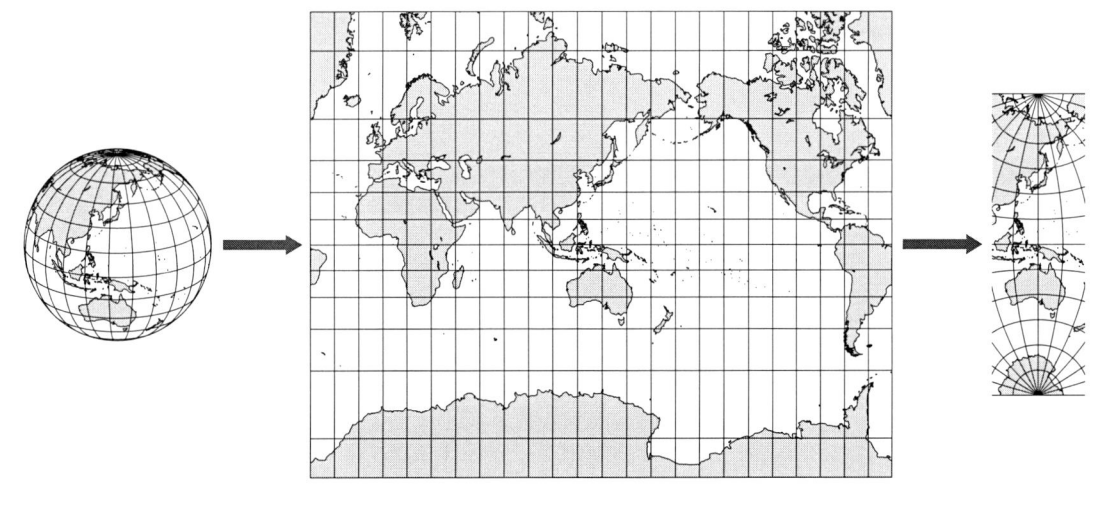

地球楕円体
緯度 ϕ, 経度 λ

回転楕円体から平面への一つの正角投影
等長緯度 q, 経度 λ
(aq, $a\lambda$ をそれぞれ縦軸と横軸にとれば，これは回転楕円体に適用したメルカトル図法そのものである．)

平面から平面への正角投影
(等角写像変換)
複素平面において正則関数が等角写像を与えることを利用．楕円体上の中央子午線が地図上の中央経線に正しい長さで投影されるような関数を考える．

図 8.6 ガウス–クリューゲル図法導出の概要

$a \log\{[\tan(\phi/2+\pi/4)][(1-e\sin\phi)/(1+e\sin\phi)]^{e/2}\}$ である (8.2.1 項). 以下ではこの X, Y を赤道半径 a で割った $\lambda, q = Y/a = \log\{[\tan(\phi/2+\pi/4)][(1-e\sin\phi)/(1+e\sin\phi)]^{e/2}\}$ を第 1 段階の楕円体から平面への投影で得られる平面座標として用いる．この q は 8.3.3 項で定義した等長緯度である．

座標平面上の点 (λ, q) が複素数 $z = \lambda + qi$ を表すものと見なして，複素数の正則関数 $f(z)$ を考える．z は関数 f により，$w = x + yi$ に写像されるものとする．すなわち，$w = f(z)$．x 座標は中央子午線に垂直で東向きに正，y 座標は中央子午線にそって北向きに正とする．正則関数は平面から平面への等角写像を与えるから，問題は q 軸が y 軸に投影され，y 軸上ではその長さが元の楕円体上の赤道からの子午線弧長に等しくなるような正則関数を見つけることである．緯度の関数としての赤道からの子午線弧長を B とする．そうすると q 軸上，すなわち $\lambda = 0$ において $f(0 + qi) = 0 + iB$ がこの関数の満たすべき条件である．$f(\lambda + qi)$ を $z = qi$ においてテイラー展開すると

$$f(\lambda+qi) = f(qi) + f'(qi)\lambda + \frac{f''(qi)}{2!}\lambda^2 + \frac{f'''(qi)}{3!}\lambda^3 + \cdots + \frac{f^{(n)}(qi)}{n!}\lambda^n + \cdots$$

となる．ただし，$f^{(n)}(qi) = \mathrm{d}^n f/\mathrm{d}z^n|_{z=qi}$ とする．複素関数が微分可能であるということは，どちらの方向に微分してもその微係数が等しいということであるから，λ の増加する実軸の方向に微分する代わりに虚軸 (q 軸) の方向に微分することにする．こうしてこれらの微係数を求めることができる．$f(qi) = iB$ だから，

$$\frac{\mathrm{d}^n f}{\mathrm{d}z^n}\bigg|_{z=qi} = \frac{\mathrm{d}^n(iB)}{\mathrm{d}(qi)^n} = \frac{1}{i^{n-1}} \cdot \frac{\mathrm{d}^n B}{\mathrm{d}q^n}$$

が得られる．ここで，B および $\mathrm{d}^n B/\mathrm{d}q^n$ が実数であることに注意してテイラー展開の級数を実部と虚部に分けると

$$x = \frac{\mathrm{d}B}{\mathrm{d}q}\lambda - \frac{1}{3!}\frac{\mathrm{d}^3 B}{\mathrm{d}q^3}\lambda^3 + \frac{1}{5!}\frac{\mathrm{d}^5 B}{\mathrm{d}q^5}\lambda^5 - \cdots$$

$$y = B - \frac{1}{2!}\frac{\mathrm{d}^2 B}{\mathrm{d}q^2}\lambda^2 + \frac{1}{4!}\frac{\mathrm{d}^4 B}{\mathrm{d}q^4}\lambda^4 - \frac{1}{6!}\frac{\mathrm{d}^6 B}{\mathrm{d}q^6}\lambda^6 + \cdots$$

となる．あとは，B の q による微分を求めるだけである．B も q も緯度 ϕ の関数であり，

$$B = \int M\,\mathrm{d}\phi, \quad \frac{\mathrm{d}B}{\mathrm{d}\phi} = M$$

$$\frac{\mathrm{d}q}{\mathrm{d}\phi} = \frac{M}{N\cos\phi}$$

であるから，合成関数の微分の公式により，

$$\frac{\mathrm{d}B}{\mathrm{d}q} = \frac{\mathrm{d}B}{\mathrm{d}\phi}\frac{\mathrm{d}\phi}{\mathrm{d}q} = M \cdot \frac{N\cos\phi}{M} = N\cos\phi$$

を得る．2 階の微分を計算するには，先の結果を用いて

$$\frac{\mathrm{d}^2 B}{\mathrm{d}q^2} = \frac{\mathrm{d}}{\mathrm{d}\phi}\left(\frac{\mathrm{d}B}{\mathrm{d}q}\right) \cdot \frac{\mathrm{d}\phi}{\mathrm{d}q} = \frac{\mathrm{d}}{\mathrm{d}\phi}(N\cos\phi) \cdot \frac{\mathrm{d}\phi}{\mathrm{d}q}$$

を計算する．N の表式を代入して ϕ による微分を丁寧に計算すると，若干の計算の後，

$$\frac{\mathrm{d}^2 B}{\mathrm{d} q^2} = -N \sin\phi \cos\phi$$

を得る．以下同様にして高階の微分を計算していく．これらはすべて緯度 ϕ の関数になっている．この計算は複雑ではあるが，機械的に実行できるものである．ガウスは，この計算をシステマティックに行うための漸化式も求めている (*Gauss Werke Band 9*, p.157)．こうして求まった $\mathrm{d}^n B/\mathrm{d} q^n$ を先の展開式に代入すれば，ガウス–クリューゲル図法の投影式が求まる．

これは，中央子午線からの経度差 λ によるべき級数展開式として表したものであるので，λ が大きくなると計算精度が悪くなる．投影座標 x, y の必要精度と λ の最大値を考慮して，級数の項の数を決める．2 万 5 千分の 1 地形図の UTM 座標の計算や，基準点測量で平面直角座標を計算するために用いられているのは λ の 6 次までの展開式である．級数展開式を具体的に書きあらわすと以下のようになる．

$$t = \tan\phi$$
$$u^2 = \frac{e^2 \cos^2\phi}{1 - e^2}$$
$$N = \frac{a}{\sqrt{1 - e^2 \sin^2\phi}}$$

とおいて

$$x = N\lambda \cos\phi \left\{ 1 + \frac{\lambda^2}{6} \cos^2\phi \left[(1 - t^2 + u^2) \right.\right.$$
$$\left.\left. + \frac{\lambda^2}{20} \cos^2\phi (5 - 18t^2 + t^4 + 14u^2 - 58t^2 u^2) \right] \right\}$$
$$y = B + \frac{1}{2} N\lambda^2 \sin\phi \cos\phi \left\{ 1 + \frac{\lambda^2}{12} \cos^2\phi \left[(5 - t^2 + 9u^2 + 4u^4) \right.\right.$$
$$\left.\left. + \frac{\lambda^2}{30} \cos^2\phi (61 - 58t^2 + t^4 + 270u^2 - 330t^2 u^2) \right] \right\}$$
$$B = \frac{a}{1+n} \left[\left(1 + \frac{n^2}{4} + \frac{n^4}{64}\right) \phi - \frac{3}{2}\left(n - \frac{n^3}{8}\right) \sin 2\phi + \frac{15}{16}\left(n^2 - \frac{n^4}{4}\right) \sin 4\phi \right.$$
$$\left. - \frac{35}{48} n^3 \sin 6\phi + \frac{315}{512} n^4 \sin 8\phi \right]$$

ただし，$n = \dfrac{a-b}{a+b} = \dfrac{1 - \sqrt{1-e^2}}{1 + \sqrt{1-e^2}} = \dfrac{f}{2-f}$

(ここで b は地球の極半径，e は離心率，f は扁平率)

この投影式を見てわかるように経度差 λ による級数式の各項の係数に緯度 ϕ が含まれている．なお，上記の式では λ の高次の項の係数に含まれる e^2 のべきの e^4 以上の項は実用上無視して差し支えないので略されている．上の式はプログラミングに適するように，単純に λ のべきの項を加えるのではなく $\lambda^2 \cos^2\phi$ でくくって積の形になるようにしている．プログラミング自体はこの数式を間違えずに入力すれ

ばよいので特段の問題はないが数式には不規則な係数が現れ複雑である.

この投影の逆変換, すなわち平面上の点 P の (x,y) 座標からその点の緯経度 (ϕ, λ) を求めるには, 点 P から y 軸に垂線を下ろした足 (垂線と y 軸の交点) を Q とし, この点 Q において $(x,y) \to (q, \lambda)$ の関数をテイラー展開して x 座標の級数式で等長緯度差と経度差を求める. そして, 等長緯度差から緯度差をやはりテイラー展開による級数式で求める. これらを組み合わせて最終的に (x,y) から (ϕ, λ) を計算する数式に整理する. テイラー展開の係数を計算するためにまず点 Q の緯度を計算する. これは y 座標が赤道からの子午線弧長となる緯度を計算することに相当する. この緯度 ϕ_1 は点 P から y 軸への垂線の足の緯度であるから垂足緯度 (footpoint latitude) と呼ばれる. なお, 同じ記号を用いたがここでは ϕ_1 は標準緯線の緯度ではないことに注意しておく. 計算式は以下のようになる (Hristow (1938) および Jordan and Eggert (1948) p.157). これらの式も, 測量で実用的に必要な程度に, 高次の微小な項を省略した近似式である.

a: 地球楕円体の赤道半径,

b: 地球楕円体の極半径,

e: 地球楕円体の離心率,

f: 地球楕円体の扁平率

$$n = \frac{a-b}{a+b} = \frac{1-\sqrt{1-e^2}}{1+\sqrt{1-e^2}} = \frac{f}{2-f}$$

$$A = \frac{a}{1+n}\left(1 + \frac{1}{4}n^2 + \frac{1}{64}n^4\right)$$

$$\Psi = \frac{y}{A}$$

$$\phi_1 = \Psi + \left(\frac{3}{2}n - \frac{27}{32}n^3\right)\sin 2\Psi + \left(\frac{21}{16}n^2 - \frac{55}{32}n^4\right)\sin 4\Psi + \frac{151}{96}n^3 \sin 6\Psi$$
$$+ \frac{1097}{512}n^4 \sin 8\Psi \quad \text{(Krüger (1912) p.13 による)}$$

$$t_1 = \tan \phi_1$$

$$u_1^2 = \frac{e^2 \cos^2 \phi_1}{1-e^2}$$

$$N_1 = \frac{a}{\sqrt{1-e^2 \sin^2 \phi_1}}$$

$$\phi = \phi_1 - \frac{x^2}{2N_1^2} t_1 (1+u_1^2) + \frac{x^4}{24N_1^4} t_1(5 + 3t_1^2 + 6u_1^2 - 6t_1^2 u_1^2)$$
$$- \frac{x^6}{720N_1^6} t_1(61 + 90t_1^2 + 45t_1^4)$$

$$\lambda = \frac{x}{N_1 \cos \phi_1} - \frac{x^3}{6N_1^3 \cos \phi_1}(1 + 2t_1^2 + u_1^2) + \frac{x^5}{120 N_1^5 \cos \phi_1}(5 + 28t_1^2 + 24t_1^4)$$

この経度差のべき級数による投影式 (正変換の場合) は中央子午線からの経度差が

あまり広くない範囲で用いるには，y 座標の大きな部分を占める子午線弧長さえ精度よく与えられれば比較的少ない項数でよい精度を与えることができる．子午線弧長については一度計算して表の形で与えることで補間計算して用いることができ，計算機が使えなかった時代には適していた．これに対して 8.4.1 項のクリューゲル第 1 公式では級数展開が楕円体のパラメーターによるものであるから中央子午線近傍であっても γ_4 の項を省略するとそれに応じて精度が劣化する．しかし，今日では一度プログラミングしておけば計算機が行うので有限項までの級数の計算の手間自体は問題ではない．それゆえ，適用範囲の広さとプログラムを書くときに誤りを起こしにくい点から 8.4.1 項の投影式を用いることが推奨される．

なお，本書では一般に個々の地図投影の逆変換式の記述を省略し，5.8.3 項で正変換式が与えられれば数値的に逆変換した値を求めることができるプログラムを紹介した．ガウス–クリューゲル図法についてもこのプログラムはもちろん適用できる．上記でガウス–クリューゲル図法についてだけ逆変換式の数式を記述した理由は，これらの式が測量の分野で実際に用いられていることから参照の便宜を考えたためである．

◆◆ 第 8 章の注

【注 1】　参照した文献 (地理調査部地図編集課, 1972) には占守島と記されているが，この経緯度の位置は占守島からは若干ずれているようである．地名ではなく，経緯度値が正しいものとして処理した．

---

column 5 ◆◆◆ **ガウス–クリューゲル図法の歴史とこれを巡る誤解**

　この図法はガウスの等角投影法としても知られている．元はガウスが自ら実施したハノーファー王国の三角測量の測量データの処理のために開発し用いたものである．1820 年代のことである．しかし，ガウスは結局この投影法について論文として発表せず，長らくその内容はガウスが友人と交わした書簡などによって部分的に知られていただけであった．19 世紀後半のドイツ測量界ではこの投影法の重要性が指摘されていた．ガウスの測地学関係の遺稿を集めた『ガウス全集』の巻の編集を任されたポツダムのプロイセン王立測地学研究所のクリューゲルが，ガウスが残した断片的なメモなどの遺稿を整理編集して「楕円体の平面への等角投影 (ハノーファーの土地測量の投影法)」としてまとめて，これを含む『ガウス全集第 9 巻』を 1903 年に刊行したことによって，この投影法の全容がはじめて明らかになったのである．その後クリューゲルはさらに研究を進め，ガウスが導いていなかった式を含むこの投影法に関する数種類の正逆の投影式，子午線収差や縮尺係数の式，測地測量の計算に必要な種々の数式を含む 172 ページに及ぶ包括的な論文「地球楕円体の平面への等角投影」を 1912 年に発表した．これらの業績により，この投影法がガウス–クリューゲル図法と呼ばれるようになったと考えられる．

　これとは別の投影法でドイツや日本で過去に測地測量に用いられた投影法に「ガウスの等角二重投影法」と呼ばれる投影法がある．これはガウスが 1843 年に発表した論文「高等測地学研究第 1 論文」(出版は 1844 年) に記した楕円体から球への等角投影法

と，球から平面への横メルカトル投影を組み合わせた二重投影により楕円体を平面に投影するもので，ガウス–クリューゲル図法とは違って中央子午線上での距離が完全に正しくはならない．19世紀後半にドイツや日本の測量機関が平面直角座標系を定めるにあたっては，この投影法が用いられた．その後ドイツでは20世紀前半にガウス–クリューゲル図法に基づく座標系に変更され，日本では1952年にガウス–クリューゲル図法に基づく新しい平面直角座標系が定められた．このように，ガウス–クリューゲル図法は19世紀にガウスが開発し実際に測量に用いていたが，ガウスが発表しなかったことが原因でその内容が長く知られず，測量のための座標系としてはガウスの等角二重投影法が先に用いられ，その後ガウス–クリューゲル図法が採用されるという経緯をたどったのである．

このような経緯を背景として，日本では，ガウスは等角二重投影法を開発してハノーファーの測量に用い，ガウス–クリューゲル図法はクリューゲルが20世紀になってはじめて開発したものであるとする誤った見解が，長らく流布されていた．これは文献的典拠に基づかない憶測による説であったが，権威ある学会の編集した用語辞典に掲載され，これに準拠した記述をする本もあるので注意が必要である．

CHAPTER 9
地図投影法の選択

　地図を作成するためには，地図投影法を決めなければならない．今日では，地図のデジタルデータがあればGISソフトの機能によりさまざまな投影法を選択して地図表示できるので，その地図に適した投影法の選択が求められる．

　投影法の選択に際して考慮すべき要素には，(1) 地図表現対象地域の地球上での位置と拡がり，(2) 地図の主題，がある．

　最初の地図表現対象地域の位置と拡がりは投影法の選択に強く影響する要素である．ここでは，地図の範囲においてなるべく形や大きさのひずみが少ない投影法を選択することを前提とする．対象地域がごく狭い範囲であれば丸い地球を平面上に表すことに伴うひずみはどの投影法を選択しても小さく抑えられ，投影法の相違による地図上の図形の相違は目立たない．これに対して，世界地図が典型的であるが，広域を表現対象地域とする場合は投影法によって地図の表現が大きく異なることはこれまで見てきたとおりである．

　対象地域が東西に大きく拡がっていて，南北の拡がりが小さい場合，低緯度では円筒図法，中緯度では円錐図法をそれぞれ正軸法で用いると，ひずみの少ない投影ができる．正軸法を用いることにより，経線が直線で，緯線が直線あるいは円弧で表現され，地点の経緯度が読み取りやすいというメリットもある．同様に極を含む高緯度地域については，正軸法の方位図法が適切である．

　対象地域が南北に大きく拡がっていて，東西には狭い場合は，対象地域の中央に中央子午線をもつ横メルカトル図法をはじめとする横軸法の円筒図法，もしくはサンソン図法，多円錐図法など中央子午線が正距の直線となる投影法がよい．もっと一般に対象地域が細長く分布している場合は，これに沿った斜軸円筒図法の利用を検討するのがよいであろう．8.3.4項b.で論じたように，地球上の小円に沿って分布している場合にはこれを標準線とする円錐図法を用いてもよいが，小円の半径が小さい場合はこれに直交する方向のひずみ分布も考慮する必要があり，斜軸円筒図法でよい場合もある．

　対象地域の形状がどの方向にも同程度の拡がりの場合は，対象地域の中心を地図主点とする斜軸方位図法を用いるのがよい．広い範囲を対象とする地図では正積図法が適当な場合が多く，ランベルト正積方位図法の斜軸法はこのような場合によく用いられる．

　斜軸法を用いることによって，対象地域の中心に地図主点や中央子午線を配置してひずみを抑えた地図作成が可能となり投影法選択の自由度がきわめて大きくなる．しかし，これにより経緯線網は，直線や円弧のような単純な形ではなく一般に複雑な曲線になる．このことの読図に与える影響も考慮する必要がある．

対象地域の拡がりに関連して考慮すべき事項の最後に，地図投影に際してどのような場合に地球を球として扱ってよいか，それとも回転楕円体として扱う必要があるかについて検討する．

世界全図や大陸図のような小縮尺の図の場合は，約 1/300 という地球の扁平率は図の描画精度に対して無視できるので，地球を球として扱ってよい．一方，縮尺のより大きな地図では地図投影に際して地球を回転楕円体として扱う必要がある．なぜなら，一定の緯度差に対応する地上の距離は地球を球として扱うならば一定であるが，より現実の地球に近い回転楕円体では緯度差 1 秒当たりの地上の距離が緯度によって赤道上の 30.72 m から極における 31.03 m まで変化する．測量に基づいて作成される大縮尺図には高い位置精度が求められる．このような地図では，一定の緯度差に対応する地上距離を全地球上で一つの値で代表させることはできないのである．

では，どの程度の縮尺までは，地球を球として扱ってよいだろうか．これについては緯度によって変化する回転楕円体の子午線曲率半径および卯酉線曲率半径と，球とみなす場合の地球半径との関係を考えることが基本である．図 8.3 (p.164) には赤道半径を 1 とする値で示したが，GRS80 楕円体の子午線曲率半径は赤道における 6335 km から極における 6400 km まで，卯酉線曲率半径は赤道における 6378 km から極における 6400 km まで変化する．地球を球として扱う場合に一般的に用いられる平均的な半径は 6371 km (1.3 節参照) だから，これを基準にして -0.6%〜$+0.4\%$ の幅で変化している．この程度の長さの誤差を無視しうる場合は地球を球として扱ってよい．この判断は地図が図上での計測目的に用いられることがあるかどうか，地図に表された範囲内での地図投影によるひずみの大きさと比べて図的表現上無視しうるかどうかなどによって異なるが，少なくとも 100 万分の 1 程度以上の縮尺の地図では，回転楕円体として投影するほうが適切である．一般には縮尺 20 万分の 1 以下を小縮尺図に分類するが，大・中縮尺図 (おおむね縮尺 5000 分の 1 以上を大縮尺図，縮尺 1 万〜10 万分の 1 を中縮尺図という) はもちろん，小縮尺図のうち比較的縮尺の大きい地図も回転楕円体として投影する必要があることになる．

次に地図の主題と投影法の選択について検討する．

大・中縮尺図では，形状が正しく表されることが重要であるため，正角図法が用いられる．正角図法では，ひずみは長さ (および面積) として現れるだけで解析は容易であり，大・中縮尺図の 1 枚の地図に表される範囲では一定とみなして差し支えない．国土地理院の 25,000 分の 1 地形図は UTM 図法，地方自治体が整備する 2,500 分の 1 都市計画基図は平面直角座標系によっており，いずれも正角図法である (1.5 節参照).

また，風向のように各点における方向を表すことが重要な図では正角図法を用いなければならない．このような図の例としては，天気図 (図 9.1)，地殻変動ベクトル図 (図 9.2) がある．日本周辺の天気図には (正軸法の) 平射図法，地殻変動ベクトル図にはメルカトル図法が用いられることが多い．

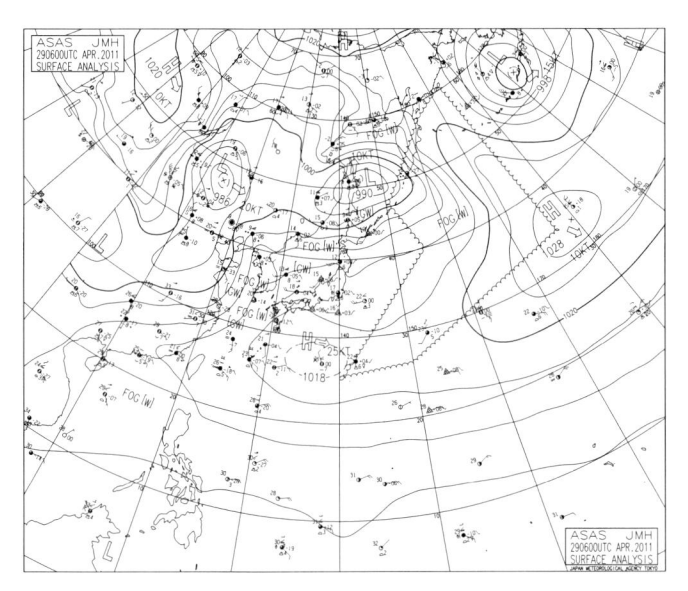

図 9.1 実況天気図 (アジア) (2011 年 4 月 29 日 15 時,平射図法) (出典:気象庁 http://www.jma.go.jp/jp/g3/wcAsia.html)

図 9.2 2011 年東北地方太平洋沖地震に伴う水平地殻変動図 (メルカトル図法) (出典:国土地理院 http://www.gsi.go.jp/common/000059672.pdf)

　事象の分布を表現するような主題図では,一般に面積比率を正しく表現することが重要なので正積図法が望ましい.とくに広域になるほど正積図法以外の投影法では面積ひずみが大きくなるので正積図法を用いるべきである.世界地図で,気候や植生のように緯度との関連が強い主題を表現する際には,正積図法でかつ緯線が赤道と平行になる擬円筒図法を用いるのがよい.例えばモルワイデ図法や,エッケルト第4・第6図法,グード図法などである.

　図 9.3 は日本と世界各地点を結ぶ航空路線を示した地図であるが,航空路線が図

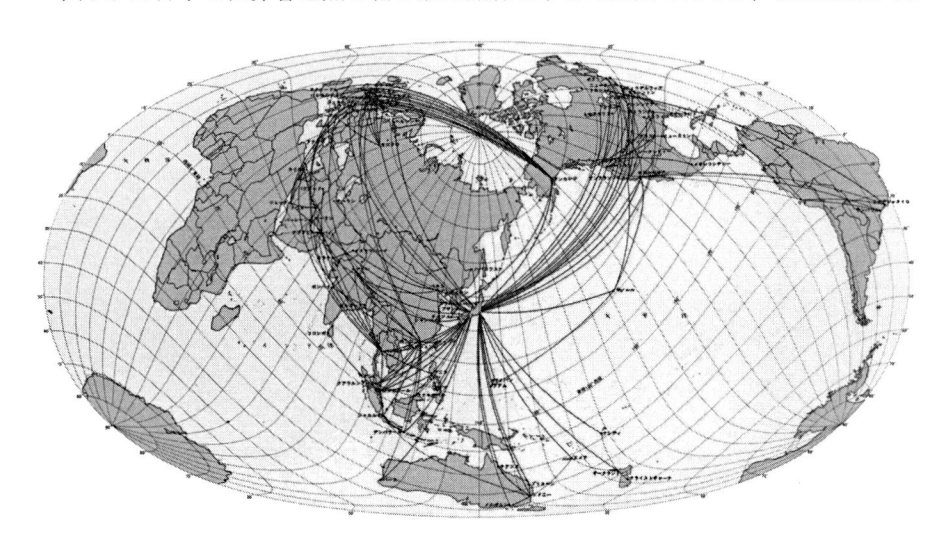

図 9.3 地点を連結する線が図の外周で切れないように斜軸法を用いた例—『新版日本国勢地図』から「外国との航空機運航回数 (1989 年)」(出典:国土地理院 http://www.gsi.go.jp/atlas/archive/j-atlas-d_2j_34.pdf)

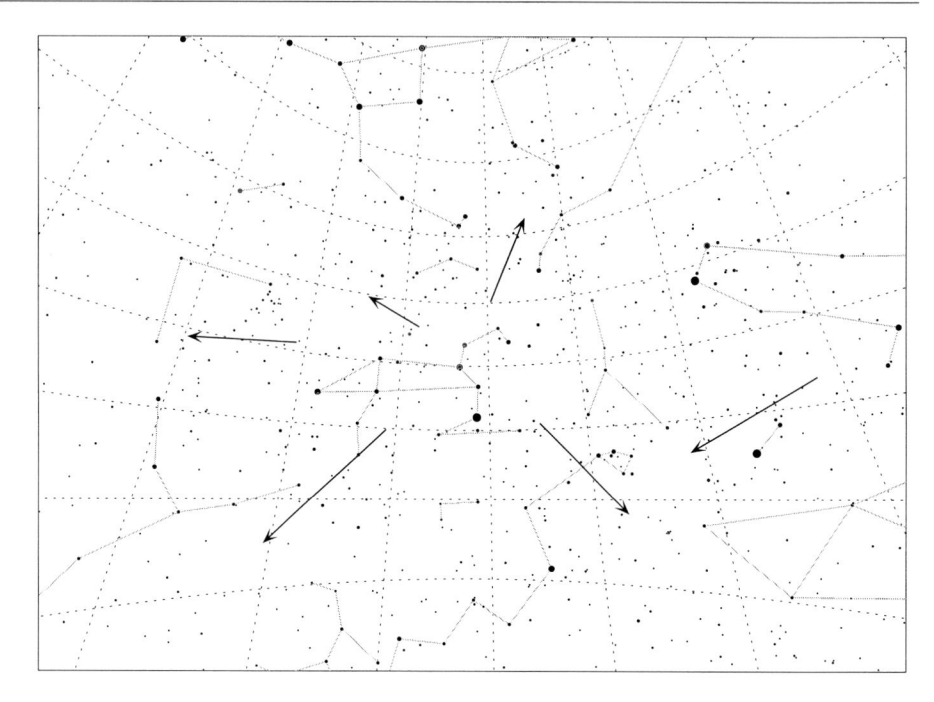

図 9.4　流星の軌跡を表した天球図 (心射図法)

の外周で切断されることがなく接続関係が一目でわかるようにするために，擬円筒図法の斜軸法を用いて表した例である．日本を中央やや下寄りに位置させてすべての路線がほぼ中央から放射するように描かれている．このように図の主題となる内容を適切に表現するために，斜軸法を活用して大陸の配置を工夫する場合もある．

　地図の主題の表現に，各地図投影法の固有の特徴が活用されるものがある．たとえば，(正軸法の) メルカトル図法は航程線が直線となるという特徴があるため海図に用いられるといったものである．心射図法で大圏航路が直線で表されることを利用した例を図 9.4 に示した．これは，地図ではなく天球図であるが，流星の軌跡を表したものである．流星の軌跡は天球上の大円に沿うので，心射図法の地図では直線として描かれる．月探査機「かぐや」の観測データによる月の地形図の投影法として，ほぼ円形をしている多くのクレーターが地図上でも円形に描かれることを意図して平射図法を採用した事例もある (神谷ほか, 2009)．このような固有の特徴がある投影法については第 5 章の各論でその内容を記したので上手に活用して地図表現の幅を拡げることが期待される．さらには，特定の性質をもたせることを目的として新しい投影法を発明することも行われてきた．古くはメルカトル図法もこうして発明されたものといえる．

　最後に世界地図の投影法の選択について若干述べよう．多種多様な投影法があり，どの投影法が最適であるというようなことはいえないが，世界の地理的分布について正しい印象を与えるために，一般的に用いられる地図としては正積図法，あるいは面積ひずみが全体的にあまり大きくならない投影法が好ましいといえる．そして，図の外周は，地球が丸いことを連想させる丸みをもった曲線が好まれる．また，上

下左右に対称な形が望ましい．それで，正積擬円筒図法，あるいは緯線が若干湾曲するハンメル図法やヴィンケル図法が用いられることが多いようである．ロビンソン図法のように高緯度での形状ひずみを抑えるために厳密な正積性を排除する考えもある．

極を点として表す投影法では高緯度の角ひずみが大きくなり，極を線で表す平極図法にはこれを緩和できるメリットがある．一方，本来極は点であるという考えもある．また，図の周辺部のひずみの増大を避けるための断裂法の採否についても賛否はある．さらに，どの位置で断裂させるかについても課題はある．よく知られているグード図法では，ユーラシア大陸を一続きにし，しかもその部分の中央経線を東経 $30°$ としたため，アジア東端の日本列島の形状は大きくひずんでいるといわざるを得ない．

円筒図法は正積にすると形状のひずみ (角のひずみ) が大きく，形状のひずみを小さくすると面積ひずみが過大になるので世界地図には不適であるとされる．しかし，中央にあるか端にあるかを別にするとすべての経線が同等であってかつ南北も同等であるという特徴は場所の索引的な利用には好ましいものである．本書で UTM 図法の座標帯番号を示した図 1.15 に正距円筒図法を用いたのはこの観点による．各地域の時差を表す地図も円筒図法が適当な例である．これには形状のひずみが比較的小さいミラー図法やゴール図法が使われることが多い．

世界地図での投影法の選択に単一の答えはなく，その地図で表現する内容を考慮して個々に決めざるをえない．一方で社会における世界の地理的認識に果たす地図の役割を考えるとむしろ多様な投影法による表現が共存することによって，地球を平面に表すことによる不可避のひずんだ認識が固定しないことが望ましいといえる．同一の投影法であっても地図主点や中央経線が異なれば大陸の配置や形状は異なる．ヨーロッパでは経度 $0°$ を中央子午線とする世界地図が見慣れたものであろうが，日本では世界地図を表すのに一般的用途では日本付近を中央にするのは当然である．これらを含め多様な視点で地図を見る機会が増えることが望ましいことであろう．

APPENDIX

地図の概形による投影法検索

凡 例

(1) すべての図は半径 10 mm の地球を投影したものに相当する（＝縮尺約 6.4 億分の 1）．
(2) 経緯線間隔は 15 度である．
(3) 中央子午線は 135°E である．
(4) とくに記載のないものは全球図で，正軸法である．
(5) 投影法名称の後ろに第 5 章の項番号と掲載ページを記した．
(6) 各投影法の球に対する投影式を簡潔に記し，複雑な式は省略した．直交座標系による式のほか，投影法によっては極座標による式や緯線半径式のみを示した場合もある．記法・記号については本文および記号表を参照．
(7) 投影法名称の前に，正積図法には「■」，正角図法には「▲」の印を付した．

長方形

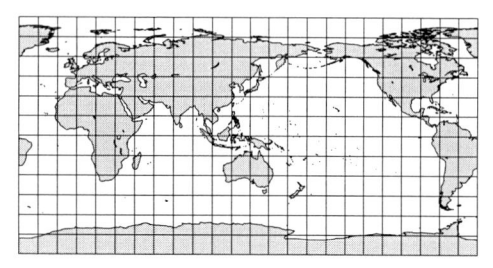

正距円筒図法 (5.2.1 項, p.61)
$$x = R\lambda, y = R\phi$$

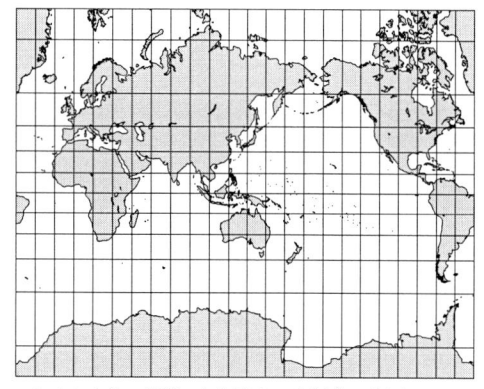

▲メルカトル図法 (南北緯度 80° 以内の範囲：5.2.2 項, p.62)
$$x = R\lambda, y = R\log\left[\tan\left(\frac{\phi}{2} + \frac{\pi}{4}\right)\right]$$

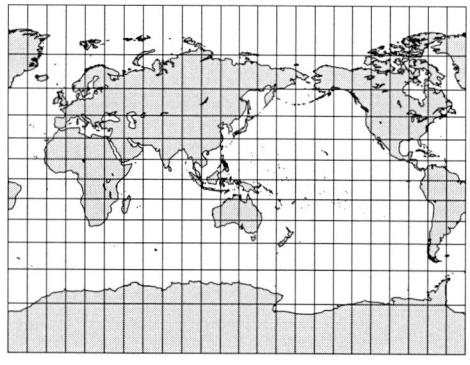

ミラー図法 (5.2.3 項, p.66)
$$x = R\lambda, y = \frac{R}{0.8}\log\left[\tan\left(\frac{\pi}{4} + \frac{0.8\phi}{2}\right)\right]$$

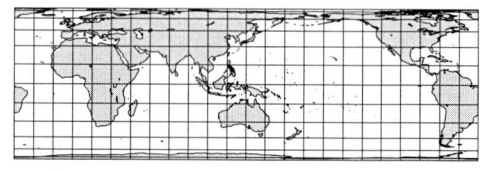

■ランベルト正積円筒図法 (5.2.4 項, p.67)
$$x = R\lambda, y = R\sin\phi$$

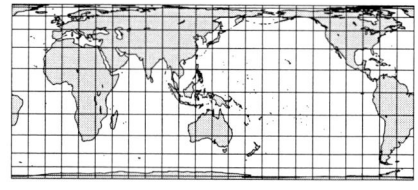

■ベールマン図法 (5.2.4 項, p.67)
$$x = R\lambda\cos\frac{\pi}{6}, y = \frac{R\sin\phi}{\cos(\pi/6)}$$

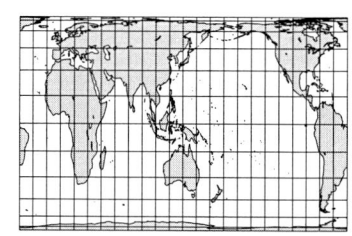

■ゴール・ペータース図法 (5.2.4 項, p.67)
$$x = R\lambda\cos\frac{\pi}{4}, y = \frac{R\sin\phi}{\cos(\pi/4)}$$

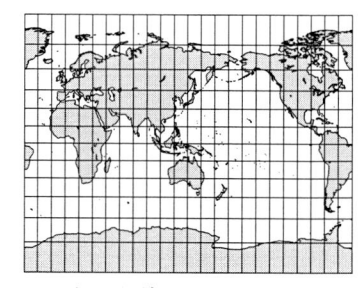

ゴール図法 (5.2.5 項, p.69)
$$x = \frac{R\lambda}{\sqrt{2}}, y = R\left(1 + \frac{1}{\sqrt{2}}\right)\tan\frac{\phi}{2}$$

小判形

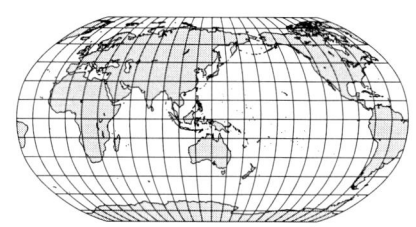

ロビンソン図法 (5.3.7 項, p.86)
(投影式省略)

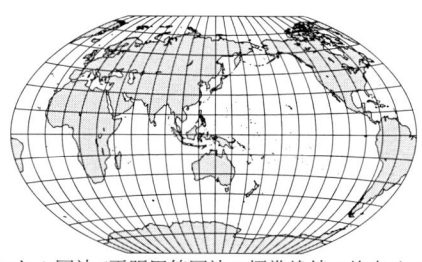

ヴィンケル図法 (正距円筒図法の標準緯線の緯度は 40°N；5.6.5 項, p.115)
$$x = \frac{R}{2} \cdot \left[\lambda \cos\phi_1 + \frac{2p\cos\phi\sin(\lambda/2)}{\sin p}\right], y = \frac{R}{2}\left(\phi + \frac{p\sin\phi}{\sin p}\right).$$
ただし $\cos p = \cos\phi\cos\dfrac{\lambda}{2}$

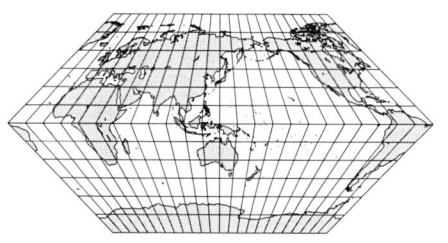

エッケルト第 1 図法 (5.3.5 項, p.78)
$$x = \sqrt{\frac{8}{3\pi}}R\lambda\left(1 - \frac{|\phi|}{\pi}\right), y = \sqrt{\frac{8}{3\pi}}R\phi$$

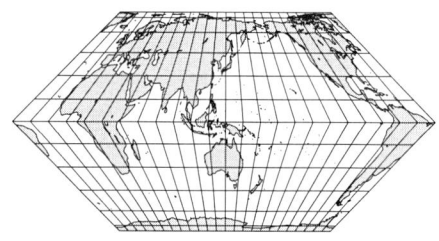

■エッケルト第 2 図法 (5.3.5 項, p.78)
$$x = \sqrt{\frac{2}{3\pi}}R\lambda\sqrt{4 - 3\sin|\phi|},$$
$$y = \sqrt{\frac{2\pi}{3}}R(2 - \sqrt{4 - 3\sin|\phi|})\operatorname{sign}\phi$$

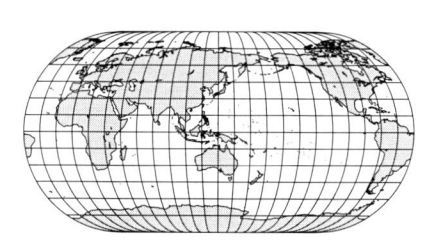

エッケルト第 3 図法 (5.3.5 項, p.78)
$$x = \frac{2[1 + \sqrt{1 - (2\phi/\pi)^2}]R\lambda}{\sqrt{4\pi + \pi^2}}, y = \frac{4R\phi}{\sqrt{4\pi + \pi^2}}$$

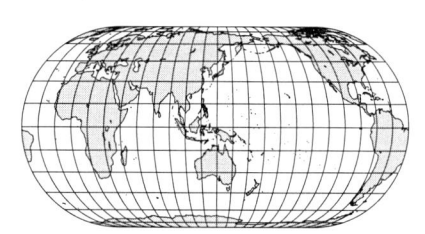

■エッケルト第 4 図法 (5.3.5 項, p.78)
$$x = \frac{2R\lambda(1 + \cos\theta)}{\sqrt{4\pi + \pi^2}}, y = \frac{2\sqrt{\pi}R\sin\theta}{\sqrt{4 + \pi}}.$$
ただし $\theta + \sin\theta\cos\theta + 2\sin\theta = \dfrac{(4 + \pi)\sin\phi}{2}$

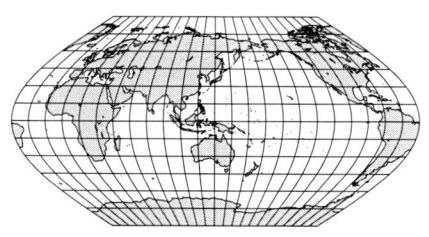

エッケルト第 5 図法 (5.3.5 項, p.78)
$$x = \frac{R\lambda(1 + \cos\phi)}{\sqrt{2 + \pi}}, y = \frac{2R\phi}{\sqrt{2 + \pi}}$$

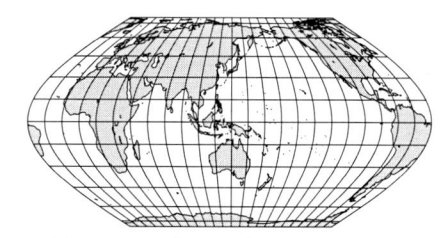

■エッケルト第 6 図法 (5.3.5 項, p.78)
$$x = \frac{R\lambda(1 + \cos\theta)}{\sqrt{2 + \pi}}, y = \frac{2R\theta}{\sqrt{2 + \pi}}.$$
ただし $\theta + \sin\theta = \left(1 + \dfrac{\pi}{2}\right)\sin\phi$

紡錘形・楕円形・円形

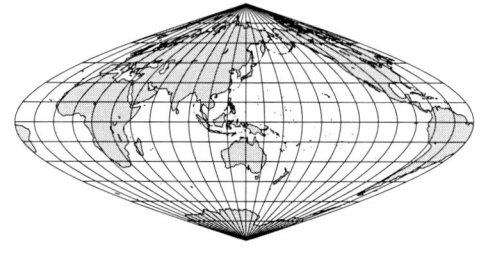

■サンソン図法 (5.3.1 項, p.72)
$x = R\lambda\cos\phi, y = R\phi$

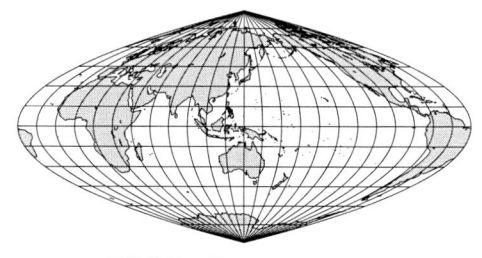

■放物線図法 (5.3.6 項, p.84)
$x = \sqrt{\dfrac{3}{\pi}}R\lambda\left(2\cos\dfrac{2\phi}{3} - 1\right), y = \sqrt{3\pi}R\sin\dfrac{\phi}{3}$

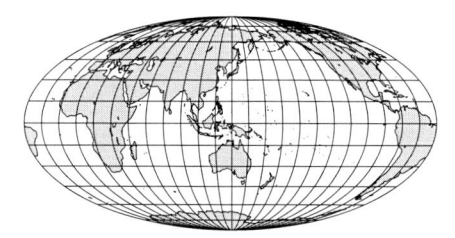

■モルワイデ図法 (5.3.2 項, p.73)
$x = \dfrac{2\sqrt{2}}{\pi}R\lambda\cos\theta, y = \sqrt{2}R\sin\theta.$
ただし $2\theta + \sin 2\theta = \pi\sin\phi$

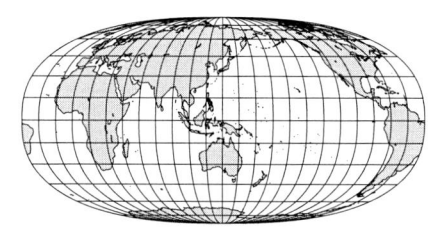

■超楕円図法 (5.3.8 項, p.88)
(投影式省略)

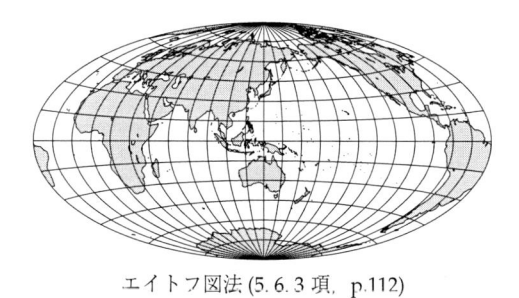

エイトフ図法 (5.6.3 項, p.112)
$x = \dfrac{2Rp\cos\phi\sin(\lambda/2)}{\sin p}, y = \dfrac{Rp\sin\phi}{\sin p}.$
ただし $\cos p = \cos\phi\cos\dfrac{\lambda}{2}$

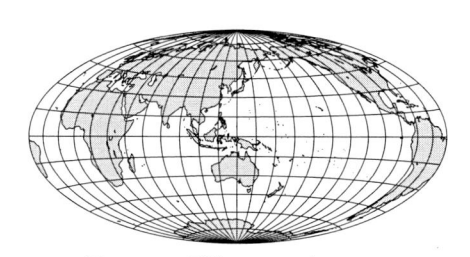

■ハンメル図法 (5.6.4 項, p.113)
$x = \dfrac{2\sqrt{2}R\cos\phi\sin(\lambda/2)}{\sqrt{1+\cos\phi\cos(\lambda/2)}}, y = \dfrac{\sqrt{2}R\sin\phi}{\sqrt{1+\cos\phi\cos(\lambda/2)}}$

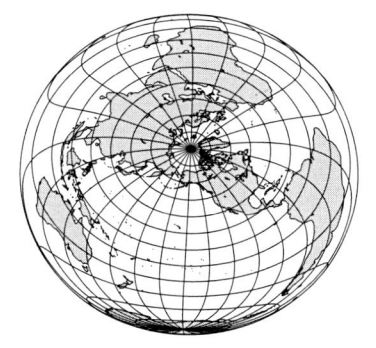

2 点正距図法 (東京とワシントン D.C. から各点への距離を正しく表した図; 5.6.10 項, p.126)
(投影式省略)

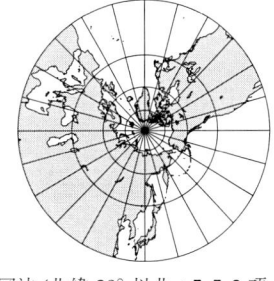

地図の概形による投影法検索

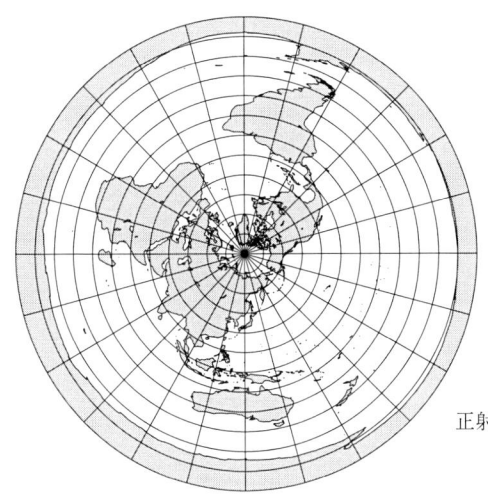

正距方位図法 (5.5.1 項, p.98)
$$r = Rp$$

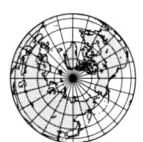

心射図法 (北緯 30° 以北；5.5.2 項, p.99)
$$r = R \tan p$$

正射図法 (半球図；5.5.4 項, p.102)
$$r = R \sin p$$

外射図法 (北極上空高度 35800 km から見たほぼ半球図；5.5.5 項, p.103)
$$r = \frac{hR \sin p}{R + h - R \cos p}$$

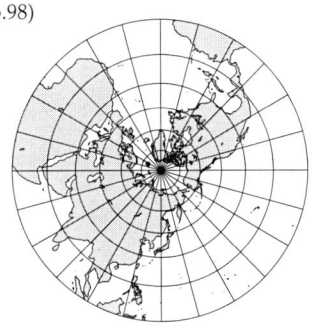

▲平射図法 (半球図；5.5.3 項, p.100)
$$r = 2R \tan \frac{p}{2}$$

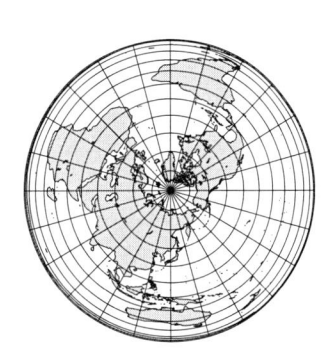

■ランベルト正積方位図法 (5.5.6 項, p.105)
$$r = 2R \sin \frac{p}{2}$$

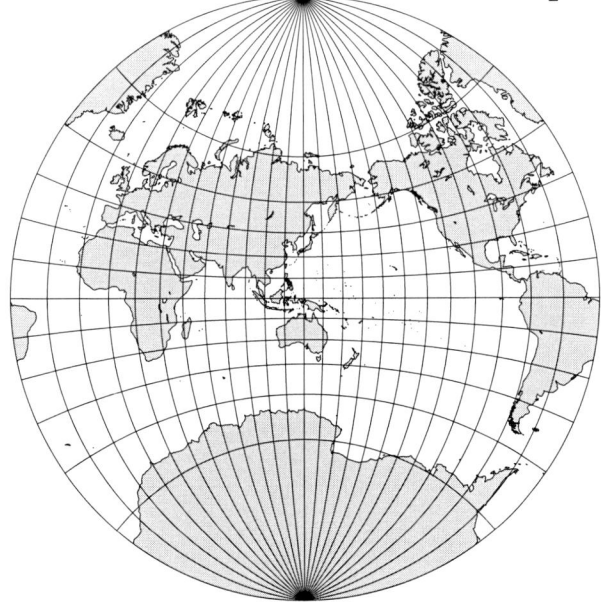

▲ラグランジュ図法 (5.6.2 項, p.110)
$$x = \frac{4R \sin(\lambda/2) \cos \phi'}{1 + \cos \phi' \cos(\lambda/2)}, \quad y = \frac{4R \tan(\phi/2)}{1 + \cos \phi' \cos(\lambda/2)}.$$
ただし $\sin \phi' = \tan(\phi/2)$

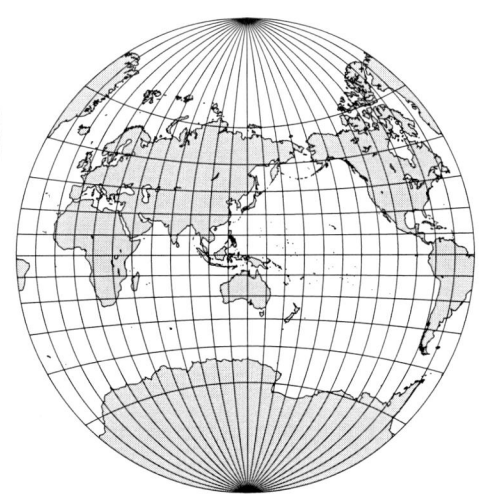

ファン・デル・グリンテン図法 (5.6.6, p.116 項)
(投影式省略)

扇形

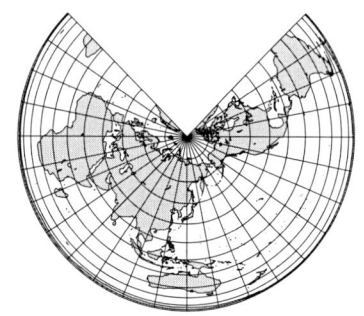

■ランベルト正積円錐図法 (標準緯線の緯度は 30°N；5. 4. 4 項, p.94)

$$k = \frac{1}{2}(1 + \sin\phi_0), r = R\sqrt{\frac{2(1-\sin\phi)}{k}}$$

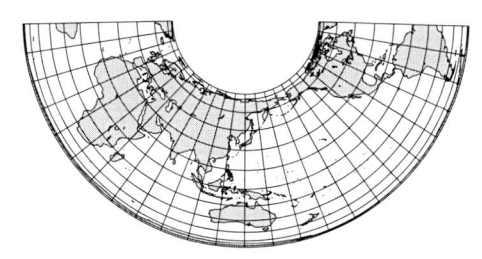

■アルベルス正積円錐図法 (標準緯線の緯度は 20°N と 40°N；5. 4. 3 項, p.92)

$$k = \frac{\sin\phi_1 + \sin\phi_2}{2}, r = \frac{R}{k}\sqrt{1 + \sin\phi_1 \sin\phi_2 - 2k\sin\phi}$$

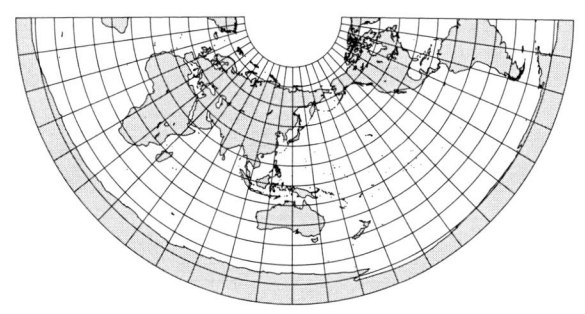

正距円錐図法 (標準緯線の緯度は 20°N と 40°N；5. 4. 1 項, p.89)

$$k = \frac{\cos\phi_1 - \cos\phi_2}{\phi_2 - \phi_1}, r = R\left(\frac{\phi_2\cos\phi_1 - \phi_1\cos\phi_2}{\cos\phi_1 - \cos\phi_2} - \phi\right)$$

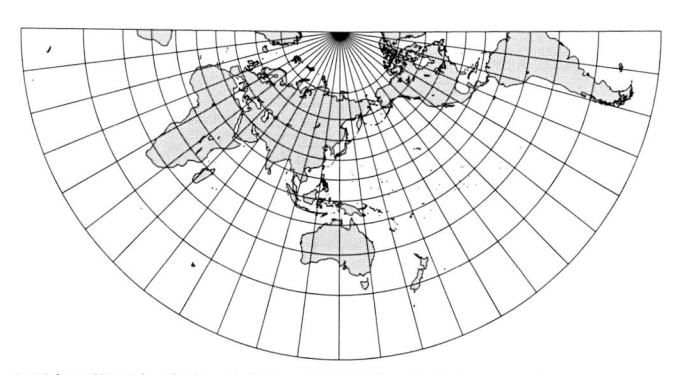

▲ランベルト正角円錐図法 (南緯 60° 以北, 標準緯線の緯度は 20°N と 40°N；5. 4. 2 項, p.91)

$$k = \frac{\log\cos\phi_2 - \log\cos\phi_1}{\log\tan(\pi/4 - \phi_2/2) - \log\tan(\pi/4 - \phi_1/2)}, r = \frac{R\cos\phi_1}{k[\tan(\pi/4 - \phi_1/2)]^k}\left[\tan\left(\frac{\pi}{4} - \frac{\phi}{2}\right)\right]^k$$

その他の形状

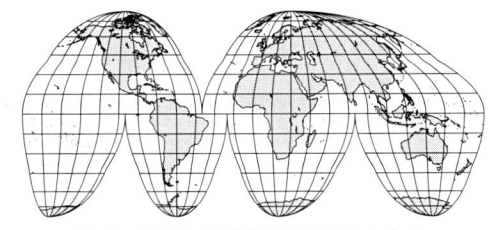

■グード図法 (海洋部で断裂させたもの；
5.3.3 項, p.75)
(投影式省略)

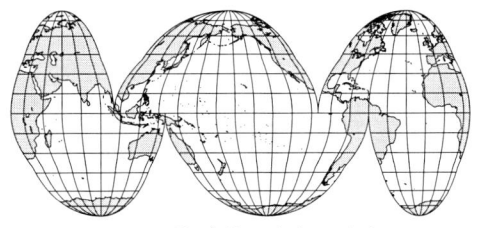

■グード図法 (大陸で断裂させたもの；
5.3.3 項, p.75)
(投影式省略)

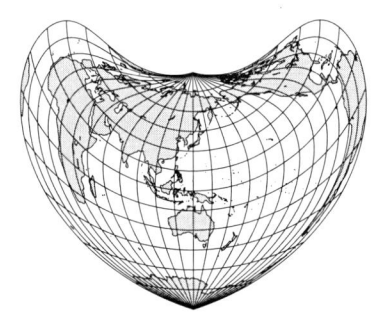

■ボンヌ図法 (標準緯線の緯度は 30°N；5.6.1 項, p.107)
$$\theta = \frac{\lambda \cos\phi}{\cot\phi_0 + \phi_0 - \phi}, r = R(\cot\phi_0 + \phi_0 - \phi)$$

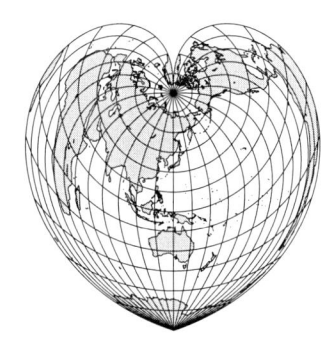

■ヴェルネル図法 (5.6.1 項, p.107)
$$\theta = \frac{\lambda \cos\phi}{\pi/2 - \phi}, r = R\left(\frac{\pi}{2} - \phi\right)$$

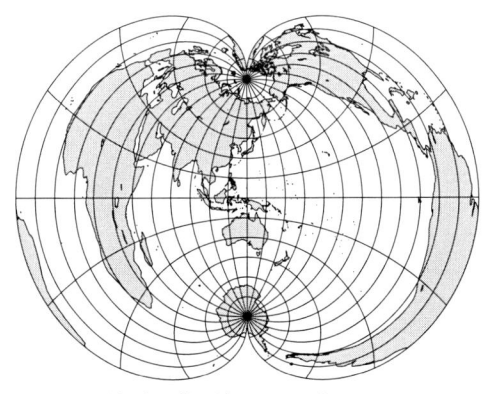

正規多円錐図法 (5.6.8 項, p.120)
$$x = R\cot\phi\sin(\lambda\sin\phi), y = R\{\phi + \cot\phi[1 - \cos(\lambda\sin\phi)]\}$$

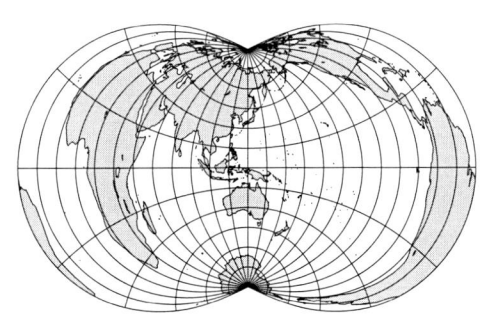

直交多円錐図法 (赤道を正距とした図；5.6.9 項, p.122)
(投影式省略)

REFERENCES

参考文献

文 献

Adams, O. S., 1919. *General Theory of Polyconic Projections*. U.S. Coast and Geodetic Survey Special Publication No.57. Reprinted 1934.

British National Committee for Geography, 1966. *Glossary of Technical Terms in Cartography*. The Royal Society.

Bugayevskiy, L. M. and J. P. Snyder, 1995. *Map Projections — A Reference Manual*. Taylor & Francis.

Defence Mapping Agency, 1989. DMA Technical Manual — The Universal Grids: Universal Transverse Mercator (UTM) and Universal Stereographic (UPS). http://earth-info.nga.mil/GandG/publications/tm8358.2/TM8358_2.pdf (accessed on 12 September 2010)

Gauss, C. F., 1844. Untersuchungen über Gegenstände der höhern Geodaesie — Erste Abhandlung. Abhandlungen der König. Gesellschaft der Wissenschaften zu Göttingen, Band 2. In: *Gauss Werke Band 4*, 259–300.

Gauss, C. F., Conforme Abbildung des Sphäroids in der Ebene (Projectionsmethode der hannoverschen Landesvermessung). In: *Gauss Werke Band 9*, 141–218.

Gauss, C. F., 1873. *Carl Friedrich Gauss Werke Band 4*. Königlichen Gesellschaft der Wissenschaften zu Göttingen. (Georg Olms Verlag, Hildesheim, New Yorkによる復刻版, 1973. http://gdz.sub.uni-goettingen.de/no_cache/dms/load/toc/?IDDOC=38910からダウンロード可, accessed on 19 February 2011)

Gauss, C. F., 1903. *Carl Friedrich Gauss Werke Band 9*. Königlichen Gesellschaft der Wissenschaften zu Göttingen. (Georg Olms Verlag, Hildesheim, New Yorkによる復刻版, 1973. http://gdz.sub.uni-goettingen.de/no_cache/dms/load/toc/?IDDOC=38910からダウンロード可, accessed on 19 February 2011)

Grafarend, E. W. and F. W. Krumm, 2006. *Map Projections*. Springer.

Hake, G., 1982. *Kartographie I*. Walter de Gruyter.

Helmert, F. R., 1880. *Die mathematischen und physikalischen Theorieen der höheren Geodäsie*. B. G. Teubner.

Hristow, Wl. K., 1938. Transformationsformeln zwischen den Gauß–Krügerschen und den geographischen Koordinaten und umgekehrt. *Zeitschrift für Vermessungswesen*, **67**, 598–600.

International Cartographic Association (ICA), 1973. *Multilingual Dictionary of Technical Terms in Cartography*.

Jordan, W. and O. Eggert, 1948. *Handbuch der Vermessungskunde Band 3–2 Neunte Auflage*. J. B. Metzlersche Verlagsbuchhandlung.

Kraak, M. J. and F. J. Ormeling, 1996. *Cartography — Visualization of spatial data*, Longman.

Krücken, W., 2002. Ad maiorem Gerardi Mercatoris gloriam. http://www.wilhelmkruecken.de/

Krücken, W., 2005. Erhard Etzlaub und die Methode der vergrößerten Breitenabstände. http://www.wilhelmkruecken.de/Etzlaub/etzlaub.htm (accessed on 27 December 2009)

Krüger, L., 1912. Konforme Abbildung des Erdellipsoids in der Ebene. *Veröffentlichung Königlich Preuszischen geodätischen Institutes*, Neue Folge Nr. 52.

Laskowski, P. H., 1989. The traditional and modern look at Tissot's indicatrix. *The American Cartographer*, **16**(2), 123–133.

Lee, L. P., 1944. The Nomenclature and Classification of Map projections. *Empire Survey Review*, **7**(51), 190–200. (http://www.galleryofmapprojections.com/Reference/Lee_1944.pdfからダウンロード可，accessed on 16 September 2007)

Longley, P. A., M. F. Goodchild, D. J. Maguire, D. W. Rhind, 2010. *Geographic Information Systems and Science, Third Edition*. Wiley.

Robinson, A. H., 1974. A New Map Projection: Its Development and Characteristics. *International Yearbook of Cartography*, **14**, 145–155.

Robinson, A. H., J. L. Morrison, P. C. Muehrcke, A. J. Kimerling and S. C. Guptill, 1995. *Elements of Cartography, Sixth edition*, John Wiley & Sons.

Schreiber, O., 1899, 1900. Zur konformen Doppelprojection der Preussischen Landesaufnahme. *Zeitschrift für Vermessungswesen*, **28**, 491–502, 593–613, **29**, 257–281, 289–310.

Schröder, E., 1988. *Kartenentwürfe der Erde*. Verlag Harri Deutsch.

Snyder, J. P., 1981. *Space Oblique Mercator Projection — Mathematical Development*, Geological Survey Bulletin 1518. US Government Printing Office.

Snyder, J. P., 1987. *Map Projections — A Working Manual*, U.S. Geological Survey Professional Paper 1395. US Government Printing Office. (http://pubs.er.usgs.gov/publication/pp1395からダウンロード可，accessed on 26 June 2011)

Snyder, J. P., 1993. *Flattening the Earth — Two thousand years of map projections*. The University of Chicago Press (Paperback edition 1997).

Snyder, J. P. and H. Steward, 1988. *Bibliography of Map Projections*, U.S. Geological Survey Bulletin 1856. US Government Printing Office. (http://www.galleryofmapprojections.com/Reference/Bull1856.pdfからダウンロード可，accessed on 16 September 2007)

Snyder, J. P. and P. M. Voxland, 1989. *An Album of Map Projections*, U.S. Geological Survey Professional Paper 1453. US Government Printing Office. (http://pubs.er.usgs.gov/publication/pp1453からダウンロード可，accessed on 26 June 2011)

Tobler, W. R., 1973. The Hyperelliptical and Other New Pseudo Cylindrical Equal Area Map Projections. *Journal of Geophysical Research*, **78**(11), 1753–1759.

Wright, E., 1599. *Certaine Errors in Navigation*. Theatrum Orbis Terrarum, Ltd., Amsterdam による覆刻版 (1974)

Yang, Q., J. P. Snyder and W. R. Tobler., 2000. *Map Projection Transformation: Principles and Applications*. Taylor & Francis.

大前憲三郎・熱海景良・鈴木猶吉・園部 蔀，1935.『陸地測量學』岩波書店．

小川　泉，1980．『地図編集および製図 三訂版』山海堂．

織田武雄，1974．『地図の歴史—世界篇』講談社 (講談社現代新書 368)．

神谷　泉・荒木博志・祖父江真一，2009．『「かぐや」が見た月の地形』の作成．『地図』**47**(1), 33–34．

河瀬和重，2009. 緯度を与えて赤道からの子午線弧長を求める一般的な計算式．『国土地理院時報』**119**, 44–55．

河瀬和重，2011a. 赤道からの子午線弧長を任意に与えて該当する緯度を求めるより簡明な計算方法．『国土地理院時報』**121**, 101–108．

河瀬和重，2011b. Gauss–Krüger 投影における経緯度座標及び平面直角座標相互間の座標換算についてのより簡明な計算方法．『国土地理院時報』**121**, 109–124．

久保田光一・伊理正夫，1998．『アルゴリズムの自動微分と応用』コロナ社．

国土地理院監修・日本地図センター編集，1994．『地図記号のうつりかわり—地形図図式・記号の変遷—』日本地図センター．

小牧和雄，1988. 4 章 回転楕円体に準拠した空間座標の決定．In: 坪川家恒監修，1988．『現代測量学 第 4 巻 測地測量 1』日本測量協会，41–109．

コルモゴロフ・ユシュケビッチ編　藤田　宏監訳，2009．『19 世紀の数学 III』朝倉書店．

斎藤正徳，1973. 測地学天文学にあらわれるフーリエ級数の逆フーリエ級数．『測地学会誌』**19**(4), 233–235．

齋藤正彦，1966．『線形代数入門』東京大学出版会．

志賀浩二，1994．『曲面　数学が育っていく物語 6』岩波書店．

杉原厚吉，1998．『FORTRAN 計算幾何プログラミング』岩波書店．

測地成果 2000 構築概要編集委員会編，2003．『測地成果 2000 構築概要』国土地理院．

測量・地図百年史編集委員会，1970．『測量・地図百年史』国土地理院．

地理情報システム学会用語・教育分科会編，2000．『地理情報科学用語集　第 2 版』地理情報システム学会．

地理情報システム学会編，2004．『地理情報科学事典』朝倉書店．

地理調査部地図編集課，1972. 300 万分の 1「日本とその周辺」『国土地理院時報』**44**, 27–38．

飛田幹男，2002．『世界測地系と座標変換』日本測量協会．

飛田幹男・河瀬和重・政春尋志，2009. 赤道からある緯度までの子午線長を計算する 3 つの計算式の比較．『測地学会誌』**55**(3), 315–324．

中川一郎，1994. A–1 測地基準系．In: 日本測地学会『現代測地学』日本測地学会，425–465．

中務哲郎訳 (織田武雄監修)，1986．『プトレマイオス地理学』東海大学出版会．

長野　正，1968．『曲面の数学』培風館．

中村英夫・清水英範，2000．『測量学』技報堂出版．

日本国際地図学会，1998．『地図学用語辞典［増補改訂版］』技報堂出版．

日本国際地図学会地図用語専門部会，2002. 地図学用語辞典［増補改訂版］の正誤表 (内容の一部改訂を含む)．『地図』**40**(4), 69–72, 同訂正記事．『地図』**41**(1), 49．

日本測地学会編，2004．『CD–ROM テキスト測地学』日本測地学会．(Web 版が http://www.geod.jpn.org/web-text/index.htmlにある．accessed on 20 February 2011)

日本地図センター，2003．『新版 地図と測量の Q&A』日本地図センター．

野村正七，1983．『地図投影法』日本地図センター．

萩原幸男，1982．『測地学入門』東京大学出版会．

羽田野正隆，1994．「ゲラルドゥス・メルカトルの世界図，1569」(1/2 大の複製)

原田健久，1992．『わかりやすい測量厳密計算法』鹿島出版会．

Press, W. H., S. A. Teukolsky, W. T. Vetterling and B. P. Flannery 著，丹慶勝市・奥村晴彦・佐藤俊郎・小林　誠訳，1993．『Numerical Recipes in C 日本語版』技術評論社．

政春尋志，2000．ガウス＝クリューゲル図法とガウス正角二重図法について．『地図』**38**(3), 1–11.

政春尋志，2001a．ガウス＝クリューゲル図法投影式の導出法—予備知識を明確にした解説の試み．『地図』**39**(4), 31–37.

政春尋志，2001b．数式処理ソフトを用いた子午線弧長から緯度を求める式の導出．『測地学会誌』**47**(4), 787–797.

政春尋志，2001c．地図投影法に関するいくつかの問題．日本国際地図学会平成 13 年度定期大会研究発表予稿集，34–35.

政春尋志，2003．訂正すべき地図投影法解説—『地図学用語辞典 (増補改訂版)』投影法関係項目の誤りについて—．『地図』**41**(2), 1–13.

政春尋志，2004a．「3.3 地図投影と座標系」「付録 1 地図投影の基礎と主な地図投影法」．In: 地理情報システム学会編，『地理情報科学事典』32–33 および 466–477, 朝倉書店．

政春尋志，2004b．地図投影法における誤解しやすい概念と用語．日本国際地図学会平成 16 年度定期大会研究発表予稿集，6–7.

政春尋志，2006．正角図法の意義と利用法．『地図』**44**(1), 1–8.

政春尋志，2007a．地図投影法の定義と「投影」概念．『地図』**45**(3), 1–15.

政春尋志，2007b．地図投影逆変換の汎用的数値解法プログラム．日本国際地図学会平成 19 年度定期大会発表論文・資料集，46–47.

政春尋志，2008a．ガウス–クリューゲル図法 Krueger (1912) 第一公式の再評価．日本地球惑星科学連合 2008 年大会予稿集．

政春尋志，2008b．地図投影法の概念の整理と系統的教授法に関する研究．東京大学学位論文．

政春尋志，2008c．ガウス–クリューゲル図法の歴史について—クリューゲル 1912 年論文及び 1919 年論文からの知見—．日本国際地図学会平成 20 年度定期大会発表論文・資料集，42–43.

政春尋志，2011．日本の地形図等に用いられた多面体図法の投影原理．『地図』**49**(2), 1–7.

丸山隆玄，1970．『数理地図投影法』槇書店．

百瀬耕二・志村哲男・宮坂力蔵，1988．『測量叢書 4　地図編集』日本測量協会．

森口繁一・伊理正夫編，1985．『算法通論 第 2 版』東京大学出版会．

森口繁一・宇田川銈久・一松　信，1956．『数学公式 I』岩波書店．

森口繁一・宇田川銈久・一松　信，1957．『数学公式 II』岩波書店．

森本久彌・金澤　敬監修，1991．『現代測量学 別巻 1 実用地図学』日本測量協会．

柳井晴夫・竹内　啓，1983．『射影行列・一般逆行列・特異値分解』東京大学出版会．

吉田洋一，1965．『函数論　第 2 版』岩波書店．

ソフトウェア

Ghostscript, GSview. http://www.cs.wisc.edu/~ghost/ および http://auemath.aichi-edu.ac.jp/~khotta/ghost/index.html (accessd on 4 May 2007)

PJ_Japan. http://www.nijix.com/lab/free.html (accessed on 17 February 2008)

各種データ

Coastline Extractor. http://www.ngdc.noaa.gov/mgg/coast/ (accessed on 9 February 2011)

National Geospatial-Intelligence Agency, Earth Gravitational Model 2008 (EGM2008). http://earth-info.nga.mil/GandG/wgs84/gravitymod/egm2008/index.html (accessed on 15 August 2010)

国土地理院,「日本のジオイド 2000」. http://vldb.gsi.go.jp/sokuchi/geoid/download/down.html (accessed on 15 August 2010)

INDEX ◆
索　引

欧　字

Basic 言語　26
BSAM 図法　69

EGM2008　10
eps　27
Excel　31

Ghostscript　27
GIS　9, 19
GPS　25
GRS80 楕円体　14, 15, 24, 26, 178, 179, 190
GSview　27, 31

ITRF　25

JGD2000　25

National Geographic Society　88, 115, 118

pdf　27
PostScript　27

SOM 図法　56

The Times Atlas　115
TO 図　7

UPS 図法　24, 61, 102
UTM 座標　185
UTM 図法　9, 19, 24, 25, 66, 119, 121, 139, 177, 182, 190, 193

VBA　26, 31
VLBI　25

WGS84　26

あ　行

アイゼンロール図法　56, 57
アトラス　64
アトランティス図法　158
アニェーゼ　38
アピアヌス　38
アピアヌス図法　38
アメリカ式多円錐図法　121
アメリカ投影　121
アリストテレス　4
アルベルス　92
アルベルス図法　92
アルベルス正積円錐図法　47, 92, 96, 107, 166, 169
アレクサンドリア　5

イギリス式多円錐図法　124
緯線　13, 151
緯線距離式　59
緯線半径式　55, 60, 61, 91, 168
1 次変換　144
緯度　12

ヴァルトゼーミュラー　110
──の世界地図　108
ヴィーヒェル図法　46
ヴィンケル　115
ヴィンケル図法　88, 115, 193
ヴェルネ　110
ヴェルネ図法　45, 46, 107–110
宇宙斜軸メルカトル図法　56

エイトフ　112
エイトフ図法　46, 112–114, 116
エイトフ変換　112, 136
エッケルト　78, 137
エッケルト図法　78
エッケルト第 1 図法　79
エッケルト第 2 図法　79, 80
エッケルト第 3 図法　38, 80, 81
エッケルト第 4 図法　81, 191
エッケルト第 5 図法　30, 83, 136
エッケルト第 6 図法　83, 84, 191
エッツラウプ　65
エラトステネス　5
円錐図法　40, 58, 89, 189
　1 標準緯線の──　43
　2 標準緯線の──　43
　──の係数　55, 60, 166
円筒図法　30, 40, 58, 59, 189, 193

オイラー　1, 9
オイラー角　156
オルテリウス　8, 38, 72
オルテリウス図法　38

か　行

海岸線データ　26
外射図法　42, 103
回転行列　147
回転楕円体　9, 12, 160, 190
　──の表面積　16
ガウス　1, 9, 66, 173, 174, 177, 185, 187, 188
ガウス曲率　162
ガウス-クリューゲル図法　9, 20, 24, 160, 173, 177, 179, 181, 183, 185, 187, 188
ガウス-シュライバー図法　172
ガウス正角二重図法　172
『ガウス全集第 9 巻』　187
ガウスの等角投影法　9, 20, 187
ガウスの等角二重投影法　172, 173, 187
ガウス平面　183
角距離　126, 153, 155, 175
角 (の) ひずみ　144, 148, 149
　最大の──　143, 144, 149
割円錐図法　43
割円筒図法　43
カッシーニ　14
可展面　40
ガル図法　69

擬円錐図法　41, 46
擬円筒図法　30, 41, 72, 191
基準緯度　169–172, 174
基準縮尺　4
基準点成果表　23
擬方位図法　41, 46

逆行列　145
逆変換　137, 141
逆方位図法　57
旧座標　173
球状図法　38
球面三角法　147, 151
球面三角形　126, 151
極座標　2
極半径　14
「曲面論」　9
曲率　162
曲率半径　162

空間回転　156
グード　75
グード図法　75, 191, 193
グラーヴェ　56
クラスター　85
クラスター図法　72, 84
グリニジ　173
グリニジ子午線　13
クリューゲル　177, 187
　──の 1912 年論文第 1 公
　　式　178
クロース　126

経緯線網　3, 14
経線　13, 151
経度　13

航空図　91
航程線　37, 51, 62, 63, 192
国土調査法施行令　23, 173
コーシー–リーマン方程式
　50, 181
弧長緯度　180
コッシン　73
固有値　145, 146
固有ベクトル　146
ゴール　68, 69
コルヴォコレセス　56
コルキン　56
ゴール図法　69, 193
ゴール正射図法　68, 71
ゴール平射図法　69
ゴール・ペータース図法　68
混合図法　115, 137
「坤輿万国全図」　8

さ　行

座標系の回転　156
座標帯　24
三角関数　181

サンソン　73
サンソン図法　8, 17, 26, 37,
　41, 45, 47, 49, 72, 75, 78,
　108, 116, 136–138, 189
サンソン–フラムスチード図
　法　73

ジオイド　10
ジオイド高　10, 11
子午線　12, 50, 58, 151, 162
子午線曲率半径　120, 122,
　144, 160, 163, 164, 190
子午線弧長　14, 119, 179,
　180, 184, 187
子午線収差　19
子午線長　177
子午面　12
指示楕円　9, 143, 146
自然対数　52
自動微分　141
斜軸円筒図法　189
斜軸正角円錐図法　174
斜軸変換　156, 157
斜軸法　37, 42, 151, 156, 189,
　192
斜軸方位図法　189
斜軸メルカトル図法　176
斜軸モルワイデ図法　159
写像　3
重力ポテンシャル　10
主曲率　160, 162
縮尺係数　4, 20, 23, 24, 171,
　175, 176
主軸　143
主題図　47, 191
シュライバー　172
準拠楕円体　14
小円　151, 174, 176
小縮尺図　16, 190
初等関数　75
シルヴァーノ　108
シルヴェスターの慣性法則
　145
心射円錐図法　42, 45
心射円筒図法　45, 71
心射図法　4, 42, 99, 130, 192

垂足緯度　186
数値微分　141, 147
スタビウス　110
スタブーヴェルネル図法　110
スナイダー　56
スペルドロップの海洋図　76
図法　2

正角緯度　168, 169, 178–181
正角図法　9, 16, 22, 39, 50,
　51, 100, 160, 164, 174,
　179, 190
正角方位図法　55
正規化座標　140
正規多円錐図法　120
正距円錐図法　89, 96
正距円筒図法　61, 116, 193
　2 標準緯線の──　44
正距図法　39, 46
正距方位図法　18, 40, 46, 98,
　112
正弦曲線　83
正弦曲線図法　72
正弦公式　152, 158
静止衛星　103
正軸法　42, 151, 189
正射円筒図法　43, 67
正射図法　42, 102
正積緯度　168, 169
正積円錐図法
　1 標準緯線の──　94, 95
正積擬円筒図法　193
正積図法　16, 39, 47, 137,
　160, 164, 191, 192
　──の必要十分条件　49
正則関数　56, 170, 183, 184
正方形図法　61
世界測地系　24, 25
世界地図　191–193
『世界の舞台』　8, 38, 72
跡　145
赤道　12, 151
赤道半径　14, 120
赤道面　12
接円錐図法　43, 90
接円筒　23
接円筒図法　43, 52
線拡大率　50, 150
　緯線方向の──　145
　経線方向の──　145

双曲線関数　53, 181
測量法　15, 19, 173

た　行

大円　99, 126, 151
対角行列　146, 147
台形図法　77, 119
大圏距離　126, 152
大圏航路　40, 99, 192

大縮尺図　16, 190
対蹠点　53, 98, 100, 126
第 2 離心率　172
楕円曲線　75
多円錐図法　121, 189
楕円図法　75
楕円積分　177
楕円体高　11
楕円の方程式　145
舵角　62
高さ　11
多面体図法　25, 118, 174
断裂図法　75

チェビシェフ　56
地殻変動ベクトル図　190
地球観測衛星　56
地球楕円体　14
地球半径　16, 190
地形図　51, 119
地軸　12, 42, 58
地心緯度　161
地図主点　42, 61, 98, 100, 130, 153, 156, 189
地図投影法　1, 2
地勢図　119
地籍図　23
地籍測量　173
中央経線　17
中央子午線　17, 42
中間点　37
中縮尺図　190
超越方程式　75
超楕円　88
超楕円図法　88
長方形図法　62
直角球面三角形　155
直交行列　147
直交多円錐図法　122
地理緯度　12
『地理学』　5
地理座標系　14
地理情報システム　9

ティソー　9, 143
ティソーの指示楕円　19, 147, 149
テイラー展開　184, 186
天気図　51, 190
天球図　192
転置行列　145
天文測量　25

等角航路　51

等角写像　50, 56, 110, 170, 179, 181, 183, 184
等距離圏　46, 98
投射図法　3, 42
等縮尺曲線　45
等長緯度　51, 170, 183, 184, 186
等長線　45
トブラー　88, 137
トリペル図法　115
ドリール　91, 108
ドリール図法　91
トレミー　5, 89
トレミー図法　89

な 行

内射図法　42
長さのひずみ　143, 150

西半球　13
2 点正距図法　126
2 点方位図法　130
日本測地系　174
日本測地系 2000　25
「日本のジオイド 2000」　10
ニュートン　14, 65
ニュートン法　30, 31, 141
ニュートン–ラフソン法　141

は 行

ハスラー　121
バーソロミュー　158
ハート形図法　110
ハノーファー　187
バビネ　75
バビネ図法　75
ハンメル　113
ハンメル–エイトフ図法　114
ハンメル図法　46, 49, 113, 136, 137, 150, 193

東半球　13
ひずみ　1, 143
　角 (の)――　144, 148, 149
　長さの――　143, 150
　面積 (の)――　143, 144, 150
ひずみ楕円　143
ヒッパルコス　5
非投射図法　42
100 万分の 1 国際図　91
標高　11

標準緯線　43, 44, 55, 60, 64, 166, 168, 176
　――の緯度　90
標準線　43, 44, 174, 176

ファン・デル・グリンテン　116
ファン・デル・グリンテン図法　116
フェロ　173
複素平面　56, 183
プトレマイオス　4, 5, 62, 89, 109
フラムスチード　73
プロイセン　172, 173
プログラミング　26, 182, 185
プログラム　26, 141

平極擬円筒図法　78, 86, 137
平行圏　12, 50, 151, 162
平行圏弧長　119
平射円筒図法　42
平射図法　4, 40, 42, 44, 53, 57, 100, 154, 165, 190, 192
平面直角座標　185
平面直角座標系　19, 20, 23, 51, 66, 139, 172, 173, 188, 190
ペータース　68
ペータース図法　68
ベッセル　14
ベッセル楕円体　14, 15, 24, 25, 120, 174
ヘルマート変換　140
ベールマン　68
ベールマン図法　68
ベルリン　173
扁平率　14, 160, 161, 177, 190

ホイヘンス　14
方位角　19
方位図法　39, 40, 51, 58, 98, 189
方位線　51
方向角　19
放物線図法　72, 84
卯酉線　162
卯酉線曲率半径　119, 122, 144, 160, 162, 164, 190
母線　58
ホマログラフ図法　75
ホモログラフ図法　75
ホモサイン図法　75
本初子午線　13

ホンディウス　73
ボンヌ　108
ボンヌ図法　41, 45, 46, 107

ま 行

マウラー　126
マテオ・リッチ　8
マリノス　7

ミラー　66
ミラー図法　66, 135, 193

ムーニエの定理　162

メルカトル　8, 64
メルカトル–サンソン図法　73
メルカトル図法　4, 8, 37, 39, 45, 52, 57, 62, 72, 138, 165, 176, 190, 192
メルカトル正積図法　73
メルカトル地図帳　73
面積拡大率　144, 150
面積(の)ひずみ　143, 144, 150

モルワイデ　75
モルワイデ図法　30, 41, 49, 73, 75, 114, 116, 138, 150, 158, 191

や 行

ヤコビ行列　141, 144, 147
ヤコビ法　146

ユニバーサル横メルカトル図法　24

余緯度　54, 61, 155
余弦公式　152, 158
横軸円筒図法　154, 155
横軸平射図法　154
横軸法　42, 151
横軸方位図法　153
横軸モルワイデ図法　158
横メルカトル図法　20, 56, 66, 155, 160, 177, 179, 189
横メルカトル投影　179

ら 行

ライト　65
ライプニッツ　65
ラグランジュ　110
ラグランジュ図法　56, 110, 118
ラグランジュ補間　87
ラジアン　59
ランベルト　8, 66, 91, 110
ランベルト正角円錐図法　39, 55, 91, 92, 96, 166, 174, 176
ランベルト正積円錐図法　94, 96
ランベルト正積円筒図法　17, 18, 47, 67, 137
ランベルト正積方位図法　40, 47, 94, 105, 113, 137, 189

陸軍省図法　124
離心率　16, 120, 161, 177
リットロウ図法　56, 57

劣弧　126, 151

ロビンソン　86
ロビンソン図法　86, 193

わ 行

ワグネル　136
ワグネル第1図法　136
ワグネル第7図法　136

著者略歴

政春　尋志
(まさ はる ひろ し)

1955年　大阪府に生まれる
1980年　京都大学大学院理学研究科修士課程修了
現　在　国土交通省 国土地理院 基本図情報部長
　　　　博士(工学)

地図投影法
地理空間情報の技法　　　　　　　　定価はカバーに表示

2011年 9月15日　初版第1刷
2017年 2月10日　　　第3刷

　　　　　　　　　　著　者　政　春　尋　志
　　　　　　　　　　発行者　朝　倉　誠　造
　　　　　　　　　　発行所　株式会社　朝倉書店
　　　　　　　　　　　　　　東京都新宿区新小川町6-29
　　　　　　　　　　　　　　郵便番号　162-8707
　　　　　　　　　　　　　　電　話　03(3260)0141
　　　　　　　　　　　　　　FAX　03(3260)0180
　　　　　　　　　　　　　　http://www.asakura.co.jp

〈検印省略〉

© 2011〈無断複写・転載を禁ず〉　　　新日本印刷・渡辺製本

ISBN 978-4-254-16348-3　C 3025　　　Printed in Japan

JCOPY ＜(社)出版者著作権管理機構 委託出版物＞
本書の無断複写は著作権法上での例外を除き禁じられています．複写される場合は，
そのつど事前に，(社)出版者著作権管理機構(電話 03-3513-6969, FAX 03-3513-
6979, e-mail: info@jcopy.or.jp)の許諾を得てください．

地図の思想
神戸大 長谷川孝治編著

16343-8 C3025　　B5判 116頁 本体2900円

さまざまな時代と地域の地図を題材に，簡明にかつ視覚的に地図的表現の意味と役割をさぐる，地図史研究の入門書。〔内容〕近世以前の日本地図／参詣曼荼羅／中世イスラームの世界図／古代荘園図にみる景観と開発／ポルトラーノ型海図／他

伊能図に学ぶ
東京地学協会編

16337-7 C3025　　B5判 272頁 本体6500円

伊能忠敬生誕250年を記念し，高校生でも理解できるよう平易に伊能図の全貌を開示。〔内容〕論文（石山洋・小島一仁・渡辺孝雄・斎藤仁・渡辺一郎・鶴見英策・清水靖夫・川村博忠・金窪敏和・羽田野正隆・西川治）／伊能図総目録／他

地と図 ―地理の風景―
日本文化大 石井 實著

16328-5 C3025　　B5判 184頁 本体5000円

さまざまな「地理的景観」は，人と自然との出会いによって形作られてきた。本書は，刻々と変貌する日本の風景をレンズを通して見つめ続けてきた著者が，「時間」の役割を基礎にその全体像を再構成した，個性ある「地理」写真集である

GISの理論
筑波大 村山祐司・東大 柴崎亮介編
〈シリーズGIS〉1

16831-0 C3325　　A5判 200頁 本体3800円

科学としてのGISの概念・原理，理論的発展を叙述〔内容〕空間認識とオントロジー／空間データモデル／位置表現／空間操作と計算幾何学／空間統計学入門／ビジュアライゼーション／データマイニング／ジオシミュレーション／空間モデリング

GISの技術
東大 柴崎亮介・筑波大 村山祐司編
〈シリーズGIS〉2

16832-7 C3325　　A5判 224頁 本体3800円

GISを支える各種技術を具体的に詳述〔内容〕技術の全体像／データの取得と計測方法（測量・リモセン・衛星測位等）／空間データベース／視覚的表現／空間情報処理ソフト／GISの計画・設計，導入と運用／データの相互運用性と地理情報基準／他

生活・文化のためのGIS
筑波大 村山祐司・東大 柴崎亮介編
〈シリーズGIS〉3

16833-4 C3325　　A5判 216頁 本体3800円

娯楽から教育まで身近で様々に利用されるGISの現状を解説。〔内容〕概論／エンターテインメント／ナビゲーション／スポーツ／市民参加・コミュニケーション／犯罪・安全・安心／保健医療分野／考古・文化財／歴史・地理／古地図／教育

ビジネス・行政のためのGIS
筑波大 村山祐司・東大 柴崎亮介編
〈シリーズGIS〉4

16834-1 C3325　　A5判 208頁 本体3800円

物流〜福祉まで広範囲のGISの利用と現状を解説〔内容〕概論／物流システム／農業／林業／漁業／施設管理・ライフライン／エリアマーケティング／位置情報サービス／不動産／都市・地域計画／福祉／統計調査／公共政策／費用効果便益分析

社会基盤・環境のためのGIS
東大 柴崎亮介・筑波大 村山祐司編
〈シリーズGIS〉5

16835-8 C3325　　A5判 196頁 本体3800円

様々なインフラ整備や環境利用・管理など多岐にわたり公共的な場面で活用されるGISの手法や現状を具体的に解説〔内容〕概論／国土空間データ基盤／都市／交通／市街地情報管理／土地利用／人口／森林／海洋／水循環／ランドスケープ

測量工学ハンドブック
前東大 村井俊治総編集

26148-6 C3051　　B5判 544頁 本体25000円

測量学は大きな変革を迎えている。現実の土木工事・建設工事でも多用されているのは，レーザ技術・写真測量技術・GPS技術などリアルタイム化の工学的手法である。本書は従来の"静止測量"から"動的測量"への橋渡しとなる総合HBである。〔内容〕測量学から測量工学へ／関連技術の変遷／地上測量／デジタル地上写真測量／海洋測量／GPS／デジタル航空カメラ／レーザスキャナ／高分解能衛星画像／レーダ技術／熱画像システム／主なデータ処理技術／計測データの表現方法

地理情報科学事典
地理情報システム学会編

16340-7 C3525　　A5判 548頁 本体16000円

多岐の分野で進展する地理情報科学（GIS）を概観できるよう，30の大項目に分類した200のキーワードを見開きで簡潔に解説。〔内容〕[基礎編]定義／情報取得／空間参照系／モデル化と構造／前処理／操作と解析／表示と伝達。[実用編]自然環境／森林／バイオリージョン／農政経済／文化財／土地利用／自治体／防災／医療・福祉／都市／施設管理／交通／モバイル／ビジネス他。[応用編]情報通信技術／社会情報基盤／法的問題／標準化／教育／ハードとソフト／導入と運用／付録

上記価格（税別）は2017年1月現在